綠色建材概論

編審 ■ 金文森
作者 ■ 金文森 郭智豪

Introduction to Green Building Materials

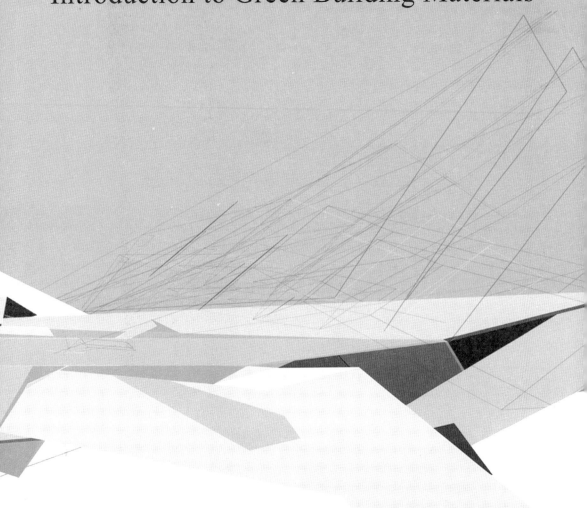

五南圖書出版公司 印行

作 者 序

　　營建工程所建設的建築物及公共構造等應該維護民眾生命的健康。然而營建環境中潛藏危及居民健康的污染源。這些污染源潛藏於我們附近的建材，例如家中、工作場所、公共建設和其他工程所使用的建材。從流行病學的研究結果顯示與污染相關的疾病增加，也顯示人們暴露於污染源的嚴重性。要改善建材污染，應該從科技教育著手才是根本之道。營建工程教育中卻沒有相關的健康建材教育，事實上營建工程師負責設計、施工、檢驗、維修、拆除等工作，更需要融入健康建材的科技教育。本書是瞭解和降低影響人體健康污染源的一個重要管道。我們需要更多的努力在污染源發生前去防止可能的危害。本書將下列內容融入營建工程教育，例如 1.各式各樣暗中危害健康之建材 2.各項危害健康建材的管理法規、衛生標準。3. 各項危害健康建材的檢驗方法。4.各項已存在危害健康建材之改善污染有效方法。5. 鼓勵學生投入研發各項維護健康的新建材。

　　本教材感謝國科會惠予專題計畫補助，計畫名稱為「健康建材融入營建工程教育之研究」(編號 NSC94-2516-S-324-001)。本計畫經過 2006 至 2007 兩年德爾菲專家問卷，擬定教育綱要、內容重點等。第一年諮詢委員（按產官學領域排列）包括：(1)台康技術(營造)工程有限公司 張炎生總經理(2)營建署中區工程處 江政憲副處長(3)工研院能環所 楊奉儒主任 (4)台北市政府工務局 莊武雄局長 (5)國軍臺中總醫院醫療部 鄭紹宇主任 (6)弘光科技大學環境工程系方國權教授兼校長 (7)國立成功大學建築系 江哲銘教授 (8)國立中興大學土木工程系 閻嘉義教授 (9)台灣科技大學化工系 顧洋教

授（10）中國醫藥大學公共衛生學系　郭憲文教授（11）中山醫學大學營養系　劉德中副教授（12）朝陽科技大學環境工程與管理系　楊錫賢副教授（13）朝陽科技大學　郭柏巖助理教授。

　　第二年諮詢委員（按產官學領域排列）包括：（1）台康技術(營造)工程有限公司　張炎生總經理（2）台灣綠建築發展協會　蕭江碧理事長（3）營建署中區工程處　江政憲副處長（4）內政部建築研究所何明錦所長（5）台中榮總急診部毒物科　洪東榮主任（6）新益牙醫診所　張譽鐘醫師（7）宜蘭員山榮民醫院　鄭紹宇副院長（8）國立成功大學建築系　江哲銘教授（9）中國醫藥大學公共衛生學系　郭憲文教授（10）國立中興大學土木工程系　閻嘉義教授（11）國防大學應用化學及材料科學系　蔡厚仁教授（12）朝陽科技大學工業設計系周文智講師（13）朝陽科技大學環境工程與管理系　楊錫賢教授（14）朝陽科技大學建築系　郭章淵副教授（15）朝陽科技大學建築系　郭柏巖助理教授。

　　第三年(2008年)諮詢委員審查教材（按產官學領域排列）包括：（1）台灣綠建築發展協會　蕭江碧理事長(2)宜蘭員山榮民醫院　鄭紹宇副院長(3)國立成功大學建築系　江哲銘教授(4)國防大學應用化學及材料科學系　蔡厚仁教授(5)朝陽科技大學建築系　郭章淵副教授。上述委員針對本研究提供相關寶貴資訊及卓見，使本研究計畫順利完成，僅於此致上無限之謝意。另外李柏彥、呂宜修、郭智豪、鄒睿、楊忠翰、官明輝、林彥碩、張雅芳等八位研究生亦全力協助完成本研究，尤其是土木技師郭智豪負責全書整理，鄒睿、楊忠翰研究生協助第五章編撰，謝汶芳同學協助部份打字整理工作，在此一併致謝。疏漏錯誤在所難免，敬請各位先進不吝指教！

　　　　　　　　　　　　　　　　　　　　　　金文森　敬筆

目　錄

第一章 緒論

1-1 前言

　　營建工程所建設的建築物及公共構造物等,應該維護民眾生命健康及提供良好的生活環境,然而臺灣營建環境中潛藏危及居民健康的污染源,這些潛在的污染源對人體的影響力是難以預估的,例如家中、工作場所、學校和其他工程所使用的建材都含有許多有害元素。從流行病學的研究結果顯示與污染相關的疾病有增加趨勢,許多文獻顯示人們暴露於污染源的嚴重性。要改善建材污染,除了營建工程的設計、施工、檢驗、維修等知識外,更需要融入健康建材的科技知識。本書不僅提供給從事相關工程行業的技術人員,一般民眾也須瞭解降低影響人體健康污染源的知識,經由大家的努力才能在污染源發生前,減低和防止暴露在危害環境中。

　　根據行政院衛生署民國 94 年最新統計公佈的十大死因(表 1-1),癌症連續 23 年蟬聯第 1 名,平均每天約有 100 人死於癌症;其次是心臟疾病、腦血管疾病、糖尿病、事故傷害、肺炎、慢性肝病肝硬化,而 8 到 10 名為腎炎腎病變、自殺跟高血壓。而癌症(惡性腫瘤)一直是國人的頭號殺手,除死亡率逐年增加外,標準化死亡率(圖 1-1)亦逐年攀升,由此可知有關癌症等預防常識的重要性。衛生署曾經統計十大惡性腫瘤的資料,目前 2007 年統計之十大惡性腫瘤,在男性部分第一順位為肝癌,而女性部分則為肺癌,並有逐年升高的趨勢,其與室內環境的污染息息相關,尤其是在室內空氣品質部分,有一部分

1

室內建材的污染物質，藉由空氣傳播長期影響人體健康。[衛生署，2007]

　　而標準化死亡率(SMR，Standardized Mortality Ratio)係將死亡率按基期年各年齡組人口比重加權平均計算而得,是流行病學常用的客觀研究數據之一,針對人口現象的變化,研究者選定某一年的人口結構當標準,然後假設人口結構一直沒變,把各年的數據進行換算。

表 1-1　民國 94 年十大死因 [資料來源: 行政院衛生署，2007]

順位	死 亡 原 因	死亡數(人)	占死亡總人數（%）
1	惡性腫瘤	37,222	26.8
2	腦血管疾病	13,139	9.5
3	心臟疾病	12,970	9.3
4	糖尿病	10,501	7.6
5	事故傷害	8,365	6.0
6	肺炎	5,687	4.1
7	慢性肝病及肝硬化	5,621	4.0
8	腎炎、腎徵候群及腎性病變	4,822	3.5
9	自殺	4,282	3.1
10	高血壓性疾病	1,891	1.4

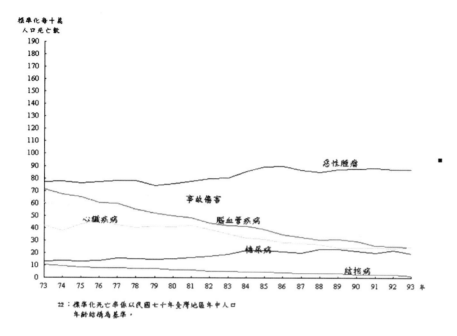

圖 1-1　台灣地區 73 年至 93 年主要死因標準化死亡率趨勢圖
[行政院衛生署，2007]

　　在高科技時代裡，防癌措施幾乎變成了每個人必備的共同知識，是否會得癌症除少部分與遺傳體質有關外，大多數癌症與食物、家居環境有關。如果人們能從食衣住行育樂的住宅生活中，特別控管致癌建材，必可使許多癌症防患於未然。

1-2 關於健康建材

　　台灣在 90 年初受到 SARS（SEVERE ACUTE RESPIRATORY SYNDROME）疫情的威脅下，建築界也開始從建築設計角度亟思的根本防疫之道，SARS 雖然主要是以飛沫或體液等密集性的接觸而傳

染，但建築的通風和空調設備也是影響的因素之一，因此發展多年的密閉式及高層化的中央空調建築開始被質疑及被挑戰，建築業也開始規劃未來應回歸自然通風、自然採光，以及有綠地來作爲建築永續發展的環境。[鄭朝陽，2003]

　　爲了人類的健康，健康建築開始被人們所討論並研究，進而藉由法規的制定及規範來推動。而健康建築應當考慮有效地使用能源和資源，提供優良空氣品質、照明、聲學等特性的室內環境，最大限度地減少建築廢料和家庭廢料，盡可能採用有益於環境及人類健康的材料。

　　有了健康建築的概念後，取而代之的無非就是健康的建築材料，有了健康的建築材料才能建造健康的建築。而健康的建築材料又是什麼呢？從反面的解釋可說是不影響及危害人體健康的建築材料，而從正面的解釋來說，是要對人體健康有幫助的建築材料。簡單地說，健康的建築材料就是無毒或不超過門檻值(threshold)物質組成，經由長期的居住或使用而不會對人體的健康造成危害或影響的建築材料。

　　當人們居住在有毒建材污染的建築物裏，其有毒的危害因子可能會被人體吸收，通過血液循環擴散到全身各處，時間一長便會使人體組織產生病變而引起多種疾病，如果在通風不良的室內，人體在短時間內吸入上述污染物，則可能會產生中毒，嚴重的甚至出現呼吸衰竭、心室顫動及心臟停搏，使組織變性，破壞細胞膜結構。

　　因此居住在受到有毒危害因子的不健康建材裏，可能會造成中毒的一些症狀簡述如下：[綠建材標章，2006]

　　1. 清晨起床時會覺得噁心憋悶，頭暈目眩。

　　2. 家中經常有人感冒。

3. 家人長期精神不振或者缺乏食慾。

4. 經常感到呼吸不順暢。

5. 孩子對病菌的抵抗能力下降。

6. 家中經常有人皮膚過敏。

7. 離開家中一陣子時身體狀況就會好轉的疾病。

8. 夫妻原因不明的長期不孕。

9. 孕婦懷有畸形兒。

10. 新搬遷或新裝修房子裏的植物或寵物不易存活。

11. 房間內有刺眼、刺鼻等刺激性氣味。

在中國哈爾濱市有個案例,有位劉太太做了人工流產後所取出的胎兒竟然是黑色的,其主治醫生就猜測與新房裝修有關,經過檢測後竟然發現其室內空氣中的苯系物容許濃度超過標準達 20 倍。經由多年來的官方統計顯示,中國大陸平均每年因室內空氣污染引起的死亡人數已達 11 萬人之多,平均每天大約是 300 多人,中國室內裝飾協會環境檢測中心則表示這個數字約等於全中國每天因車禍死亡的人數。[中國室內空氣網,2005]

另外中國北京市疾病預防控制中心也公佈了一份歷時多年的室內環境調查報告,主要調查北京新建或新裝修的 10 多個小社區和 30 多家辦公大樓、會議中心和高級賓館,其檢測出居家環境中的污染物相當可觀,在此大調查後,許多人的心理負擔明顯加重並患上了抑鬱症,他們有一個共同的敵人那就是「室內污染」。2001 年 2 月 14 日中國北京市的兒童醫院內科主任臧晏醫生告訴媒體:一年以來接診的白血病兒童中,患者家庭在半年之內曾經裝修過的大約佔九成。因此當年的 6 月至 9 月,中國國務院兩位副總理就連續 3 次批示,指出室

內環境問題關係居民的身體健康應多加重視及改善。對於中國的重視，台灣方面也應跟上腳步特別重視此問題才行。[中國室內空氣網，2005]

在中國的上海裝潢市場約 6 成是無證照的地下裝潢工程行，根據統計具有經營許可執照的裝潢單位總計超過 1.6 萬家，而保持正常營業的僅為 3000 家，而在那些具有合法身份的裝潢企業中，許多也是採用轉包方式，再由無執照資格人員組成的施工團隊完成。目前包括上海在內的絕大多數城市，較廉價的無證照地下裝潢工程行是普遍存在的。

無經營許可執照的裝潢單位的裝潢價格一般都比有經營許可執照的裝潢單位的裝潢價格低 1/4 至 1/3，在所有被調查的家庭中，選擇無經營許可執照的裝潢單位的平均比例為 49.8%，而在 50 平方米以下，3 萬元人民幣左右的家庭裝潢工程中，選擇無經營許可執照的裝潢單位的比例亦高達 88.89%。這也就是為什麼無經營許可執照的裝潢單位之所以會佔了很大市場的原因。

除了裝潢裝飾材料外，裝潢的施工人員也是決定居室裝修品質的關鍵因素之一，中國上海市消保專家分析，無經營許可執照的裝潢單位是導致裝潢業品質和信譽低下的一個重要因素。由於無經營許可執照的裝潢單位的施工方式和管理無規範，並不用簽訂正式合約、亦不需提供正式發票、雙方只採取口頭約定的方式即可，一旦發生工程糾紛，消費者往往很難通透過仲裁、法律等途徑獲得保護，對於中國大陸這種情形是值得我們注意並加以改善。雖然無經營許可執照的裝潢單位的裝潢價格較低，但卻也因為是無經營許可執照的裝潢單位消費者無法受到保障。[上海家庭網，2005]

　　當前的世界各國都在強力推廣綠色建材，且在世界各國對於健康的建築材料亦都有長足的研究及規定，尤其是美國如此之先進國家，像在加州法律定有塗料及亮光漆之VOCs逸散規範，及華盛頓亦對辦公大樓有關建材中污染物(甲醛、VOCs)之含量作一定的規範規定。

　　另外在歐洲，建材對室內空氣品質所產生的可能影響，也被歐盟建物管理基準所規範，雖然目前在歐洲的規範中並沒有VOCs逸散的限定值，但即將實施的建築通風標準也已將稀釋建材污染物逸散所需的外氣量列入。

　　在德國，木製產品的甲醛逸散及建材中逸散出具有致癌性的VOCs也都已有明確的規範；在丹麥及其他北歐國家，也開始對建材的VOCs濃度逸散做標準研究；而芬蘭也依建材之總揮發性有機化合物(TVOCs)、甲醛與氨氣之逸散將建材分為三級，其建築師必須使用逸散最少的材料，以確保居住者的健康。[環保署，2002]

　　健康的居住環境，需利用健康的建材，也就是現今提倡的綠色建材，所謂的綠色建材，是指無毒或低毒的健康型建材、防火或阻燃的安全型建材、耗能低的節能型建材以及各類新型多功能建材。其綠色建材的完整內涵是從原料採集、生產製造、包裝運輸、市場銷售等所有相關環節都符合對環境無害化的要求。

　　綠色建材的概念在 1970 年代由西歐和日本提出，主要是指建築材料、家居裝飾材料在生產領域是否符合對環境的無害化要求，在使用過程中對人體影響應降到最低，在製造和使用的過程中，對地球環境負荷相對最小的材料稱為環保材料或綠色材料。

　　而綠色建材中有益於健康環境的建築材料及無毒或低毒的健康型建築材料是本書所要加以探討的部份。隨著人們對健康意識的提

升，人們也開始越來越關注房屋結構設計和各種裝修材料是否會對人體健康造成危害，從長遠來看健康建材取代傳統建材已是大勢所趨。

　　雖然國內對健康的建築材料已開始著手進行研究及探討，但還是處於探索階段中，迄今爲止，國內除內政部建築研究所推行綠建材標章對健康訂有標準外，在法規中尚未全盤制定系統化的健康營建材料的評價標準和方法。而爲了有效地減少建築材料污染對國人的健康傷害，提高人們的健康水準，必須加快研究步伐，在盡可能短的時間內制定出一套系統化及標準化的健康營建材料評價標準和方法，也才能盡快向國際標準看齊。

　　人命關天，生命無價，我們營建工程所建設的建築物及公共構造等，應維護生命的健康，保護民眾生命安全，維持生態的永續發展。營建工程是在第一線從事規畫、設計、分析、施工、檢驗、維修、拆除、回收、重建等工作，因此要有正確的環境保護觀念與知識，才能建設維護健康的生態工程，因此本書的誕生，希望能帶給大家對健康建材有些許的基本概念。

參考文獻

〔1〕　行政院衛生署,「民國 94 年衛生統計系列」,2007.05.08 下載,取自:http://www.doh.gov.tw/cht2006/index_populace.aspx。

〔2〕　鄭朝陽,「綠建材專題報導」,民生報專題報導,台北,2003.06.25。

〔3〕　綠建材標章網,「認識綠建材」,專題報導,2006.12.28 下載,取自:http://www.cabc.org.tw/gbm/HTML/website/about01_101.asp。

〔4〕　中國室內空氣質量網,「室內環境化學性污染物」,信息導航,2005,取自:http://www.airok.net/snhj/。

〔5〕　上海家庭裝飾網,「我愛我家」,專題文章,2005,取自:http://www.525j.com.cn/knowledge/News.aspx?id=11628&class=0704&cate_id=C0101。

〔6〕　行政院環境保護署,「環保標章政策白皮書」,財團法人環境與發展基金會研究報告,台北,2002。

第一章 習題

1. 什麼是健康的建築材料？

2. 什麼是綠色建材？

3. 不健康的建材對人體可能造成中毒的症狀有那些？

4. 我國的十大死因有那些？

5. 健康建材與營建工程有何關係？

第二章 危害健康的污染源

　　居室中常見的有害物質多達數千種,其中僅美國環保署正式公佈的就有 189 種,危害較大的主要有:氡、甲醛、苯、氨及石綿等,而本書將就一些常見及較嚴重的污染源來做介紹,並分別引出對人體之危害,以達人們對其健康建材的重視性。以下章節將會介紹電磁波、輻射、生物性、金屬性、微生物等等,均有詳細的介紹。

2-1 電磁波污染

　　2006 年 3 月 30 日中國時報葉政秀先生的「電磁波 VS.健康」專欄報導中指出,近年來在澳洲對於電磁波的研究裏發現,長存於生活週遭的電磁波會在生物體中累積並會引發細胞的病變。這個研究實驗是以兩組老鼠做對照組,一組有受電磁波照射,另一組沒有,在經過了一年半後,接受電磁波照射的老鼠死了,經過解剖後發現腦瘤。

　　依此推論人體的累積效應約在十年後才會顯現出來,而得到腫瘤的機率可能是一般沒受電磁波照射的 2.4 倍。挪威及瑞典是全世界手機使用率最高且年代最久的兩個國家,挪威及瑞典國民都曾有使用者抱怨偶爾會有頭痛的現象發生,雖然到現在還沒有直接的科學證據可證明,但近年來的許多研究報告都顯示,使用手機越頻繁則產生頭痛的機率就越高。在挪威曾發表過的研究報告,每天使用 2 至 15 分鐘的人,頭痛的機率會高於使用少於 2 分鐘人的兩倍,而使用 15 至 60 分鐘的人會高於 3 倍,超過一小時的人則會高出 6 倍。[葉政秀,2006]

　　而目前國際非游離輻射保護委員會的規定是一般民眾的最高電磁波 833.3 毫高斯以下為正常範圍。

一、認識電磁波

　　電磁波就是電場與磁場交互作用，而在空中產生的行進波動。其行進的模式類似海浪前進的波浪狀。在日常生活中，常說的紫外線、陽光、紅外線、收音機的ＦＭ、調頻的ＡＭ、電視波、Ｘ光、伽瑪射線、核能電廠產生之輻射線……等等皆是電磁波。既然上述皆爲電磁波，又爲什麼會有不同的名稱呢？答案在於波長不同，其作用也不同，而付予不同的名稱以區別之。基本上對一般介質而言波長越長，穿透力越強。但過與不及皆不可。故Ｘ光、伽瑪射線，其波長比紫色光 0.4 微米左右更短，我們稱爲游離輻射線。該種電磁波之穿透力就非常強。試想核能電廠往往要用二、三十英吋厚的鉛牆來阻擋輻射線外洩就知其穿透力的可怕，而該輻射線也是電磁波。

　　電磁波是能量的一種，如大自然的太陽，到日常生活中的電燈泡、電器用品、電腦、手機等都會釋放電磁波。電與磁可說是一體兩面，電流通過就會產生磁，電與磁的變動就會產生電磁波，而其每秒變動的次數就是頻率。當電磁波頻率低時須藉由有形的導電體才能傳遞，當頻率逐漸提高時，電磁波就會外溢到導電體之外，不需要介質也能向外傳遞能量，所以這也是一種輻射行爲。而電磁輻射是傳遞能量的一種方式，中央研究院「輻射與防護」專題研究中將其輻射種類分爲三種簡述如下：[魯國經，2006]

1. 游離輻射：

　　　當原子中的電子自輻射獲得的能量大於原子核對它的束縛能量時，電子就會離開原子而射出，讓原來呈中性的原子，變爲一帶正電(少掉一個電子的原子本身)和一帶負電(射出的電子)的離子對，這個游離的電子和原子的不穩定性會干擾正常的生物中的結構

或化學反應，此即為游離輻射。能量最強，可以破壞生物細胞分子，如 γ 射線、X 光線。

2. 非游離輻射(有熱效應)：

　　若電子自輻射所獲得的能量不足以讓電子離開原子核的束縛，不會破壞生物組織細胞內各種原子和分子，此即為非游離輻射。例如太陽光、燈光、紅外線、微波、無線電波、雷達波等。能量弱，但會產生溫度，如微波、紫外線。

3. 非游離輻射(無熱效應)：

　　能量最弱，不會產生溫度變化，如無線電波、電力電磁場、電視電腦螢幕、大哥大基地台與手機。

　　其專題研究中亦提及電磁波對人體組織的作用分為兩種：一種是致熱效應，即電磁波會使人體發熱，在電磁波輻射的作用下，人體內的分子發生取向作用進行重新排列，由於分子排列過程中會相互碰撞摩擦，將電磁能轉化為熱能，電磁振盪的頻率越高，體內分子取向作用越劇烈，熱作用也就越突出，對人體產生的危害也越嚴重。另一種是非致熱效應，當超過一定強度的電磁波長時間作用在人體時，雖然此時人體的溫度沒有明顯升高，但會引起人體細胞膜的共振，使細胞的活動能力受限，這種在分子及細胞發生的效應既複雜又精細，會使人出現諸如心律或血壓的改變及神經或免疫系統等生理反應。[魯國經，2006]

　　現今社會講求迅速及方便，因而建築結構物須滿足現代的電子科技生活，將大量的電子設備納入其中，以及許多的電器產品，所存在的電磁波實不可掉以輕心，因為其影響隨時會使人體產生病變並面臨危害的境地。

　　我們的居住環境就存在著許多會釋放電磁波的地方，像是現代住宅附近的高壓電線(圖 2-1)、變電箱(圖 2-2)、配電盤(圖 2-3、2-4)、行動電話基地台(圖 2-5)、甚至住宅內的監視器及電器用品(如微波爐、電腦等)，人體在長時間接觸電磁波輻射之下，會感到身體疲勞、眼睛疲倦、肩痛、頭痛、想睡等不適的症狀。

圖 2-1　　住宅附近高壓電線

圖 2-2　　變電箱

圖 2-3　　配電盤圖

圖 2-4　　配電盤

圖 2-5　手機基地台

二、電磁波對人體健康的危害

　　電磁波是指人體能吸收的整個電磁輻射波譜中的一部份,它包括長波、中波、短波、超短波等,但它的量子能量很小,不足以引起空氣游離,也不會直接破壞環境物質所以歸為非游離輻射。電磁波會散發出一種擾亂人體狀態的正離子,在長時間接觸下,會感到身體疲勞、眼睛乾澀、肩痛、頭痛、想睡及不安等,這些都是受了電磁波的影響。不僅如此,電磁波還可能會使人的免疫機能下降、人體中的鈣質減少,並引致異常生產、造成流產、阻礙細胞分裂如癌症、白血病、腦腫瘤等。

　　在許多國內外研究學者的研究報告中得知,電磁波可能會影響人類「松果體」褪黑激素的分泌,使得人類疾病的發生率提高。在 1993 年,瑞典北歐三國也曾公佈一份研究報告,一般人每日若受到 2mG (毫高斯)以上的電磁輻射影響,其罹患白血病的機會會是正常人沒有受到電磁輻射影響的 2.1 倍,罹患腦腫瘤的機會是正常人沒有受到電磁輻射影響的 1.5 倍。[葉政秀,2006]

　　在胡漢升先生所著作的「電磁波對人體的危害」書中指出，人體的腦中有一區塊稱為「松果體」的生物時鐘，松果體會分泌一種稱為褪黑激素來使人入眠，在夜間時因褪黑激素的分泌而使人容易入眠，白天時因褪黑激素的分泌被抑制所以可以使人保持清醒。在晚上褪黑激素的分泌會達到高峰，於清晨時人體的眼球接觸到光線後，松果體就會停止分泌褪黑激素。

　　美國的歐契博士指出在「大腦研究」醫學期刊裏曾發表電磁波會顯著抑制動物松果體分泌褪黑激素的能力，並抑制褪黑激素合成的活性。另外德國曾以天竺鼠做為實驗動物研究發現，給予電磁波照射56 天後，天竺鼠的生長會有被抑制的現象，血中褪黑激素的濃度也較正常天竺鼠低。

　　曾有美國的研究指出，部份婦女會得乳癌乃因生活環境中的電器化產品充斥著電磁波，而電磁波會影響褪黑激素的分泌並干擾褪黑激素對乳癌細胞的抑制，增加婦女得乳癌的機率。褪黑激素足以抑制乳癌細胞的生長，使細胞出現「接觸性抑制」功能，也就是說細胞膜在接觸到其他細胞後，就會停止生長。一旦褪黑激素除去，細胞就會迅速生成，而無法抑制癌細胞的現象。

　　近年來隨著電子工業的進步與無線電技術和通訊系統的發展，電磁波被廣泛應用，但因電磁輻射與人們生活工作環境中所遇到的其他環境物理污染因素(如噪音，光和熱)不同，它是聽不到、摸不著、看不見又無任何氣味，因而不易為人們察覺。人為電磁波的污染強度與日俱增，為了國民的健康著想，確實引起許多國家人們的極大關注，要求減少電磁波的污染，此外電磁波的存在還可能會對一些自動控制裝置進行干擾而發生故障，如對安裝心臟起搏器的病人造成心律紊

亂。電磁輻射對人體健康的危害是多方面而複雜,台灣癌症基金會對
全世界各國的實驗研究和調查觀察結果整理如下表 2-1。[胡漢升,
1998]

表 2-1 各國對電磁波危害的研究發現 [資料來源:台灣癌症基金會,2006]

研究國家	危害性
義大利、法國	腦瘤增加 2~3 倍
加拿大	血癌、腦瘤、血球腫瘤、皮膚癌發生率增加
瑞士	乳癌高 7.4 倍
芬蘭	流產是一般人 3.4 倍
紐西蘭	血癌發生率增加

電磁波對人體健康危害的可能影響如下:

(1) 對中樞神經系統的影響:

　　中樞神經系統對電磁波的作用很敏感,可能出現神經衰
弱、頭痛、頭暈、記憶力減退、睡眠障礙(失眠,多夢或嗜睡)
等,而當大腦受到抑制行為時亦可能影響視覺神經及反射神經。

(2) 對免疫系統的影響:

　　受電磁波長期作用的人會影響細胞的活動力,如人體的白
血球吞噬細菌的百分率及細菌數下降,使得抗體受抑制造成身
體抵抗力下降。

(3) 對心血管系統的影響:

受電磁波長期作用的人，亦會發生血液流動緩慢，血管通透性和張力降低，讓神經調節的功能受到影響，容易提早誘導心血管系統的疾病的發生。

(4) 對血液系統的影響：

在電磁波長期作用下會出現人體白血球不穩定，白血球數會減少，而抑制紅血球的生成，對血液系統產生明顯的傷害。

(5) 對生殖系統和遺傳的影響：

長期接觸電磁波的人，可能會讓男人的性機能下降或造成陽萎，睪丸中的血液若循環不良亦會抑制精子的生成而影響生育，亦可能會讓女人的月經週期造成紊亂，使卵細胞突變破壞了排卵過程，而使女性失去生育能力。且電磁波會使睪丸染色體出現突變和分裂異常，使其下一代出現畸形嬰兒的機率大增。

(6) 對視覺系統的影響：

人體的眼組織含有大量水份，容易吸收電磁波的功率，若長期接觸電磁波會使得眼組織的血流量少，讓眼球的溫度升高而導致眼球的晶狀體蛋白質凝固造成白內障，此外也容易讓人體的視覺疲勞而感到不舒適。

(7) 致癌性的可能：

電磁波會促使人體內的遺傳基因染色體發生突變和分裂異常，而使某些組織出現病理狀況，將正常細胞轉變為癌細胞，已由許多的科學研究證明，長期接觸電磁波的人容易使癌症的發生率上升。

除上述的電磁輻射對健康的危害外，它還對內分泌系統、聽覺、物質代謝、組織器官的形態改變等均可能產生不良影響。電磁波無處

不在，日本於 1996 年的 SAPIO 雜誌曾經報導一般家庭常用的電器用品電磁波值如下(表 2-2)。

表 2-2　電磁輻射檢測數據表 [資料來源：SAPIO 雜誌，1996]

家庭常用電器用品	電磁波檢測數據
筆記型電腦	1 mG
電熨斗	3 mG
錄影機	6 mG
電視	20 mG
洗衣機	30 mG
電鍋	40 mG
吹風機	70 mG
吸塵器	200 mG
電話	200 mG
微波爐	200 mG
電鬍刀	100 mG
電毯	100 mG

2-2 輻射污染

在自1983年底桃園地區發生大量鈷60輻射污染鋼筋(圖2-6、2-7)流入建材市場後,北台灣地區極多數建築物使用輻射污染建材,造成「輻射屋」、「輻射辦公大樓」等新名詞的出現。之後陸續在大台北地區(含基隆市、台北縣市、桃園、中壢)及彰化欣欣幼稚園相繼發現多起輻射屋、輻射鋼筋教室公害事件。從1992年起台灣地區統計發現超過180棟建築物含鈷60核種異常污染,而暴露者人數已達一萬人,分布在2,000多家庭。此一公害事件已形成國內社會、經濟、法律、環境保護、公共衛生及醫學等的重要議題。[原委會,2007]

圖2-6　構造物內的輻射鋼筋　　圖2-7　被污染的輻射鋼筋[原委會,2007]
　　　　[原委會,2007]

一、認識輻射

對於輻射的基本認識後才能進一步了解輻射會造成那些危害,中央研究院「輻射與防護」專題研究報導中對於輻射的介紹如下:[魯國經,2006]

1. 輻射的性質：

(1) 帶電粒子(α，β)：

　　帶電粒子如α及β能使物質的原子游離(電子脫離原子成為一對正負離子)，α的能量約為4-8MeV(兆電子伏，Million electron Volts)，使原子游離的本領遠較β為大，通常由鐳(226)或超鈾的原子如鈽或鋦等衰變時產生，其穿透力極小，一張紙即可把α擋住，所以α穿不過我們皮膚的表皮，不會構成體外危害。但若發射α的核種侵入人體內，因其α的射程短及破壞力強，故在人體內往外造成嚴重局部傷害。雖然β粒子之體內危害較輕微，但也會構成體外皮膚的傷害。

(2) 光子(γ，X)：

　　光子如γ射線是由具有放射活性的原子核釋放出，而對原來的原子核完全沒有影響，光子如X射線則來自電子在電子軌道的能階下降時釋放出。γ射線和X射線都具有高穿透力，可以穿過好幾公分厚的鋼板，所以γ或X光的體外危害遠比α或β為甚。但因其穿透力強及射程遠，所以能量不致為局部組織吸收，故其體內的危害卻遠較α或β為小。

(3) 中子：

　　中子是由原子核遭到高速粒子的撞擊釋放出來的，不帶電故不會使物質游離。中子大小和原子差不多，但是中子沒有電荷不致受阻於原子電場，因此容易和原子核反應而釋放出α粒子、β粒子、γ射線等，在生物體中它最容易和水的氫原子及其他分子的氮原子反應。

2. 游離輻射與非游離輻射：

(1) 游離輻射：

當原子中的電子自輻射獲得的能量大於原子核對它的束縛能量時，電子就會離開原子而射出，讓原來呈中性的原子，變為一帶正電(少掉一個電子的原子本身)和一帶負電(射出的電子)的離子對，這個游離的電子和原子的不穩定性會干擾正常的生物中的結構或化學反應，此即為游離輻射。

(2) 非游離輻射：

若電子自輻射所獲得的能量不足以讓電子離開原子核束縛，不會破壞生物組織細胞內各種原子和分子，此即為非游離輻射。例太陽光、燈光、紅外線、微波、無線電波、雷達波等。

從一百多年前發現游離輻射來,游離輻射就已經被應用在我們的日常生活中，如建築物的結構檢測，到醫療使用的 X 光照射以及醫學放射治療檢查，核能發電廠的發電，以及原子彈或核子彈，處處可見游離輻射的應用。[魯國經，2006]

人類每年平均會從自然佔(82%)與人為(佔 18%)的環境中接受到游離輻射的照射，自然的來源包括地球及宇宙，其中宇宙射線有 90%是原子，其餘才是 α 粒子、β 粒子及 γ 射線，至於地球的游離輻射則來自具有輻射的物質不停的衰變放射出輻射，如鈾衰變為鐳-222 而釋放出 α 粒子，因此採鈾的工人可能會吸入鐳-222 而造成肺癌的機會比一般人高出許多,而在我們的建材中也會有釋放少量的放射線建材，如石材或含釉之磁磚。[反核小站，2007]

在人爲的來源方面包括地面核子武器試爆、核子反應器及核廢料、工業及醫療用途等。歷史上高劑量的游離輻射暴露都發生在核子彈爆炸，或者是核電廠安全防護不周而發生的游離輻射外洩等。在我國的台灣電力公司就有核一、核二、核三的核能電廠都已在運轉中，核四核能電廠也在興建中(圖2-8、圖2-9、圖2-10、圖2-11、表2-3)，爲了全國人民的健康不受游離輻射的危害,因此必須慎防發生大規模的游離輻射外洩情形。

依上述的說明,軍人、核電廠人員、開採運送及貯藏放射物質的人員都算是高劑量游離輻射暴露的危險群,除了對人體的危害外,大量的游離輻射物質洩漏時也會污染附近的空氣及飲用水。[環保聯盟,2006]

圖 2-8 石門核一電廠

圖 2-9　萬里核二電廠

圖 2-10　恆春核三電廠

圖 2-11　興建中的核四電廠

表 2-3　我國核能電廠概述 [資料來源：台灣電力公司，2007]

廠別	核能一廠	核能二廠	核能三廠	核能四廠
位置	台北縣 石門鄉	台北縣 萬里鄉	屏東縣 恆春鎮	台北縣 貢寮鄉
裝置容量	636 千瓩×2	985 千瓩×2	951 千瓩×2	1,375 千瓩×2
反應器類型	輕水式 反應器 （沸水式）	輕水式 反應器 （沸水式）	輕水式 反應器 （壓水式）	輕水式 反應器 （沸水式）

二、輻射對人體健康的危害

在行政院環保署施幸宏先生的「環保署非屬原子能游離輻射污染之防治策略報告」研究報告裏指出，長期低劑量游離輻射會對人體健康帶來的危害，其影響極為多面且各種疾病的潛伏期不一，而因輻射量的照射過多增加罹病風險的疾病包括有白血病、甲狀腺癌、乳癌、肺癌、多發性骨髓瘤、胃癌和大腸癌等惡性腫瘤、白內障、染色體異常、造血系統異常，若在母體內的嬰兒接受到輻射污染的話，可能會產生小頭症、智力偏低，而在幼兒時期接受輻射污染者，由於小孩細胞分裂較快，因此受到的危害比成人來得嚴重，可能會導致發育遲緩的現象，其輻射對人體的重大之影響可見如此，張武修先生在 1997年的中華民國環境職業醫學論壇中曾經發表的「臺灣輻射健康效應研究之回顧與展望」中，將輻射之確定效應輻射急性暴露之危害整理如下表(表 2-4)。[張武修，1997]

表 2-4　輻射之確定效應　[資料來源: 張武修，1997]

一次劑量(毫西弗)	輻射之確定效應症狀。
250 以下	無異常症狀但可能會引起血液中淋巴球的染色體變異。
250-1,000	可能發生短期的血球變化(淋巴球，白血球減少)。
1,000-2,000	有疲倦、噁心、嘔吐等現象、血液中淋巴球及白血球減少後恢復緩慢。
2,000-4,000	24 小時內會噁、嘔吐、數週內有脫髮、食慾不振、虛弱及全身不適等症狀。
4,000-6,000	與前者相似但症狀顯示的較快，在 2-6 週內造成死亡率為 50%。
6,000 以上	若無適當醫護死亡率將達 100%。

　　「環保署非屬原子能游離輻射污染之防治策略報告」研究報告裏將游離輻射對細胞的效應分類如下：[施幸宏，2000]
　(1) 直接效應：
　　　　細胞分子受到輻射的游離或激發作用而導致分子鍵的斷裂，而使整個細胞受到破壞稱為直接效應。
　(2) 間接效應：
　　　　輻射游離或激發細胞內或環境中的水分子而產生了自由基等中間產物，這些化性活潑的中間產物與細胞上重要的分子起

作用而造成細胞的傷害。由於細胞中水分子較多，因此游離輻射對細胞的作用，間接作用佔了主要部分稱為間接效應。

　　細胞受到輻射曝露後，受損害的細胞可能仍能正常循環，但會失去分裂繁殖的能力，最後死亡消失，受損細胞若還能分裂繁殖時亦算不正常的分裂繁殖，可能會改變遺傳物質而影響後代，甚至形成癌瘤，當輻射能量過高時，受照射的細胞可能會立即腫脹破裂。[張武修，1997]

　　游離輻射對身體細胞的毒性受暴露的種類、暴露的強度、暴露的劑量、暴露的時間、暴露的同質性等而不盡相同，游離輻射亦會使水分子變為過氧化氫及自由基而破壞細胞的分子,如蛋白質和去氧核醣核酸，其對人體健康危害的影響如下：[張武修，1997]

(1) 生殖方面的影響：

　　　　在懷孕之後兩週內照射到游離輻射易增加胎兒畸形的機會，甚至直接會對胚胎造成傷害導致流產，據統計在懷孕期間暴露於游離輻射中會增加流產、死產、新生兒死亡、出生兒先天缺陷等影響。暴露游離輻射的時間和胎兒神經系統的發育息息相關，在懷孕 8-15 週是胎兒神經系統正在發展及神經細胞異動的顛峰時期，暴露的劑量和新生兒神經系統的缺損成正比例反應關係。

(2) 造成基因毒性：

　　　　科學家們於 1927 年的果蠅研究中發現輻射誘發遺傳效應，更在之後的其他動物實驗發現暴露游離輻射對動物會造成基因毒性,這些基因毒性會造成下一代的先天畸形(包括基因突變和染色體變異)，導致遺傳性疾病發生率增高。

(3) 致癌性的可能：

　　在高劑量暴露的紀錄中第一個發現的癌症病例是白血病，其潛伏期約為 2-15 年，而年紀越輕就暴露於游離輻射者越容易發生。在發現白血病之後，其他的癌症也慢慢被發現，其潛伏期大多是十年以上，其中如甲狀腺癌、多發性骨髓癌、乳癌、肺癌、胃癌、食道癌、小腸癌、大腸癌、直腸癌、腦瘤、神經系統的癌症、卵巢癌、子宮癌、泌尿道癌、唾腺癌等。

2-3 生物性污染

　　台灣屬熱帶海島型氣候，高溫多濕，且位於地震帶，混凝土或磚牆常遭受震動產生大小不等裂縫，屋頂、外牆、浴室防水不佳，雨季及空氣中的水氣(濕氣)均可滲入混凝土，許多建築物的水泥牆壁，甚至於以水泥為底之壁紙、水泥漆常出現白粉毛狀的所謂壁癌。壁癌出現後會造成水泥漆或壁紙、破裂、剝落，繼而鄰近的牆壁、傢俱顯現綠黴、黑黴、朽蝕斑斑，不但令人厭煩，有礙觀瞻，甚且牆壁、傢俱為之發霉破損。壁癌由於很難根絕及清除處理，如同人體得了癌症一般，俗稱之為「壁癌」(圖 2-12、2-13)。

圖 2-12　壁癌

圖 2-13　壁癌

壁癌並非建材的一種，而是因為牆面的潮濕造成的現象，對人體並無真正的危害，但因會產生許多毛狀結晶物及孔隙，正適合黴菌、細菌等微生物大量繁殖而對人體造成真正的危害。當發現長壁癌的牆面由白轉綠或黑時，即代表居家已被黴菌所入侵，這些黴菌會不斷繁殖並隨著空氣飄到各處，最後充斥於整個居家週遭環境。而黴菌會引起香港腳、股癬、皮膚病等，甚至會使食物產生黃麴毒素，引起人體肝癌、黴菌過敏症狀。[曾婷婷，2001]

2006 年 9 月 26 日自由電子報的「壁癌黴菌孢易誘小兒過敏」報導中指出，根據台灣兒科醫學會發表的一項研究結果顯示，在有壁癌產生的居家環境內生長的寶寶，發展成異位性皮膚炎的機會是其他寶寶的 2~3 倍。在年滿六個月的嬰兒中，約有 6.7% 被醫師診斷為異位性皮膚炎，約是 10 年前的 6～7 倍。[洪素卿，2006]

再根據近年一項針對中南部 5 個縣市 25,000 個民眾的研究調查更指出，家裡長壁癌的民眾，罹患氣喘的機率比起沒有壁癌的人要增加了 1.6 倍。[洪素卿，2006]

一、認識壁癌

一般居家家裡最容易漏水的地方，多半和用水的地方脫不了關係，會漏水的原因不外乎是防水層失效、材質老化等因素。一般而言，漏水處多從施工的接縫開始發作，如窗沿、冷氣孔、內外牆裂縫間隙等。漏水處的牆壁粉刷層會開始剝落，然後產生白色結晶粉末或白毛，也就是我們俗稱的「壁癌」，或稱作「白華」或「吐露」。

壁癌所生成的白粉狀毛狀物，並不是黴菌的菌絲，而是水泥牆壁受到水氣侵蝕，當水氣進出水泥構造物裂縫時，發生酸鹼中和所產生的碳酸鹽(尤其是碳酸鈣)結晶體(就是所看到的毛狀白色物)，而其淤

積牆面上造成牆面塗料或壁紙碎裂、剝落。

　　環境檢驗所「壁癌與環境黴菌」的專題報告中說明，經過雨季的漏水及滲水或建築物通風不良，牆壁上會累積大量水氣，此水氣再遇上空氣中的二氧化碳或二氧化硫等酸性氣體，在水泥牆上會凝結成酸性水露(pH 值可達 4.0 之低，如酸雨般)，此酸性水氣會與水泥、砂、磚牆裡的鹼性分子(如鈉、鈣、鎂、鉀)產生中和作用，再和空氣中的二氧化碳結合成結晶體，這就是我們所看到的白色針狀或粉末狀的壁癌了。

　　在我們的居家裏，浴室與室內空間的內牆是最易發生壁癌的地方，浴室內的水氣經由磁磚縫被吸收持續往乾燥的外牆滲出，此時牆壁的潮濕與空氣中的一氧化碳、二氧化碳相溶造成牆面水份呈酸性，此酸性水又藉著滲透壓與牆面內部的水欲達成平衡，時間一久便開始酸鹼中和，使得牆面產生白華作用，使塗料鼓起、剝落。

　　壁癌除了外觀不雅外，霉菌侵入之牆面多半密度低及質地較鬆，經環境因素加速老化使得質地更為鬆散，以致牆面水泥剝落，水氣更易侵入，壁癌問題更為擴大，影響牆面構造物的穩定性及損壞建築物。黴菌污染的住宅，其室內空氣中的黴菌數要比室外的空氣高達 10 倍之多，而在浴室則高達 20 倍。生成的黴菌會隨著空氣飄散充斥於居家環境內，為我們的身心健康產生無形的侵害。[曾婷婷，2001]

　　由上面的認知，我們可以意識到壁癌對於牆壁的危害，除了有礙觀瞻、破壞牆面塗料、牆壁的結構之外，更會產生對人體的危害，並警示我們牆壁的隙裂縫、滲水、漏水之所在，對整個居家環境結構安全提出預警，為最佳的環境指標。

二、壁癌對人體健康的危害

　　「壁癌黴菌孢易誘小兒過敏」報導中也指出，根據《健康居家》(Healthy Home)的作者琳達□梅森□韓特(Linda Mason Hunter)所述，「一旦黴菌開始繁殖，它們很快就會成熟並將孢子散播到屋內各處，再被家庭裡所有的成員呼吸進去。」因此在少量的暴露裏對於那些對菌類高度敏感的人就可能會引發極大的過敏反應。韓特說：「你呼吸進去的髒東西越多，就會變得越容易過敏」。

　　雖然大部份的黴菌並不會對人體產生傷害，但是一些特有種類如黴麴菌等則會使某些人產生類似感冒的過敏反應，比如頭痛、流鼻水或氣喘發作等。除了會引起人體過敏之外，當其分生孢子侵入人體時亦會導致分生孢子菌症。[洪素卿，2006]

　　黴菌引發人體病變分為感染、中毒及過敏三種，透過空氣內浮游菌、孢子或黴菌的代謝物，經由口或食物、接觸進入體內累積發病，嚴重者損害體內器官和神經功能而導致癌症，其簡述如下：[洪素卿，2006]

(1) 黴菌感染：

　　　　在空氣中所飄浮之黴菌孢子如果著落在人體皮膚粘膜、傷口上即會造成感染，最常見者例如香港腳、白癬等，且尚會感染呼吸道、外耳道、呼吸道、消化道、尿道以及造成手指、腳趾間糜爛、陰部粘膜發炎等。

(2) 黴菌中毒：

　　　　在空氣中飄浮的黴菌孢子容易在飲食物上萌芽和發育繁殖，使得食物成分產生變化而喪失原有性質，乃至於破壞營養而生成毒素，導致食品腐敗不能食用，不慎食用會引起食物中毒，甚至會對人體造成肝臟、腎臟、神經、造血等功能之損害，

更甚至導致肝中毒、肝硬化及肝癌等各種癌症。

(3) 黴菌過敏：

　　在空氣中飄浮的黴菌孢子可能成為人類過敏原，會引起支氣管哮喘、蕁麻疹，過敏性鼻炎、結膜炎、角膜炎、皮膚炎、腸胃炎等過敏症，通常過敏性氣喘約有 10% 之患者係由於居家環境中的黴菌所引起的。近年來由於居家室內的溫濕度及冷暖度都由空調設備來控制，以致房室密不透氣和通風不良，易助長黴菌的繁殖，因此具有過敏體質的人就容易產生各種過敏症狀。

2-4　金屬元素的污染

　　在我們人類生存環境中存在許多種金屬元素，可以透過食物和飲水攝入、呼吸道吸入和皮膚接觸等途徑進入人體。其中一些金屬元素在較低攝入量下，就會對人體產生明顯的毒性作用，如鉛、砷、汞等，稱為有毒金屬。另外許多金屬元素，甚至包括某些必需元素如鉻、錳、鋅、銅等攝入過量，也可對人體產生較大的毒性作用或危害。

　　食用受到有害金屬元素污染的食品，對人體可產生多方面的危害，而其危害通常都有以下的共同特點：

(1) 進入人體後強蓄積毒性而排出緩慢。

(2) 透過食物鏈的生物作用，會在生物體及人體內累積達到很高的濃度，如魚蝦等水產品中汞和鎘等金屬毒物的含量。

(3) 有毒有害金屬污染食品對人體造成的危害，通常以慢性中毒和遠期效應如致癌、致畸形突變作用為主。

　　由此可知金屬元素的污染對人體的危害不得不正視之，藉由本章

的引述中特別針對鉛、砷、汞等有毒金屬再作詳細的介紹。

2-4-1　砷(Arsenic)污染

　　2007 年 2 月 7 日東海大學驚傳「砷」氣危機！台灣環境保護聯盟指出，中部科學園區啟用後，周邊空氣中的砷濃度激增，其中東海大學省政大樓最高測值達每立方公尺 37.4 奈克，創下世界最高紀錄。台灣環保聯盟引用台中市環保局監測等資料指出，自 2006 年中科少數產業開始量產後，即大量排放高濃度有毒害性的「砷(As)」。比較 2005 年和 2006 年中科進駐西屯區前後，其周邊空氣中的砷濃度就急劇上升，其中永興宮由中科施工中的 2.5 奈克，飆升至 31 奈克，前後相差 12.4 倍。台灣環境保護聯盟會長、台灣大學大氣系教授徐光蓉表示，砷屬於劇毒元素，砒霜就是砷的化合物之一，在美國環保署的空氣品質規範中，根本就不應被檢測出。但現在大量的砷卻可能隨著風向，威脅台中市西屯區、北屯區和台中縣龍井、沙鹿、大雅鄉等地區。[陳鈞凱，2007]作者曾詢問台中市政府環保局，某官員曾表示中部科學園區台中市政府只管轄的範圍只有 8%，其餘則為台中縣政府之範圍。我國環保署沒有規範相關法條，中部科學園區不屬地方政府管轄，其管理單位為中央政府國科會。台中市政府環保局已監測 3 年，目前這些廠房排氣煙囪出口的砷含量未超過美國環保部門規定的砷含量限制值。

　　在國立台灣大學職業醫學與工業衛生研究所關於砷的環境及職業醫學專欄中指出，砷屬一種金屬性無氣味的自然化合物，廣泛分佈在自然環境中的元素，不論是土壤、岩石、動物、植物、水以及空氣都可發現砷的存在，最常被發現存在於金屬礦石之中。

　　有時候我們的食物如海產也被發現含有砷，絕大多是代謝過後的有機砷，有機砷的毒性較低，但經長期的累積亦會對人體造成危害。

　　無機砷屬毒性金屬，若不小心被誤食會導致急毒性，少量食用及長期暴露下則會產生慢性疾病，所以絕對不可以對砷污染掉以輕心。

　　長期暴露於砷容易引發癌症、糖尿病、皮膚病變、消化系統、神經系統和心血管等疾病。而在國家衛生研究院的環境衛生與職業醫學研究組在一項砷暴露與心血管疾病的研究中更發現，高砷暴露地區的心血管疾病率相當高，尤以糖尿病病人的腦血管疾病為甚。

　　人類對砷的暴露主要是透過食物和飲水，食物中的幾乎是有機砷其毒性較低，相對地飲水中的砷主要為無機的形態，其毒性會對人體造成傷害，飲水受到砷的污染有可能是自然的因素，也有可能是工業污染所致。台灣有些地區環境中殘留砷，砷會沉積於地下水造成污染，若此地區的民眾是引用地下水維生的話，易引發人體周邊血管疾病，如曾經盛行於台灣西南海岸的烏腳病就是因為長期飲用受砷污染的地下水而造成。[林意凡，2005]

一、認識砷

　　砷是一種準金屬物質，在組成地殼的 92 種元素中含量排名第 20位。砷以各種不同的型態遍佈於環境中，舉凡土壤、河流、含砷的礦石(圖 2-14)、地下水等都能發現其蹤跡，而在建材中為油漆及顏料內會常出現含砷的成分。

圖 2-14　　砷礦石 [經濟部礦務局，2007]

　　砷通常會以亞砷酸鹽和砷酸鹽的型態存在,砷可分為有機砷與無機砷兩大類,無機砷還可分為不帶價砷、三價砷及五價砷等三種形式,其中三價砷的毒性比五價砷還高。一般來說,有機砷對人體毒性較小,無機砷則帶有較高的毒素。另外當酸或有還原能力的物質碰到含砷的其他物品就會產生砷化氫,即使該物品中含砷量不多,但砷化氫的毒性和其他的砷都不同,目前為已知的砷化合物中最毒的一種。[林意凡，2005]

　　砷會成為惡名昭彰的毒素乃因砷為無臭無味且容易接觸,在過去就有小朋友在經過砷化銅處理的木頭家具附近玩耍時,就因皮膚接觸或好奇咬到而食入導致砷中毒。

二、砷對人體健康的危害

　　砷進入人體有三個途徑,第一是呼吸道,約吸收 60-90％,第二由飲水,食入約吸收 60-90％,第三由皮膚吸收,但可吸收的含量極少,長期下來都會造成慢性砷中毒。砷在吸收之後會分佈到肝、脾、腎、肺、消化道,然後在暴露四週之後約只會在皮膚、頭髮、指甲、骨頭、牙齒還存有少量,其他則會迅速地被人體排除掉。

　　在人體內,五價砷和三價砷會互相轉換,低濃度的砷是由甲基化

來進行排毒，多半在肝臟進行。經甲基化轉化的砷會由腎臟、汗腺、皮膚表層、或指甲頭髮等排除。而海產中的砷化物通常是以原貌由尿液排除。[衛生署，2006]

　　氫化砷被吸入之後會很快與紅血球結合並造成不可逆的細胞膜破壞，低濃度時氫化砷會造成溶血(有劑量-反應關係)，高濃度時則會造成多器官的細胞毒性，其對人體健康危害的影響如下：[衛生署，2006]

(1) 腸胃道、肝臟、腎臟影響：

　　　　食入砷或由其他途徑過量吸收砷之後會發生腸胃道症狀，會增加腸胃道血管的通透率，造成體液的流失及低血壓。腸胃道的黏膜更可能進一步發炎、壞死，造成出血性腸胃炎、胃穿孔、帶血腹瀉。砷暴露也會造成肝臟酵素的上升，而食入慢性累積之砷可能會造成非肝硬化引起的門脈高血壓。

(2) 心血管系統影響：

　　　　誤食入大量砷的人會導致血管擴張，造成全身血管的破壞，大量體液滲出，進而血壓過低或休克，過一段時間後可能會發現心肌病變。慢性砷中毒則會造成血管痙攣及周邊血液供應不足，進而造成四肢的壞疽，或稱為烏腳病，在台灣台南、嘉義沿海曾有此疾病盛行，患烏腳的人之後患皮膚癌的機會也較高。

(3) 神經系統影響：

　　　　慢性砷中毒在早期會影響周邊神經軸突的傷害，如末端的感覺運動神經，會感到疼痛、感覺遲鈍，嚴重的砷中毒則會影響運動神經，由下肢開始往上，會感到無力、癱瘓，嚴重砷中

毒有可能造成腦病變，但機率較低。

(4) 皮膚影響：

長期砷中毒的人最常看到的皮膚症狀是膚色變深、角質層增厚、皮膚癌等。

(5) 血液系統影響：

不管是急性或慢性砷暴露都會影響到血液系統，可能會發現骨髓造血功能被壓抑，常見白血球、紅血球、血小板下降，而嗜酸性白血球數上升的情形，紅血球的大小可能是正常或較大，可能會發現嗜鹼性斑點。

(6) 生殖系統危害：

砷會透過胎盤危害胎兒，臍帶血中砷的濃度和母體內砷的濃度一致，砷中毒的孕婦易造成流產及生下畸形新生兒的機率都較高。

(7) 呼吸系統影響：

暴露於高濃度砷粉塵的精煉工廠工人會發現其呼吸道的黏膜發炎且潰瘍甚至鼻中隔穿孔。

(8) 致癌性的可能：

皮膚癌與長期砷食入有密切相關，卻也有可能引起肺癌、肝癌、膀胱癌、腎臟癌、大腸癌。慢性砷吸入則與肺癌有密切相關，目前還未研究出砷中毒致癌的主要因素，可能是與干擾去氧核糖核酸的複製及修復的酵素有關。

2-4-2　汞(水銀)(Mercury)的污染

汞俗稱水銀，在常溫時是液體狀的金屬，汞污泥(圖 2-15)是以電

解法製造鹼(苛性鈉)及氯時產生的廢棄物,理論上汞可以不斷循環利用而不易消耗,但是食鹽水中之雜質如氧、碳酸、鈣、鎂等,會與汞作用形成汞污泥。這種以汞為電極的電解製鹼氯法,因為會有汞的污染問題,所以近年來已經逐漸被隔膜電解法取代。

1999 年 1 月 10 日聯合報由郝龍斌先生撰寫的「小心汞污染」報導表示,在多年前台灣屏東縣赤山巖曾遭到環保公司以非法方法傾倒汞污泥,一直到當時還有 8,300 多噸沒有處理造成高雄人的抗議而變成重大新聞事件。由於當時國內只有台塑仁武廠有汞污泥的熱處理設備和技術,且處理過程中不只需要焚化爐,還必須有相關處理廢氣和廢水的設備,所以高雄高等行政法院最後裁定是由台塑高雄仁武廠必須來處理。[郝龍斌,1999]

圖 2-15　　汞污泥 [環保署,2002]

一、認識汞

　　汞俗稱水銀(圖 2-16)為銀白色液態金屬,具腐蝕性與危害人體健康,在空氣中相對飽和濃度為 $20mg/m^3$,室溫下則會不斷釋放汞蒸氣對人體造成暴露傷害。

圖 2-16　汞

　　汞在潮濕空氣中顏色緩慢變暗，在約－39℃時凝固成像錫或鉛一樣的柔軟固體，能與大多數金屬(鐵除外)形成汞齊合金。汞的導電性良好，特別適用於密封的電器開關和繼電器中，通過汞蒸氣放電時能產生含大量紫外線的淡藍色光，故可大量運用於紫外光、螢光及高壓汞光源中。

　　汞的危害不僅來自含汞消費品，亦可來自遭受汞蒸氣和粉塵等污染的空氣以及被含汞廢物污染的水，進入水體的無機汞離子，由於微生物的作用，可轉化為有機汞(甲基汞)，並經過水生生物食物鏈作用而累積生物體中。

　　甲基汞能與魚體蛋白結合，所以在含甲基汞水域中生存的魚，可能會在其體內累積很高濃度的甲基汞，甚至比水體甲基汞濃度高上幾千至幾萬倍，根據研究經食物鏈作用而進入動物體內的汞，90%為甲基汞。除了甲基汞的污染外，在我們的日常生活環境中，汞的污染源也可能來自工業，如電池、日光燈、霓虹燈、汞燈、補啜蛀牙的汞劑等。依據環境資訊中心「魚類遭汞污染，孕婦易早產」研究報告中指出，汞存在主要有以下三種類型：[黃智賢，2006]

(1) 金屬汞：

　　在建築的使用及一般日常生活中有許多產品中都會用到金屬汞，如日光燈、汞燈、路燈及溫度計(圖 2-17)等，金屬汞遇熱會很快蒸發，而且只有在蒸發後才有毒。

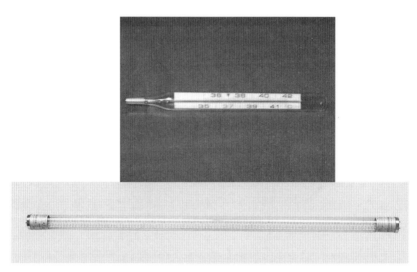

圖 2-17　溫度計及日光燈管

(2) 無機汞：

　　無機汞常做為防腐劑用，而最常使用的無機汞之一便是用於電化學的甘汞。

(3) 有機汞：

　　有機汞隨時能為身體吸收例如甲基汞，而且要很久以後才會顯現中毒的跡象，所以甲基汞的可怕，就在於症狀出現時已對身體造成無可彌補的傷害。

二、汞對人體健康的危害

汞是有毒的，如吸入汞蒸氣，嚥下可溶性汞化合物或經皮膚吸收，都會引起汞中毒。汞大規模應用於工業如化工及油漆的製造業等，許多工廠的廢料或廢水中都可能含有大量的無機汞或有機汞，若無適當處理而任其污染環境的話，隨時都可能爆發公害疾病。

在長庚紀念醫院神經內科「水銀中毒」研究報告中指出，長期暴露汞蒸氣可能產生四肢不自主抖動及個性改變等症狀，暴露汞蒸氣亦會傷害腦部、腎臟、肺部及胎兒。

急性汞蒸氣中毒會在數小時內發生虛弱無力、發冷、頭痛、胸悶、咳嗽、喘、流涎、噁心、嘔吐、腹瀉、味覺及視覺異常，甚至意識不清、手抖、步態不穩及腎傷害等。

慢性汞中毒則會引起腸胃不適、牙齦炎、頭痛或腎臟功能障礙、視力障礙、無力、動作無法協調、感覺及聽力喪失、關節痛、智能低下、及不自主抖動。

研究報告中另外指出有機汞中毒症的病理變化主要在腦部，由於韓特和羅素首先報告此症的病理特徵，日本學者於是將有機汞中毒症的臨床症狀統稱為韓特-羅素症候群。有機汞化合物中毒的特點是中樞神經系統受損害，其症狀有進行性肌肉無力、視覺喪失、大腦功能損害，最後可能造成癱瘓，部分病例更造成病患昏迷和死亡。[黃錦章，2005]

汞以金屬汞、無機汞和有機汞狀態存在，其研究報告中亦對人體健康的危害整理說明如下：[黃錦章，2005]

(1) 金屬汞：

金屬汞一般不易從胃腸道吸收，但如果金屬汞在胃腸道中停留過久會使胃腸蠕動異常，就可能會被吸收而造成中毒。而在血液中大部份的金屬汞會迅速被氧化成二價汞沈積於腎臟，少量未被氧化的金屬汞，因其脂溶性較高可通過腦血管蓄積在中樞神經。金屬汞也會刺激皮膚及黏膜，造成局部皮膚的症狀。

一般人體的急性中毒常見於吸入汞蒸氣，其症狀會造成咳嗽、呼吸困難、嘔吐及頭痛等，嚴重時可造成肺水腫，導致呼吸衰竭而死亡。急性期過後，可能出現肺功能異常，以及與慢性汞中毒相似之神經症狀。因此在密閉空間中加熱金屬汞時應避免吸入過多的汞蒸氣，所以要特別注意室內通風避免造成中毒。

(2) 無機汞：

誤食無機汞造成急性中毒時，其症狀會造成口腔潰瘍、腹痛、嘔吐，甚至消化道出血。無機汞對腎小管具有毒性，會造成腎小管壞死而導致急性腎衰竭，若長期暴露於無機汞亦會造成慢性中毒，其症狀會有胃腸道、腎功能及神經學等方面的問題病狀。

另外可能有疲倦、食慾不振、焦躁不安、注意力無法集中及步履不穩，而在神經系統方面會造成不自發性的手顫抖，嚴重時甚至出現不自主運動、周邊神經病變、痴呆等情形。

(3) 有機汞：

有機汞相當容易從胃腸道被吸收，主要暴露來源為環境中的汞，經由食物鏈進入人體，其中毒以神經系統症狀為主，可能出現四肢末梢或口唇周圍麻木等症狀如失眠、頭痛等，嚴重

者亦可能導致小腦功能失調及痴呆症等。

　　有機汞可通過胎盤或經由母體分泌至母乳中而影響胎兒及嬰兒，可能使胎兒及嬰兒造成體重過輕、發育遲緩、肌張力下降等症狀。

2-4-3　鉛(Lead)的污染

　　鉛在日常生活中的來源眾多且其用途也非常廣泛，例如含鉛油漆、鉛水管、熱水爐、陶器表面的釉等等。鉛是一種對人體沒有任何生理功能但具有神經毒性的重金屬元素,因為兒童的神經系統對外界毒性物質的抵抗力非常脆弱，所以鉛中毒對兒童的危害極大，容易引起兒童智力發育障礙。鉛中毒初期可能沒什麼症狀，但鉛毒會在體內逐漸累積而慢慢使體格生長及智慧發育受到危害，甚至造成大腦整合、協調功能紊亂。因此要盡量避免長期接觸鉛以免鉛蓄積引起中毒而損害健康。[莊弘毅，1999]

一、認識鉛

　　鉛(圖 2-18、圖 2-19)是一種化學元素，其化學符號為 Pb，鉛是一種軟的重金屬，有毒性，是一種有延伸性的主族金屬，鉛的本色是青白色的，在空氣中它的表面很快被一層暗灰色的氧化物覆蓋，而鉛亦是所有穩定的化學元素中原子序數最高的。

圖 2-18 鉛

圖 2-19 鉛

　　國立台灣大學職業醫學與工業衛生研究所的環境及職業醫學專欄裏的「鉛危害之防治」指出，鉛可能於下列地方因建築材料的使用而被發現。[林意凡，2006]

(1) 油漆：

　　　　由於油漆顏料中含有鉛的化合物，所以能使油漆的顏色更持久保持鮮艷且較不易從牆上剝落，如黃丹、紅丹和鉛白等。在美國許多老式住宅所使用的油漆都含有鉛，老房子的油漆隨著時間腐蝕而脫落，其粉末與碎片可能飄浮空中或落於地面而意外的被人吸入或吞進體內，尤其對幼兒特別危險，因為他們很可能沒有洗手就把手伸進嘴裡，所以美國在 1978 年之後就明令禁止使用鉛於住家內外。

(2) 舊式水路管線：

　　　　許多老式住宅中所使用的舊式水路管線的鉛管、接頭、以及管路所用的焊接劑當中都含有鉛，而人們所飲用到那些水就可能遭受污染。所以美國國會更在 1986 年時通過飲用水的安全法案中就限制以含鉛材質之管線來運輸飲用水。

莊弘毅先生在 1999 年的高醫醫訊月刊「鉛對兒童健康的危害」

的專題報告中說明,家庭方面鉛暴露的預防就是不要讓小孩咬窗臺或其他有油漆的表面可避免孩童吃到剝落含鉛油漆,如果大人工作與鉛有關時,工作服留在工廠洗不要將鉛帶回家,回家後馬上洗澡並換衣服且與家人分開洗。辨識老舊房子是否有鉛水管的方法爲檢視鉛管外觀是否爲灰色且管子柔軟,若懷疑有鉛水管就要趕快更換,減少與鉛污染源接觸及建立正確認知,才能降低鉛中毒風險,維護健康與生活品質。

房間的裝飾設計不要爲片面追求色彩而大量使用顏色漆,防止造成室內鉛污染,油性塗料中的氯化物溶液或芳香類碳氫化合物以及塑膠製品中使用的鉛類熱穩定劑等對人體都有很大的危害性等等,而鉛進入人體的途徑包括:[林意凡,2006]

(1) 吸入:

空氣中鉛粉塵可經由呼吸道吸入肺部,被肺泡微血管吸收後而停留在上呼吸道之鉛塵可隨痰排至喉嚨再吞入食道。

(2) 食入:

附著於手、臉或食物上之鉛塵,可經由飲食或抽煙進入人體消化系統,被腸胃吸收。

鉛會經由吸入及食入進入我們的身體,若是有機鉛經吸收後會到肝臟再進到血液,而無機鉛則直接進入血液。鉛在血液中 99%是與紅血球結合,1%溶於血漿中,對大人來說血液中的鉛會經由尿液或膽汁排泄,短期內就可排出 50-60%的鉛,長期會殘留在身上的只有1%,但是約有三分之一的 1～2 歲小孩子,無法代謝排泄出,而沒有代謝掉的鉛少部份會跑到軟組織中,其餘沒有排泄掉的血鉛,就會貯存到骨頭和牙齒裡面,等到血液中的鉛濃度經尿液排泄後而降低時,

會再游離回血液，因此一個人就算離開鉛的暴露，骨頭和牙齒的鉛濃度也須經過一陣子才會慢慢降下來。[莊弘毅，1999]

二、鉛對人體健康的危害

勞工安全衛生研究所的潘致弘於「鉛對健康危害預防手冊」裏指出，鉛是一種有毒的金屬，在鉛暴露下會導致嚴重的大眾健康問題，尤其人體暴露於高濃度鉛環境下，會導致貧血以及消化系統、神經系統、腎臟等危害與生殖系統毒害，且鉛會干擾幼童製造與吸收維他命 D 的能力，而維他命 D 又是牙齒和骨骼發育時的必需營養，同時破壞兒童的神經系統阻礙兒童智商的發展。兒童時期正是人腦中樞神經系統的發育階段，如果在此時攝入過量的鉛不但會影響智力發展、身體姿態和平衡感也會產生問題。[潘致弘，2002]

從人體的骨頭和牙齒放出鉛量跟血中的鈣含量很有關係，所以受到鉛暴露高的人可觀察到牙齦中的鉛線，而且可用 X 光來估計骨頭中的鉛含量，並可代表一個人終身的累積暴露量，而當懷孕、授乳、更年期、腎臟病、骨折、骨質疏鬆時，因為血鈣降低，骨頭和牙齒中的鉛就容易跑到血液中。[潘致弘，2002]

鉛對大人的神經系統影響比較不高，但也可能發生記憶力較差、不安、注意力缺乏、心情鬱悶、性慾減低、感覺異常、反應時間延長等等，在周邊神經方面，可能發生前臂的伸肌無力，造成腕下垂等。鉛的危害主要著重在對兒童的影響，對兒童影響最大的是中樞神經的發育，可能會伴隨著智能下降、學習障礙、生長遲緩，過動以及聽力等的問題。[莊弘毅，1999]

急性的高血鉛會造成腎臟的病變，此病變是可以回復的，但是若是長期暴露有可能變成慢性疾病無法回復，另外鉛導致的腎臟病可能

造成尿酸的排泄受阻而容易產生痛風。除此之外對於有鉛暴露又有高血壓的人必須特別注意，因為鉛會使高血壓更嚴重，其對人體健康危害的影響如下：[潘致弘，2002]

(1) 周邊神經的影響：

　　鉛中毒會引起周邊神經麻痺、運動神經元病變，這些病變會使神經細胞無法適當發揮傳遞訊息的功能，嚴重時將造成垂腕、垂足、甚至腦病變而致死，於嬰幼兒之中樞神經受影響會導致「鉛腦症」發生。

(2) 內分泌系統的影響：

　　對於腎上腺與甲狀腺亦有影響，初期暴露因紅血球遭受迅速破壞致尿中血色素增加而影響近端腎小管及亨利氏環病變，其大部份為可恢復性的，長期暴露則可能造成腎間質纖維化、腎小管硬化而減少尿酸分泌，可能產生腎衰竭、高血壓、痛風，慢性長期性的鉛毒症患者其血液中之尿素氮、肌酸酐會增加，當明顯增加時表示腎臟已遭受不可逆性破壞。

(3) 生殖系統的影響：

　　對於女性懷孕時鉛暴露增加則吸收的鉛會通過胎盤轉致胎兒(新生兒血中鉛濃度約為母親血中鉛濃度的 80～100%)，因此懷孕期間有鉛暴露會導致不孕、流產、早產、嬰兒出生死亡、或出生後體重過輕等，對於男性則會影響精蟲數量造成性慾減低、陽萎、不孕等問題。

(4) 致癌性的可能：

　　鉛目前也已被列為可能的致癌物之一。

2-5 微生物的污染

　　近年來由於工業發展迅速，經濟高度成長，使得人類生活水準大幅提升，但是也因此產生許多污染物，這些物質不僅危害大眾的健康及生活品質，也直接影響到我們的生存環境。而這些化學物質經由食物鏈的循環，不斷地在生物體中的累積，對生物體造成了莫大的威脅。

　　微生物具有無處不在、生生不息的特性，它們在環境中扮演分解者的角色，負責推動元素的再生與循環。而研究人員也發現環境中的某些微生物能將前述有毒物質分解成無毒物質，於是有關利用微生物來處理環境中有毒物質的研究越來越多，科學家認為微生物具有很好的潛能。然而它們的活動有時也會對周遭環境造成破壞及造成人體健康的危害。

一、認識微生物

　　微生物學(microbiology)一詞係源自希臘字，由 mikros(微小)、bios(生命)及 logos(科學)等三字組合而成，意指研究微小生命之科學。科學家認為微生物是四十億年前由海水中的複雜有機物或環繞著我們的原始陸地之浩瀚雲堆所形成。

　　在高溫、水、空氣、灰塵存在下，都使得微生物大量繁殖，營建工程的污水下水道、排水溝、蓄水池、水塔、化糞池、廁所、大樓垃圾暫貯場等設施，若規劃設計或施工不良，都有可能產生有害健康的致病細菌。而室內微生物污染程度與周圍環境、居住密度和室內空氣溫度、濕度等因素有關。環境不佳、通風不良、造成的室內微生物污染會較嚴重。

　　因微生物可以將有毒物質分解成無毒物質，所以在環境中屬於扮

演分解者的角色,因此也越來越多微生物被提出發表以及利用來處理環境中有毒物質的方法,這種方法通稱為生物處理,常見的生物處理以廢水之處理最為廣泛及有效。

在微生物小百科網站上「微生物簡介」中亦指出,生物處理是利用微生物來分解廢水中複雜有機物,用於一般家庭、醫院污水及工業廢水之處理上十分有效,其主要有兩大類方式:[微生物小百科,2007]

(1) 好氧性生物處理:

微生物在有氧狀況下分解廢水中有機物,將其轉變為二氧化碳、水、氨等最終產物。

(2) 厭氧性生物處理:

微生物在無氧狀況下分解廢水中有機物質,先轉換成酒精、有機酸,最後再分解成二氧化碳、水、硫化氫、甲烷等最終產物。

而在固體廢棄物的處理上也可經由微生物礦化作用,可使廢棄物減量,並產生有用的生物燃料、土壤改良劑及有機肥料。利用微生物處理都市垃圾,其處理費用也遠較焚化法為低,又不像掩埋法需要大量的土地,具有多項優點,為今後在處理垃圾時極有希望的一種方法。

工業上產生的大量含有重金屬的廢水,也漸漸地利用特定的微生物將金屬從溶液中予以有效回收,其方法可利用微生物吸收、吸附或釋放某種物質之功能與金屬形成沈澱進而回收減少污染。

二、微生物對人體健康的危害

微生物雖然負責環境中各種元素的循環,在其作用的過程中,有許多產物也會造成環境污染及對人體有害。如造成周遭水質的酸化或造成周遭空氣的惡臭之外,也會造成金屬的腐蝕。在重金屬方面,微

生物會經由甲基化作用，使金屬的毒性更增強。此外微生物中有許多更是動物、植物的病原菌，當與適當寄主接觸時，便曾對寄主造成傷害。

在行政院環保署環境檢驗所「環境有害微生物之管制與防治」研究報告說明，微生物對人體的危害更可能因其不同的微生物而造成不同的傷害，而須更精密的研判才能對症下藥，而其不可測的是微生物的種類之廣，不同種類的微生物所引起的傷害亦不同，只能對其人體的傷害情形來加以改善及治療。

對於微生物的污染最常見也最可能的是導致過敏性呼吸道症狀，在高溫環境的水、空氣、灰塵存在下都可使微生物大量繁殖，退伍軍人症、黴菌毒素等都是致病原及致過敏源。[王正雄，2004]

自然界中沒有絕對的好與壞，微生物雖然可以幫助我們解決許多環境污染的問題，但是微生物本身也有造成環境污染的潛在危險性，如何駕馭這種無所不在的微小生命，使其能夠幫助我們復育已被污染的環境，則有賴人類的繼續研究及對微生物的不可忽視。

2-6 揮發性有機物質 (Volatile Organic Compounds, VOCs)污染

主要來自建材的油漆、木質建材塗料等來源，其導致罹患癌症的機率正引人注意。揮發性有機物質就算濃度極低，也會引起人體不適，主要以二甲苯及乙苯為主，而其中福馬林也會自建材中緩慢釋出。另外有些室內建材或裝潢材料含有高濃度的甲醛及揮發性有機化合物等有害的成份或化學物質，使用此類材料後，會逐漸釋放出有害的污染物到空氣中造成污染。

　　一般民眾多僅講究室內裝潢，卻忽略室內空氣品質更加重要，來自建築物結構中的混凝土、裝潢材質中的木板、塑料製品及傢俱等，若不詳加檢視成分，潛藏的有害物質極可能隨空氣揮發，成為居室中的「隱形殺手」，絕大多數的民眾並不瞭解，其實室內空氣污染往往比室外還嚴重，而且新裝潢屋若非採用無毒建材，其污染也遠高於一般房子。

　　中華民國建材公會總幹事王榮吉曾表示，一般人常以為只要等到刺眼難聞的裝潢味道消散後便可入住，其實是大錯特錯的，含甲醛的建材其毒害能力並不會隨著味道散去而消失，相反的，正因為味道散去，消費者反而會對高溫潮濕或密閉冷氣房裡的微量甲醛失去戒心而導致慢性中毒。

　　臺灣建築中心的「綠建材標章」專題文章亦指出，甲醛在裝潢工程裡常被用來做為黏著劑使用，因此大多數建材、室內裝潢經常含有甲醛物質，我們所用的傢俱、木料、地板等就會不斷地釋放甲醛，其釋放期長達 3 至 15 年，再加上現代建築多為密閉空間，在通風不良的室內環境下，導致室內空氣中甲醛濃度上升，使身體健康受到極大地危害性風險，為了避免受到甲醛的危害，則須居家環境保持空氣流通或採用生態、健康建材。[臺灣建築中心，2007]

　　目前行政院環保署針對公共場所之室內空氣品質訂出建議值，其中之「總揮發性有機化合物」(TVOCs)基準值為 3ppm，而「甲醛」為 0.1ppm。

2-6-1 甲醛(Formaldehyde)的污染

　　根據中國北京 2006 年 2 月 14 日「甲醛超標引發兒童白血病」的

報導表示，近年中國白血病的自然發病率為每 10 萬人中有 3 人，每年約新增 4 萬名白血病患者，其中 50％是兒童且以 2 至 7 歲的兒童居多，而家庭裝修導致室內環境污染則被認為是導致城市患白血病兒童增多的主要原因。

依據 2001 年北京兒童醫院統計，白血病患兒中有九成以上的患兒其家庭在半年內曾裝修過，因此於 2004 年深圳兒童醫院與有關部門曾對新增加的白血病患兒進行了家庭居住環境調查，發現 90％的患者家中在半年之內曾經裝修過，根據多年的研究追蹤分析，甲醛是重要的污染來源之一，對於家庭的裝潢影響人體及污染居家環境。[青年報，2005]

一、認識甲醛

甲醛(Formaldehyde)(圖 2-20)為重要的工業化學品，在常溫、常壓下是一種可燃、無色且活性大之刺激性氣體，其氣體可經由呼吸道吸收，而 35％至 40％的甲醛溶液稱之為福馬林，具有防腐作用，用來浸泡病理切片及人體和動物標本。甲醛對人體會有不良的影響。進入人體的甲醛會使蛋白質變性，擾亂人體細胞的代謝，對細胞造成極大的破壞作用。隨著現代人空調設備的日益普及，導致室內空氣不流通，這又使得這揮發性有毒氣體的濃度大大提高，成為看不見的健康殺手。

甲醛的使用範圍極為廣泛，可以製造各種樹脂接合劑或隔熱物質，也可作為防腐劑來使用，在室內裝潢材料中，常與其他物質化合成為生活中常用的化學物，如氯苯甲醛(C_7H_5ClO)及對溴苯甲醛(C_7H_5BrO)(圖 2-21)等，而在產品製成的最初數個月，排放的甲醛量最高。之後隨時間增長甲醛慢慢釋出，但釋出的時間通常超過數年，

在這情況下，持續接觸少量的甲醛亦可導致嚴重的不良反應。甲醛已被國際癌症研究機構(IARC 1995)分類為對人類可能致癌的物質，且也被世界衛生組織確定為致癌和致畸形物質。[勞安所，2006]

 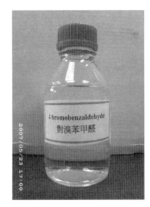

圖 2-20　甲醛　　　　圖 2-21　對溴苯甲醛

　　甲醛為易揮發液體，是常見的有毒化學物，當其揮發成氣體時為一種無色且具有刺激性和窒息性，濃度高時有刺鼻的氣味，會引起眼睛及呼吸氣管極度不適。長時間接觸甲醛會誘發過敏。在這情況下，繼續接觸甲醛亦可導致嚴重的不良反應，雖然其危害人體的證據並不充分，但以動物實驗已證實高濃度的甲醛會引致鼻咽癌。

　　在台灣裝潢網站上的「裝潢教室」專題文章中表示，甲醛造成室內空氣污染的來源主要以建築材料、裝修物品及生活用品等化工產品在室內的使用為主，目前市面上的各種膠合板中大多都有使用含有甲醛成分的樹脂作為粘合劑，因甲醛具有粘合性同時可加強板材的硬度和防蟲、防腐能力，另外新式家具、牆面、地面的裝修輔助設備中都要使用粘合劑，而凡是有用到粘合劑的部分總會有甲醛氣體的釋放因此會對室內環境造成危害。

　　甲醛廣泛使用在人造板材、塑料地板、化纖材料、塗料和黏合劑中，其主要的排放源是用甲醛樹脂製成的壓製木產品，這些樹脂用作物料的黏著劑，如粒子板、中等密度纖維板、膠合板及其他壓製木產品，由脲醛樹脂製成的甲醛泡沫樹脂隔熱材料有很好的隔熱作用，因此也常被製成建築物的圍護結構使室內溫度不受室外的影響。長期在甲醛超標的環境中生活則會引起呼吸道疾病、出現染色體異常、影響生長發育和誘發腫瘤等嚴重危害。 [台灣裝潢，2007]

二、甲醛對人體健康的危害

　　1997 年，世界衛生組織(WHO)發表「病態建築症候群」(Sick Building Syndrome)的警告，吸入過多從裝潢的建材中散發出來的化學物質，將對人體健康造成毒害，以中以具致癌性的甲醛最為嚴重，其對人體健康危害的影響如下：[勞安所，2006]

(1) 呼吸道的影響：

　　當室內含量為 $0.1mg/m^3$ 時就有異味，$0.5mg/m^3$ 時便會刺激眼睛引起流淚，濃度在空氣中達到 0.06-$0.07mg/m^3$ 時，兒童就會發生輕微氣喘引起咽喉疼痛，濃度再高更會引起噁心、嘔吐、咳嗽、胸悶、氣喘甚至肺氣腫，當空氣中達到 $230mg/m^3$ 時甚至會導致死亡，長期吸入低劑量甲醛會引發慢性呼吸道疾病、結膜炎、咽喉炎、哮喘、支氣管炎等慢性疾病。

(2) 胃腸的影響：

　　食入含有甲醛的食品會直接產生中毒反應，輕者只有口腔、咽、食道、胃的黏膜刺激，較重者有頭暈、咳嗽、嘔吐、上腹疼痛，嚴重者會出現大量腸胃出血、昏迷、休克，導致肺水腫、肝腎充血及血管周圍水腫，且還會損傷人的肝腎功能，

可能導致腎衰竭，一次食入 10 至 20 毫升會出現昏迷、休克致死。

除了上述 2 項健康影響外，還會導致女性月經紊亂、妊娠綜合症，甚至引起新生兒體質降低、染色體異常。甲醛還有致畸、致癌作用。高濃度的甲醛對神經系統、免疫系統、肝臟等都有毒害。據流行病學調查，長期接觸甲醛的人，皮膚會乾燥龜裂，引起慢性呼吸道疾病，如長期咳嗽、支氣管炎、氣喘過敏等，甚至會誘發人體各種病症，如白血病、不孕症、鼻咽癌、結腸癌、腦瘤等。[勞安所，2006]

2-6-2 苯(Benzene)系物的污染

日常生活環境中，空氣污染裡有苯，汽油裡與香菸也都有苯，當然，許多石化業的加工過程中也需要用到苯，其中煉油廠、橡膠輪胎工廠、加油站與製鞋工廠的員工更是需要長期暴露於含苯的環境下工作。人們早已知道慢性苯中毒會造成白血球、血小板等的減少，甚至促使血癌的發生。

圖 2-22　苯

一、認識苯

苯(圖 2-22)為無色常溫時具可燃性與刺鼻氣味之液體，氣態時分子量比空氣重，熔點攝氏 5.5℃(華氏 41.9℃)，沸點為攝氏 80.1℃(華氏 176.2℉)，分子式為 C_6H_6，分子量為 78 克。能與醇、醚、丙酮和四氯化碳互溶，它難溶於水，易溶於有機溶劑。[勞安所，2006]

苯具有易揮發、易燃的特點，也是一種致癌物質。本身也可作為有機溶劑，為一種石油化工基本原料。苯具有的環系叫苯環，是最簡

單的芳環。苯分子去掉一個氫以後的結構叫苯基。苯的產量和生產的技術水準可做為一個國家石油化工發展水平的標準之一。

苯亦是良好的溶劑，可溶解脂肪、油墨、油脂、油漆、塑膠及橡膠，在 1960 年代製鞋及凹版印刷大量使用，並曾造成血液疾病。苯也可以由含碳量高的物質不完全燃燒獲得，在自然界中火山爆發和森林大火也都能生成苯，由於苯可以在空氣中燃燒，因此它一般都被定為危險化學品。

早在 1920 年代，苯就已是工業上一種常用的溶劑，主要用於金屬脫脂。由於苯有毒，人體能直接接觸溶劑的生產過程現已不用苯作溶劑。苯對人體有不利影響對地下水質也有污染的問題，歐美國家都有限定苯的使用含量。而苯在工業上最重要的用途是做化工原料。苯可以合成一系列苯的衍生物，如在建材常見的漆塗料及粘合劑即為苯與丙烯生成異丙苯，後者可以經異丙苯法來生產丙酮與制樹脂和粘合劑的苯酚，此外還可以用來合成許多化工產品。苯為十分廣用之溶劑因此不可能完全禁用，為防止工作暴露引起傷害，故應嚴格規定工作暴露容許濃度並應嚴格執行。[勞安所，2006]

二、苯對人體健康的危害

根據榮民總醫院臨床毒藥物防治諮詢中心「苯中毒之臨床症狀」研究報告中指出，苯主要來自建築裝飾材料中大量使用的化工原料，且苯系物在各種建築材料的有機溶劑中大量存在如塗料，而人體經常接觸苯時，皮膚會因脫脂而變乾燥、脫屑、過敏性濕疹等，長期吸入苯則會造成再生不良性貧血。

其研究報告亦指出，苯系物是強烈致癌物，且苯的急性大量暴露會影響中樞神經系統，會造成頭暈、走路不穩、噁心、甚至神智不清，

若高達 20,000 ppm 的苯暴露會在 5 到 10 分鐘內致人於死。由於苯的揮發性大暴露於空氣中很容易擴散，容易透過吸入、皮膚吸收、食入等等管道進入人體。苯進入身體之後會進一步由肝臟及骨髓的酵素代謝成有毒的化學物，使體內的苯生成了苯酚，且這些有毒的代謝物亦會和細胞中的大分子(如蛋白質、RNA、DNA 等)形成共價鍵而影響細胞的功能。[葛謹，2005]

另外詹長權先生於 2005 年的勞工安全衛生簡訊「沉默的骨髓殺手－苯」專題文章中說明，苯會使所有的骨髓細胞生長受到抑制，骨髓是受苯影響最大的器官，會引起紅血球、白血球、血小板減少，容易受感染及皮下出血瘀青，以及貧血的現象。若暴露劑量較高，會引起再生不良性貧血及白血病等嚴重血液病，如急性骨髓性白血病和紅血球性白血病。苯因而抑制免疫系統以及造血功能。有研究報告指出，苯在體內的潛伏期可長達 12-15 年，若是慢性苯中毒則會使人產生睡意、頭昏、心跳加快、頭痛、顫抖、意識混亂、神志不清等現象。

在嬰兒、小孩或溶血性貧血的人會因為骨髓造血細胞分裂旺盛，更易受到苯的有毒代謝物的傷害，而有海洋性貧血的人，因為紅血球先天不良的構造，會比一般人更容易引起再生不良性貧血，其症狀通常包括發燒或牙齦、腸胃道、鼻子等等出血，因個人的體質或抵抗力而不盡相同。[詹長權，2005]

婦女吸入過量苯後，會導致月經不調可達數月，卵巢會萎縮，對胎兒發育和對男性生殖力的影響尚未明瞭，孕期動物吸入苯後，會導致幼體的重量不足、骨骼延遲發育、骨髓損害，對皮膚、粘膜有刺激作用且國際癌症研究中心(IARC)也已經將其確認為致癌物。[勞安所，2006]

2-6-3 氨(Ammonia)的污染

　　氨及其化合物，在化工生產中已被廣泛應用，如氮肥，冷凍，石油精煉，合成纖維，醫藥，染料，樹脂，鞣革，塑料以及人造冰，氫氟酸，氰化物和有機等生產過程均有接觸。在意外事故或某些工廠企業管理不善，職工安全教育不力，以及設備容器陳舊或故障情況下，不少地區群體性的液氨中毒合併灼傷的嚴重事故時有發生。不僅傷害化工系統職工，還危及居民、農民、學校師生及過路行人，使國家不僅在經濟上受到巨大損失，而且影響人民生命財產及安全。

一、認識氨

　　氨(Ammonia，即阿摩尼亞)為無色，有辛辣味的刺激性惡臭氣體，有毒性。氨在常溫下加壓易液化，稱為液氨。與水形成水合氨，簡稱氨水(圖 2-23)，呈弱鹼性。氨水極不穩定，遇熱分解，1%水溶液 pH 值為 11.7。濃氨水含氨 28～29%。氨在常態下呈氣體，比空氣輕，易溢出，具有強烈的刺激性和腐蝕性，故易造成急性中毒和灼傷。

　　氨主要來自建築物本身，即建築施工中使用的混凝土(圖 2-24)外加劑和以工業氨水(圖 2-25)為主要原料的混凝土防凍劑。含有氨的外加劑，在牆體中隨著濕度、溫度等環境因素的變化還原成氨氣，從牆體中緩慢釋放，使室內空氣中氨的濃度大量增加。

圖 2-23　氨水

圖 2-24　建築物用之混凝土

圖 2-25　工業氨水

二、氨對人體健康的危害

　　根據榮民總醫院臨床毒藥物防治諮詢中心「氨中毒機轉及毒性」研究報告，氨為毒性氣(液)體，可以吸收組織中的水分，使組織蛋白變性，並使脂肪皂化，破壞細胞膜結構，減弱人體對疾病的抵抗力。當氨濃度過高時會引起眼睛刺激，若不立刻治療會造成永久性的傷害，皮膚粘膜直接接觸後，則可引起局部腐蝕性損害，尤以呼吸道、口腔及眼等濕潤的粘膜更甚，吸入後可導致嚴重呼吸道損傷，粘膜充血、水腫、組織壞死且產生腐蝕性灼傷，造成鼻腔、口腔、咽、喉、

氣管的化學性炎症反應以及中毒性肺炎，肺水腫。且氨的濃度過高時，除腐蝕作用外還可通過三叉神經末梢的反射作用則可致中樞神經系統興奮性增強引起痙攣，進入昏迷、窒息而死亡。

其研究報告亦指出，氨中毒主要由呼吸道吸入，亦可通過皮膚被人體吸收，氨氣吸入體內後被肝臟解毒成尿素氮，因而造成血及尿中氮顯著增高，故吸入高濃度氨能引起肝臟損害。室內低濃度長期接觸氨氣，可引起喉炎，聲音嘶啞。高濃度大量吸入可引起急性支氣管炎和肺炎。支氣管粘膜嚴重損傷時可能堵塞上呼吸道造成呼吸困難進而引起窒息。極高濃度氨氣被吸入時，還可能發生喉部水腫、喉痙攣而引起窒息、肺水腫、昏迷和休克。[王瑩，2005]

2-7 石綿(Asbestos)的污染

石綿屬於一種無機粉塵，具有非常好的隔熱與絕緣效果，廣泛被應用於各工業部門及國防尖端技術工業中的礦物，常運用於防火隔緣的器材及防火衣物、天花板、地磚，甚至於汽車離合器的製造材料。短絨狀石綿具有防腐、抗酸、絕緣和耐壓等特性，可以製作石綿水泥瓦、石綿水泥管、石綿紙、隔音材料、石綿板等，多用於建築工業和國防尖端技術(飛機、坦克、潛艇、導彈和火箭等方面)，而長絨狀石綿多用於現代交通工具、化工和電器設備生產方面。

目前以石綿為主要原料的各種規格製品達 3,000 多種，在各類石綿製品中，石綿水泥製品為消耗最多約占石綿總消耗量的 70%。[勞委會，2007]

一、認識石綿

石綿(圖 2-26)，英文名字為 Asbestos，源自希臘，原意為「防火

性」或「不可破壞性」，石綿屬纖維化塵粒礦物，主要成分為矽酸鹽。
最常見的三種是溫石綿(白石綿)(圖 2-27)、鐵石綿(褐石綿)及青石綿
(藍石綿)，

圖 2-26　石綿圖　　　　圖 2-27　溫石綿 [礦務局，2007]

　　石綿具有耐熱、耐酸、耐磨擦、耐化學品腐蝕、過濾性、可撓性、
可紡性及接近鋼鐵的張力強度等多種特性，被工業界視為瑰寶而被廣
泛應用在各種工業用途上。[勞委會，2007]

　　石綿在開採、加工、生產和使用過程中，易分裂成細小的纖維，
在釋出後石綿纖維會長時間浮游於空氣中，經由呼吸進入人體的石綿
纖維會停留沉積在肺部，或在胸膜、隔膜間移動，甚至可移動到腹膜，
長期吸入石綿纖維易導致呼吸功能降低及石綿沉著病(肺內組織纖維
化而令肺部結疤)，據統計多年積聚在人體內的石綿纖維易在四十年
內左右引致肺癌，倘若長期受石綿暴露且加上抽煙習慣，得肺癌的機
率則會有相乘的危機。[勞委會，2007]

　　石綿可由角閃石(圖 2-28)或蛇紋石岩層(圖 2-29)中開採得來，蛇

紋石中有一種呈黃色或綠色的纖維狀礦物叫做溫石綿，由於開採便利，是商業用途最廣泛的一種石綿。石綿是一種天然產生含水之矽化礦物的總稱，其形態為纖維狀、細絲狀或絨毛狀，因石綿纖維水泥板具有吸隔音及防火性能，且有施工簡便、價格便宜及設計多樣化等優點。

圖 2-28　角閃石 [礦務局，2007]　圖 2-29　蛇紋石 [礦務局，2007]

　　例如常見之石綿板(圖 2-30)、石綿瓦(圖 2-31)，含石綿防火被覆(圖 2-32)、配管等建材，可用來保護暴露於高溫下的物質表面，它幾乎被看作是一種神奇的礦物。石綿在製造及輸送的過程中，許多微細的石綿塵會散佈出來，這些石綿塵一旦被人體吸入，則石綿纖維將終生附著在肺部組織造成肺部纖維化。

圖 2-30　　石綿板

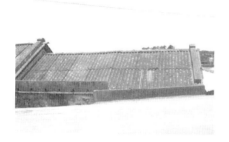

圖 2-31　　石綿瓦

圖 2-32　　防火被覆

　　石綿纖維是已知的致肺癌物質，但在早期的台灣，石綿瓦、石綿建材被廣泛使用於建材上且毫無管制，因此住家內如有任何石綿建材損壞，都會使石綿纖維飄浮在空氣中，宜儘量及早更換以避免危害家人健康。

二、石綿對人體健康的危害

　　針對人造礦物纖維的種類、生產和使用、接觸等，國際癌症研究組織在1988年的一項探討致癌性物質對人類危害評估計畫中，分析各種人造纖維的致癌性，結論認為並證明岩綿是具有致癌性的。所以隨

著石綿暴露對人體健康的不良影響被證實後，各國已加強管制石綿之使用，各種石綿之替代品亦開始被研發而使用於防火材料及隔熱材料中。[勞委會，2007]

暴露於石綿纖維中可引致下列疾病：[勞委會，2007]

(1) 肺癌。

(2) 間板瘤：胸膜或腹膜癌。

(3) 石綿沉著病：因肺內組織纖維化而令肺部結疤。

與石綿有關的疾病癥狀，可能在暴露於石綿後大約10至40年才出現，但石綿已經被認為和幾種致命的肺病有關，如石綿沉著病、肺癌，主要是和暴露在大量的石綿環境及暴露時間長短有關，導致細小纖維侵入人體。暴露在石綿環境而致病的健康問題引起大眾關切，一些因石綿影響人體健康的訴訟則要求石綿製造公司為其工人的健康負責，這些舉動引起大眾對含有石綿原料的物質產生了過度的不安。

根據行政院勞工委員會的「石綿介紹與危害預防」預防宣導中指出，202位居在日本奈良縣2座石綿工廠附近的居民在接受健康檢查後發現，有35人(約17％)被診斷出因吸入石綿而出現的「胸膜肥厚斑」和綿棉疾病「纖維肺」。除了致癌性外亦會導致皮膚病與眼部的刺激症狀，而過量之綿塵亦會危害上呼吸道。

根據統計有石綿沉著病的病人，患上肺癌的機會較正常人高出5～7倍，但吸煙的石綿沈著病患病患者罹患肺癌的機會更較正常人高出90倍之高。一般研究認為，柔軟、表面光滑的石綿毒性較青石綿及鐵石綿低，但仍具有致癌性。[勞委會，2007]

有鑒於石綿對人體健康的危害，環保署也將禁止石綿用於製造石綿瓦、板、管、石綿水泥及纖維水泥板等產品，並將於完成法制作業

後，正式公告禁止該等石綿的用途。環保署表示，早在民國78年即依
「毒性化學物質管理法」將石綿公告為列管之毒性化學物質，依法禁
止其有關之運作，並禁止使用於自來水管的製造上。然因石綿具有耐
高溫及隔熱等特性，在工業上仍有其特殊需求，故目前歐美、日本等
國均鼓勵學術界與業界研究開發替代品,加速提前全面禁用石綿之時
程以減少對環境及人體的危害。[環保署，2007]

2-8　室內燃燒物及油煙的污染

　　長期吸入炒菜油煙與罹患肺癌的關聯性,近年來成為公共衛生備
受關注的議題之一,不過國家衛生研究院環境衛生與職業醫學組主任
葛應欽教授指出，現行家中使用排油煙機並不能完全預防肺癌，戴口
罩則是毫無預期效果,而比較可行的方法則是盡量避免熱鍋快炒以免
吸入有害的油煙。

　　葛應欽教授是國內著名的流行病學專家,他接受衛生署的委託計
畫原先朝二手菸與肺癌的因果關係進行研究，但卻意外發現不論豬
油、花生油或沙拉油，婦女長期暴露於高熱炒菜油煙比二手菸更易罹
患肺癌，因為在超過攝氏兩百度的高溫油炸下，其所揮發的油煙都有
致突變性,包括多環芳香烴(PAHs)、硝基多環芳香烴(N-PAHs)等致癌
物。[葛應欽，1997]

　　葛應欽教授表示,台灣婦女肺癌成因有一半是因為烹調食物的高
溫油煙，其次婦女本身吸菸及受到二手菸害亦約有3成，其餘2成可歸
因於空氣污染或其他不明原因。另從調查發現長期暴露於高熱油煙環
境卻未使用排油煙機的家庭主婦，罹患肺癌的危險比其他婦女高8.3
倍，尤其是女性廚師罹患肺癌的機率會更高。

根據衛生署發佈的2003年台灣地區主要死亡原因調查發現,女性癌症死亡原因以肺癌居冠,雖然造成女性肺癌的真正原因目前仍有待調查,但不可否認的,一提到肺癌多數人會立刻聯想到是抽菸引起的,然而事實卻不盡然,因為女性是佔不抽菸的人口大部分,但肺癌罹患率卻居高不下,由此可知女性罹患肺癌的原因,可就不只是單純的菸害所造成的。[葛應欽,1997]

一、認識室內燃燒物及油煙

都市中許多小坪數的公寓,廚房往往與客廳、臥房相連,若未將烹調時所產生的油煙有效地排出,可能連睡覺時都還在呼吸有毒的煙霧,長期下來定會損傷呼吸系統的細胞組織,罹患肺癌的機率也比一般人高出幾倍。

高雄醫學院的「透視婦女罹患肺癌的成因」專題報導中指出,我們平時炒菜時所使用的食用油和食物在高溫條件下會產生大量熱氧化分解產物繼而散發出油煙(圖2-33),烹調時因為油脂受熱,當溫度達到食用油的發煙點170℃時,就會出現初期分解的藍煙霧,隨著溫度繼續升高而分解速度加快,當溫度達250℃時,出現大量油煙並伴有刺鼻的氣味。若其對油煙樣品進行分析,共可測出220多種化學物質,其中主要有醛、酮、烴、脂肪酸、醇、多環碳氫化合物等,在油煙中還發現揮發性亞硝胺等已知突變的致癌物。

空氣污染防制網站的「空污防制」的專題文章中亦指出,現今在許多開發中國家及少數台灣鄉下仍在室內使用傳統灶(圖2-34)或是仍在使用燃油式暖爐利用燃燒木材、煤、石油等來烹煮食物,事實上燃燒這些物質除了會產氮及硫的氧化物、一氧化碳外,也會產生可能致癌的多環碳氫化合物及其他有害物質,往往這些物質在室內造成溢

散而未排除殘存的濃度又超過標準,因此造起的健康傷害更是無法估計,燃燒這些物質產生的煙害更可能造成鼻咽癌、慢性肺部疾病、新生兒低體重的發生。[空污防制,2006]

圖 2-33　烹調油煙　　　　圖 2-34　傳統灶

二、室內燃燒物及油煙對人體健康的危害

　　「透視婦女罹患肺癌的成因」專題報導更可看出,廚房油煙和婦女肺癌的發生是有明顯關聯性的,而根據其他的研究裏知道家庭主婦在廚房準備一餐時間所吸入的N-PAHs(硝基多環芳香烴)是室外新鮮空氣的100倍以上,其油煙中所含的有毒性物質N-PAHs是會導致肺癌的發生。所以醫師們已漸漸地建議婦女們須盡量少用大火煎炒並且要多改善排煙設備,必須改變以往的烹調習慣,因為廚房油煙已成了威脅我們生命健康的重要原因之一。

　　由以上所述得知在室內燃燒木材、煤、石油等會引起健康的傷害如鼻咽癌、慢性肺部疾病等,而一般家庭炒菜烤魚肉之油煙也可產生危害健康的毒氣,宜以充份之通風設備加以排除以維護生命安全。

　　根據調查發現,飲食業的炊事人員的肺癌發病率會較一般職業

高，常在廚房烹調者比不常做飯者肺癌死亡率高出近1倍，常在廚房做飯者患肺癌的幾率甚至遠遠高於不常在廚房做飯的吸煙者，由此可知廚房油煙和婦女肺癌的發生確實有明顯關係。[葛應欽，1997]

財團法人防癌基金會的「炒菜油煙是否與肺癌有關」研究報告中更證實，菜籽油、豆油等加熱到270—280℃時產生的油霧凝聚物，被認為和癌症發生有關，是有可能會導致細胞染色體損傷。所以食用油加熱時冒出的油煙時能產生大量有害的致癌物質，特別是油炸食品時滿廚房都是油煙可是會對身體造成傷害很大。[任益民，2006]

當油燒到一定的溫度時，其中的甘油就會生成油煙的主要成分丙烯醛，它具有強烈的辛辣味，對鼻、眼、咽喉黏膜有較強的刺激，可引起鼻炎、氣管炎、咽喉炎等呼吸道疾病。廚房油煙與燒菜時油的溫度有直接的關係，油煙被人體吸入後使呼吸道粘膜損傷，並降低人體免疫功能，而油煙亦會刺激人們的眼睛，甚致嚴重可誘發心血管方面的疾病。[任益民，2006]

2-9 放射性元素氡(Radon)的污染

在現在社會中來自混凝土、水泥、花崗岩等建築材料中的放射性元素氡，已是不容忽視的無形殺手，在中國更對全國14座城市的1,524個寫字樓和居室調查顯示，每立方米空氣中氡含量超過國家標準的占約6.8％，氡含量最高的可達到596貝克，是中國國家標準的6倍，據統計全中國每年因氡致肺癌人口數約在5萬人以上。

一、認識放射性元素氡

氡(Radon)(圖2-36)是一種化學元素，它的化學符號是Rn，是一種無色的惰性氣體，其化學性質不活潑，具放射性。氡氣在水泥、砂石、

磚塊中形成以後，一部分會釋放到空氣中，常溫下氡在空氣中能形成放射性氣溶膠而污染空氣，吸入人體後形成照射，破壞細胞結構分子。氡的α射線會致癌，氡也是世界衛生組織(WHO)公佈的19種環境致癌物之一。

氡是1900年初發現的，自然界中任何物質都含有天然放射性元素，只不過不同物質的放射性元素含量不同罷了。經檢測石材中的放射性主要是鐳、釷、鉀三種放射性元素在衰變中產生的放射性物質。如可衰變物質的含量過大，即放射性物質的「比活度」過高，則對人體是有害的。氡是由放射性元素鐳衰變產生的自然界唯一的天然放射性惰性氣體，它是無色無味放射性稀有氣體。氡在空氣中的氡原子的衰變產物被稱爲氡子體，爲金屬粒子。常溫下氡及子體在空氣中能形成放射性溶膠而污染空氣，當氡氣微粒被吸入肺部，在局部區域積聚並繼續散發輻射，令吸入人士患肺癌的機會較高。

《放射性元素氡與室內環境》一書中將室內氡的來源說明主要有以下幾個方面：[朱立，2004]

(1) 建築材料：

天然氡氣散發自泥土、岩石或用花崗岩製造的混凝土等建築材料，從牆壁、地板、進入建築物的地面層或較高層單位。用量最大的磚石、混凝土、泥土以及石材、地磚、陶瓷製品等建築材料中都含有一定量的放射性元素鐳，它可衰變出氡氣並於室內釋出，而通風不足的建築物，氡氣更會滯留及積聚。

(2) 房屋地基下的岩石和土壤：

土壤中的裂隙及岩石中的斷裂構造都可使房屋地基下的岩石和土壤中的氡向室內擴散，經檢測發現靠近地表的土壤中氡

的濃度比靠近大氣中氡的濃度高出10倍以上。氡會透過地面的裂縫進入地下室,因為氡較空氣重因此當進入室內後會一直留在地下室,而大部分居家的地下室通風較差,所以人體在地下室吸入氡的機會比較大。

(3) 室外空氣進入室內的氡:

在室外空氣中的氡被稀釋到較低的濃度,對人體是不構成威脅的,但在通風不良的情況下進入室內若不排出的話便就會大量積聚對人體造成危害。根據實驗統計在室內的氡還具有明顯的季節變化,在冬季時會最高而在夏季時會最低。

在台灣東部花崗岩(圖2-35)建材建築物、及分佈於中央山脈東翼,北起宜蘭縣蘇澳鎮西方,南至台東縣知本溪一帶綿延二百餘公里的大理石(圖2-36)地形區,都可能存在有放射性氡元素存在。這些地區的建築物都要非常注意通風問題。

圖2-35　花崗岩 [礦務局,2007]　　圖2-36　　大理石 [礦務局,2007]

二、放射性元素氡對人體健康的危害

氡會致肺癌且是僅次於吸煙造成肺癌的第2個大根源,而且在大劑量的氡輻射作用下可能引起皮膚癌和白血病。生活環境中,人吸入的氡應屬低劑量的,但其室內裝修材料會因其氡輻射污染而對人體形

　　成長期、隱蔽的危害，如花崗岩含有氡，隨空氣進入呼吸系統，在支氣管上皮部位進行衰變易增加患肺癌的可能性。

　　氡對人體脂肪有很高的親和力，特別是氡與神經系統結合後危害更大，在高濃度氡的暴露下，人體會出現血細胞的變化。根據國際輻射防護委員會及聯合國原子能輻射效應科學委員會等國際學術團體一致公認，長期在氡濃度較高的環境中生活會導致肺癌發病率增加以及其他疾病的產生。而據美國科學家估計，每年約有1.5萬至2.2萬例肺癌患者與室內氡的暴露有關，其肺癌和白血病患者中約有10％～25％是由氡誘發的。[朱立，2004]

參考文獻

〔1〕　葉政秀，「電磁波 VS.健康」，中國時報生活版，台北，2006.03.30，取自：

　　　　http://tw.myblog.yahoo.com/168-Sundries/article?mid=239&prev=252&next=122&l=f&fid=23

〔2〕　魯國經，「輻射與防護」，中央研究院，2006.11.15 下載，取自：http://www.icob.sinica.edu.tw。

〔3〕　胡漢升，電磁波對人體的危害，科技圖書出版社，台北，1998。

〔4〕　台灣癌症基金會，「認識癌症」，癌症資訊館公告欄，2006.11.27 下載，取自：http://www.canceraway.org.tw/Aabout/。

〔5〕　「電磁輻射」，SAPIO 雜誌，第三期，社論，日本，1996。

〔6〕　行政院原子能委員會，「原子能與生活－認識輻射」，2007.03.07 下載，取自：http://www.aec.gov.tw/www/index.php。

〔7〕　反核小站，「輻射漫談」，2007.02.25 下載，取自：http://go.to/nonukes。

〔8〕　台灣環境保護聯盟，「核電廠安全嗎」，公告文章，2006.04.22，2007.03.18 下載，取自：http://www.wretch.cc/blog/tepu。

〔9〕　台灣電力公司，「電力與生活」，公告文章，2007.03.07 下載，取自：http://www.taipower.com.tw/。

〔10〕　施幸宏，「環保署非屬原子能游離輻射污染之防治策略報告」，行政院環保署研究報告，台北，2000。

〔11〕　張武修，「臺灣輻射健康效應研究之回顧與展望」，中華民國環境職業醫學論壇研究報告，台北，1997。

〔12〕　曾婷婷，「壁癌與環境黴菌」，環境檢驗所，台北，2001。

〔13〕　洪素卿，「壁癌黴菌孢，易誘小兒過敏」，自由電子報醫藥版，台北，

2006.09.26。

〔14〕林意凡，「砷」，國立台灣大學職業醫學與工業衛生研究所環境及職業醫學專欄，台北，2005。

〔15〕行政院經濟部礦務局，「礦物小百科」，2007.03.23下載，取自：http://www.mine.gov.tw/。

〔16〕行政院衛生署網站，「藥物食品安全週報」，第51期，2006，2007.04.01下載，取自：http://www.doh.gov.tw/cht2006/index_populace.aspx。

〔17〕郝龍斌，「小心汞污染」，1999.01.10生活版，聯合報，台北，1999。

〔18〕行政院環境保護署，「疑似有害廢棄物判定資料庫」，2002，2007.02.22下載，取自：http://ivy2.epa.gov.tw/web/main_8.htm。

〔19〕黃智賢，「魚類遭汞污染，孕婦易早產」，環境資訊中心研究報告，台北，2006。

〔20〕黃錦章，「水銀中毒」，長庚紀念醫院神經內科研究報告，台北，2005。

〔21〕莊弘毅，「鉛對兒童健康的危害」，高醫醫訊月刊，第七期，十九卷，1999。

〔22〕林意凡，「鉛危害之防治」，國立台灣大學職業醫學與工業衛生研究所環境及職業醫學專欄，台北，2006。

〔23〕潘致弘，「鉛對健康危害預防手冊」，勞工安全衛生研究所預防手冊，台北，2002。

〔24〕微生物小百科，「微生物簡介」，首頁，2007.02.06下載，取自：http://science.scu.edu.tw/micro/1024/micro_encyc/。

〔25〕王正雄，「環境有害微生物之管制與防治」，行政院環保署環境檢驗所研究報告，台北，2004。

〔26〕台灣建築中心，「綠建材標章」，專題文章，2007.04.16下載，取

自：，http://www.cabc.org.tw/。

〔27〕 「甲醛超標引發兒童白血病」，北京青年報醫藥版，中國北京
2006.02.14。

〔28〕 行政院勞工委員會勞工安全衛生研究所，「了解您我生活中的甲
醛」，新聞稿，2006.11.27 下載，取自：
http://www.iosh.gov.tw/data/f5/news950214.htm。

〔29〕 台灣裝潢網，「裝潢教室」，專題文章，2007.03.01 下載，取自：
http://www.twdeco.com.tw/outside-mg/emg-deco-1206.htm。

〔30〕 行政院勞工委員會勞工安全衛生研究所，「物質安全資料表」，
2007.02.03 下載，取自：http://www.iosh.gov.tw/。

〔31〕 葛謹，「苯中毒之臨床症狀」，榮民總醫院臨床毒藥物防治諮詢中心
研究報告，台北，2005。

〔32〕 詹長權，「沉默的骨髓殺手--苯」，勞工安全衛生簡訊，第 73 期，
2005。

〔33〕 王瑩，「氨中毒機轉及毒性」，榮民總醫院臨床毒藥物防治諮詢中心
研究報告，台北，2005。

〔34〕 行政院勞工委員會，「石綿介紹與危害預防」，預防宣導，2007.03.29
下載，取自：
http://www.cla.gov.tw/cgi-bin/SM_theme?page=42303ff4。

〔35〕 葛應欽，「透視婦女罹患肺癌的成因」，高雄醫學院消費者報導，高
雄，1997。

〔36〕 空氣污染防制網站，「空污防制」，專題文章，2006.12.09 下載，
取自：
http://61.218.233.198/dispPageBox/AQMPHP.aspx?ddsPageID=AQM

PHP。

〔37〕任益民,「炒菜油煙是否與肺癌有關」,財團法人防癌基金會研究報
　　　告,台北,2006。

〔38〕朱立,周銀芬,放射性元素氡與室內環境,化學工業出版社,台北,
　　　2004。

〔39〕陳鈞凱,「中科砷氣籠罩　東海大學空氣恐藏致癌風險」,2007 年 2
　　　月 7 日中央社台北電,2008/6/11 下載,取自:
　　　http://news.sina.com/tw/cna/101-102-101-101/2007-02-06/232817668
　　　65.html。

第二章 習題

1. 危害人類較大的污染源有那些？

2. 電磁波對人體有什麼樣的影響？

3. 輻射對人體有什麼樣的影響？

4. 壁癌的形成原因？

5. 壁癌對人體有什麼樣的影響？

6. 金屬元素對人體有什麼樣的影響？

7. 微生物對人體有什麼樣的影響？

8. 揮發性有機物質對人體有什麼樣的影響？

9. 石綿對人體有什麼樣的影響？

10. 室內燃燒物及油煙對人體有什麼樣的影響？

11. 放射性元素氡對人體有什麼樣的影響？

第三章 危害健康的材料與設備

隨著經濟的發展和社會事業的全面進步,居民的生活水準不斷提高,室內裝修已越來越普遍,室內建築裝飾材料種類不斷增加。然而,這些材料或產品均會向室內釋放有害化學成分,造成室內空氣污染。

2001 年 8 月 31 日科技日報的「當心!室內污染物多為致癌物」專欄中報導,有毒的營建材料造成的室內污染對人體影響相當嚴重,當有毒建材污染到建築本體,所釋放的有毒成分被人體吸收然後通過血液循環擴散到全身各處,時間一長使人體組織產生病變而引起多種疾病,會造成人的免疫功能失調,如果在通風不良的室內,人體在短時間內吸入上述污染物則會產生中毒,嚴重的話甚至出現呼吸衰竭、心室顫動及心臟停搏,使組織變性或破壞細胞膜結構等,也會提高致癌率,所以造成的室內污染可會是成為身邊的不定時炸彈。[科技日報,2001]

危害健康室內裝修材料主要是指用於基本建築材料表面作為保護、防護、美化的材料,如內牆塗料、各種裝飾板材、各種地板磚、木地板等,以及以上材料在使用中需加入的各種粘合劑、溶劑、木材著色劑等,例如建材中具隔音、隔熱的石綿,以及經過防腐處理的木製傢俱,這些都是已知具有致癌能力的化學毒物,也經證明有致癌的可能,但不只是室內裝修材料須注意而已,所有關於人們居住的建材及設備,均應被討論及注意,才能營造健康的居住品質。

從第二章對於可能危害人體健康的污染元素討論看來,若不是有化學、化工、環工背景的學生或從事相關職業的工程人員來說,可能

還是很陌生，但若以建築的材料及設備的角度來探討，對於建築、土木工程及相關營建科系背景人士來說，似乎較容易理解，以下章節將分成材料及設備來加以說明及探討。

3-1 危害健康的建築材料

在營建相關工程中，不管是建築相關科系或土木工程相關科系，大家都會學到的建築材料學或工程材料學中，其內容包含了砂石材料、金屬材料、木材和合成板材、磁磚和塗料、裝修材料等，而了解工程的組成材料，及其中是否可能包含了那些危害人類健康的因子，加以注意及防範或改進之是很必要的，亦是書中提出需加以討論的。

3-1-1 砂石材料的污染

在工程界中最常用且最主要用於建築材料的莫過於天然的砂石材料，像是填方工程用的回填土及回填級配、道路工程(圖3-1)的級配及AC材料、結構物中混凝土工程(圖3-2)的混凝土材料，其中包含了水泥、砂及碎石、砌磚工程(圖3-3)、粉刷工程(圖3-4)修飾結構物表面的水泥砂漿，甚至創造建築物豪華美麗的外觀大理石材等，皆可以見到砂石材料的蹤跡及身影，所以砂石材料可說是建築結構物的基本材料，一點也不爲過。目前的建築多採鋼筋混凝土，因此需要水泥、砂石，而大量開採砂石的後疑症，現在也漸漸浮現，不僅砂石枯竭，侵蝕橋墩、海堤，此外營建業者對外勞仰賴甚深。而從建材的生產、運輸、建築基地的選擇、規劃設計、施工、拆除等，事實上都對環境造成衝擊，產生污染；因此未來應以推動需要勞力、建築原材料較少、

施工期間較短、製造污染較少的建築工法。

　　相較之下，鋼結構建築可減少對砂石的需求、施工時期縮短約一半，也可減少勞動成本，同時安全性也高。日本在神戶大地震後調查發現，鋼結構建築的受傷相對輕微；而更重要的是，鋼結構比混凝土可減少30％二氧化碳排放量，在到達使用年限而必須拆除時，主結構可以再回收，重新利用。

圖 3-1　道路工程

圖 3-2　混凝土工程

圖 3-3　砌磚工程

圖 3-4　粉刷工程

　　石材是使用歷史最悠久的建築材料之一,由於其具有相當高的強度、良好的耐磨性及耐久性,並且資源豐富易於就地取材,因此在大量使用鋼材和高分子材料的現代建築中,石材的使用仍然相當普遍和廣泛。

　　砂石材料為構成結構物的基本材料,無時無刻的與我們人類相處著隨時可見隨時可觸,其是否可能會含有那些影響人類健康的危害元

素或者含有的危害元素超過標準值，應該是生活在二十一世紀的我們，對於做爲崇尚推廣健康的環保的綠建築時代的我們，不可不知的常識及知識。

圖 3-5 填方工程

任何一個工程的開始，往往有所謂的土方工程所施作，其中的填方工程(圖 3-5)所用的回填土及回填級配是否對人體有害應是工程師們應注意的課題，可能會出現如第二章介紹的有害元素會有那些呢？如曾受過砷、鉛、汞、鋅、輻射等污染的回填土可能需要注意不要使用。而在混凝土的使用更要特別注意是否含氨或氯是否過量以免對人體造成健康的影響。

2007 年 10 月 24 日中廣新聞網的報導提到彰化市公所承租草子埔垃圾衛生掩埋場，因已飽和無法再使用，公所正編列五千五百多萬元，發包展開進行復育，不料附近民眾卻發現承包商所使用的覆蓋土散發出惡臭味，經市公所政風室前往抽查，送往中興大學檢測，結果發現覆蓋土中含有超高量會危害人體的重金屬「鋅」；除立即要求承包商停料待查，並向縣府環保局報備。環保局技正江培根表示，鋅是

屬於列管的重金屬,從單點檢體中發現鋅含量每公斤土壤高達六千三百多毫克,比標準值高出三倍多,已邀集環保署將進行廣泛性復檢,以追查土方真正的來源。[中廣新聞網,2007]

　　一般在工程界中用來調合水泥的細砂,若未採用台灣本地河川細砂,而使用海砂,可能會誤採到天然輻射量稍高之海砂,這時就可能造成輻射污染,而在自然界中也存在著一些不成系列如氡的放射性元素,它們往往也存在於花崗石和建築用砂中。

　　隨著科學技術的進步,新技術和新材料不斷開發,市場上出現的含放射性物質消費品的種類和數量也不斷增加,它們對廣大公眾造成的輻射照射也日益受到重視。花崗岩、大理石等石材(圖 3-6)因具有質地堅硬、耐酸耐鹼、經久耐用等獨有特性而為人們所喜愛,現已廣泛用於住宅和公共工作場所的豪華裝修。但是天然石材因含有天然放射性元素而具有一定的放射性,所以當其作為裝飾面材時,其放射性問題成為無形殺手而不容忽視,當人們進住到這類房子中當然就會如第二章輻射所提的對人體產生危害的影響,因此必須對這些建材進行嚴格地評選使用之。

圖 3-6　石材工程

　　海砂屋的出現除了會導致房屋或建築物興建完成之後，數年內出現鋼筋嚴重鏽蝕，混凝土塊大面積剝落的情形，嚴重時會影響到房屋的結構強度，發生倒塌的危險性增加，嚴重的如像在桃園正光新城的倒塌，海砂屋只有 6 至 10 年的使用壽命，使用未經處理的海砂，其海砂之氯離子含量不符規定，才是造成「海砂屋」現象的因素。海砂屋除嚴重影響結構物本身的強度外，一般輕度污染更是造成壁癌的元兇之一，所以不得不防範。

　　海砂屋真正的名稱應該是「高氯離子含量的混凝土建築物」，高氯離子含量過高的材料(如：海砂、有機污水……等)被違法滲入建築用混凝土內，造成有安全顧慮的「海砂屋」危險建築物災害，產生嚴重的社會恐慌及慘痛損失，依據民國 87 年 6 月 25 日公佈的標準，氯離子標準值須為 $0.3kg/m^3$ 以下。為了避免使用到高氯離子含量的混凝土建築物成為所謂的海砂屋，營建業者有其義務注意到砂石供應者的砂石來源且出示無海砂屋證明，請專業檢測單位或自行檢測混凝土中高氯離子含量亦是方法之一。

　　為避免高氯離子含量的混凝土建築物的出現，除非不得已無法取得的情況，不使用海砂而使用河砂才是正確的方法，如使用台灣本地河川細砂大致上比較無問題，逼不得已使用海砂，則勿用新竹沿海、外傘頂洲和台南將軍沿岸之海砂，因為此地區之海砂天然輻射量比其他地區稍高，可能造成輻射污染，且海砂中含有高含量氯離子，其含量一定超過標準，若須使用也須作妥善的處理如淡化後才能使用[王玉麟，2008]。至於新竹沿海、外傘頂洲和台南將軍沿岸海砂的天然輻射量比其他地區高多少，需要政府主管機構詳細檢測確認並公告。

3-1-2 金屬材料的污染

　　金屬材料在現今的工程建築結構物中扮演結構強度的角色可能是僅次於砂石材料，金屬材料在結構強度的表現中確是一流的，但為何還無法取代砂石材料的廣泛應用呢？原因很簡單，不外乎是成本較貴，若以鋼骨結構物與鋼筋混凝土結構物來比，其成本約增加三到四成左右，且也容易因為物價波動，造成工程成本無法控制。

　　為了節省室內可用空間及增加建築結構物的強度，在一般結構物中於結構設計及結構強度計算中仍是會加入鋼筋來成為鋼筋混凝土結構物達到經濟又增強的構造物。不過隨著台灣歷練多次來的地震，尤以民國 88 年的 921 地震造成數千人生命傷亡的災難，鋼骨結構的耐震特性漸漸吸引眾人眼光，加上可縮短工期，對於建商的時間就是金錢而言，金屬材料在結構物構造中逐漸扮演吃重的角色，對於承造商來說也是利多的一面，因為只要規劃得宜，不僅進度容易控制，品質及工地環境衛生更是能充分得到保障。

　　金屬材料除了主要用在鋼筋混凝土工程中的鋼筋工程(圖 3-7)和鋼骨工程(圖 3-8)外，外牆工程、鋼承板工程(圖 3-9)、門窗工程(圖 3-10)、欄杆及扶手工程(圖 3-11)、鐵件工程、裝修工程、機電及電梯(圖 3-12)或其他設備工程都會使用到，所以範圍之廣，對於是否有含有影響人類健康的危害元素或著含有的危害元素超過標準值，的確也是工程人員們值得重視的部分。

圖 3-7　鋼筋工程

圖 3-8　鋼骨工程

圖 3-9 鋼承板工程

圖 3-10 門窗工程

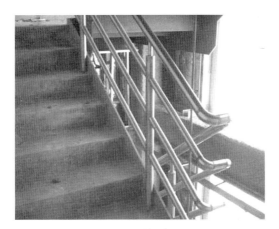

圖 3-11　　扶手工程

圖 3-12　　電梯工程

　　2006 年 11 月 30 日中華日報綜合外電報導英國航空公司宣布兩架停在倫敦希斯羅機場的航機上，發現有微量釙 210 放射性物質之後，另一架停在莫斯科機場的班機也正進行檢測，就在警方深入追查俄羅斯前間諜李維寧科的死亡之際，英國內政大臣里德表示，科學家正監控可能受到輻射物質污染的第四架飛機，並已在大約十二處地點

發現污染痕跡。他並指出，除了三架英國航空公司已經確認的班機之外，第四架飛機也正進行調查。[中華日報，2006]

另外 2006 年 11 月 30 日 TVBS 記者張家齊報導英國發生前俄國 KGB 間諜疑似被下毒謀殺案件後，現在案情越滾越大，英國警方發現，至少有 3 架英國航空的波音 767 班機，全都遭到輻射感染，波及的旅客高達 3 萬 3 千人，引起全球恐慌，而在今天又發現，推動經濟改革的俄羅斯前總理，也可能遭到 KGB 下毒。由此新聞可知輻射可以用來當作致命的武器，除非在飛機場出入關卡檢驗行李時，設置輻射污染偵測器，否則很難防範利用輻射來犯罪。[張家齊，2006]

2007 年 1 月 1 日中時電子報記者李宗祐在台北報導，全台各醫療院所及公司有 323 台 X 光機「失蹤」，連署立澎湖醫院及國軍台南醫院都上榜。X 光機插上電就會產生輻射，若操作不當，可能造成輻射傷害！原子能委員會為避免去向不明的 X 光機遭非法使用，首次透過該會網站(www.aec.gov.tw)公告使用單位名稱及地址，呼籲民眾加強注意。原能會憂心，這批 X 光機很可能被相關業者回收，把堪用的零組件拆卸下來，拼湊重組成「中古」X 光機，出售給檢驗所和接骨醫院違法使用。[李宗祐，2007]

20 年前，「大發牌」X 光機事件即是以廢五金名義進口報廢 X 光機零組件，在大發工業區組裝，未經輻射檢測即出售牟利，危及民眾健康。原能會輻射防護處長邱賜聰表示，「失蹤」的 X 光機有 285 台屬醫用，大多數由牙科診所擁有，其餘三十八台為非醫用，該會已依法公告撤銷設備執照。X 光機若被回收再熔入鐵水中，再製成鋼筋建材，那麼輻射屋的事件可能再度重演。由此新聞可見一般民眾不曉

得輻射的嚴重性，就連醫務管理人員也不知管制輻射的重要性。[李宗祐，2007]

　　從去年底至今年初的國內外輻射新聞，可以看出輻射污染的威脅至今並未消除。目前已知具有輻射的鈷 60，醫學上用它的放射性同位素可治療癌症。鈽 238 爆炸時就放出原子能，鈾銀白色質堅硬在酸中容易溶化可製原子能[綠色公民行動聯盟，2007]。鐳 226 是放射性金屬元素可用來治療癌症，其光線能穿透普通光線所不能穿透的物質。鐳的放射性比鈾強烈一百萬倍以上，鐳是細小白色的晶體，在黑暗裡發光，居禮夫婦和巴貴勒都因他們的成就獲得諾貝爾獎。居禮夫婦發現從事鐳的工作是危險的，一點小晶體甚至在一個封閉的金屬容器裡，也會灼傷皮膚，引起疼痛。他們從事鐳的工作後，兩人的手指馬上灼傷，疼痛。[郭文圻，2007]

　　雖然放射性元素可以用來治療癌症救人，也可以用來作核能發電等和平用途。但放射性元素也可用來作原子彈等核子武器殺害生物。而台灣卻不幸發生世界上鮮有的輻射鋼筋混凝土建築傷害案例，以下的案例探討要回顧輻射鋼筋的發展過程，傾聽受害者的心聲，探討遲來的正義。

　　1992 年七月原能會證實發現鈷 60 污染的輻射鋼筋屋，迄 1998 年已查出一百多處，一千四百多戶的房屋受到污染，建屋的期間均集中在民國 71 年到 73 年之間完成者。發現時，輻射建築物的劑量最高者達每年 67 毫西弗(mSv)，百分之七十八建物的年劑量低於 5 毫西弗(mSv)。分布地點除了彰化一座鐵窗和竹北一戶外，其餘均座落於台北市、台北縣、基隆市和桃園縣。發生原因是民國 71 年至 73 年間，廢鐵中夾雜鈷 Co-60 輻射源被一併熔製成輻射鋼筋由於居民並非每

天靠著牆邊過生活，因此住戶民眾實際接受的劑量比建物輻射劑量低很多。

如何發現輻射鋼筋要追溯到 1983 年 3 月，台電核能第一廠有一個工地購買的 2 噸鋼筋在通過核電廠大門時，意外地驚動了輻射偵測器的警報器，經由原子能委原會的調查發現，另有一批 29.92 噸輻射鋼筋被營造廠用來興建中國國際商業銀行在天母的宿舍，其中 17.20 噸已用於建物、12.70 噸尚放在地面上未使用。

當初原委會發現某鋼鐵廠將這批輻射鋼筋售給某營造廠，起初原委會發現此批輻射鋼筋時，即要求該鋼鐵廠列管這批輻射鋼筋，並於 1983 年 3 月 26 日由該廠填具承諾書接受原委會管制，如果違反願接受原子能法規的處分。經過原子能委原會主持協商後，由營造廠與鋼鐵公司共同出資拆除具有放射性鋼筋混凝土宿舍四樓及五樓。原委會為避免外界傳播此事件，影響我國鋼筋銷售，也避免國人對鋼筋安全性的恐懼，故而未在任何媒體公開披露此案件，以秘密方式解決結案了事，也沒有管制銷毀有污染的全部鋼筋。[王玉麟，2007]

直到 1984 年 5 月 24 日，原委會才派員至該鋼鐵廠檢查列管的 12.70 噸輻射鋼筋，發現其不翼而飛，雖然金山公司表示，已將 12.70 噸鋼筋掩埋在石牌加工場地下，原委會卻從該廠倉庫管理員口中證實，該批鋼筋已經出售。不幸的，這批鋼筋一直是下落不明、難以追回。後來，到了 1984 年 6 月 12 日，該鋼鐵廠回函原委會，以「該批鋼筋經列管後，未將其動用，且歷經有年，外殼嚴重生銹，已不堪使用，且石牌加工場亦未雇用專人看管，恐節外生枝被宵小利用，因此本公司業已就地妥善埋沒。」

　　而另一批從中國商銀天母宿舍拆下之輻射鋼筋,在原委會某技士的監督下,一併掩埋在芭樂園。輻射鋼筋是放射性污染物,根據我國法規,具有放射性污染的廢料有一定的處理程序,就像低放射性核能廢料存必須存放到外島蘭嶼的貯存場。但是該鋼鐵廠任意將輻射鋼筋埋在芭樂園地下,顯然違反法規,而原委員卻未限制該鋼鐵廠如此草率掩埋輻射鋼筋,可看出政府主管官僚的瀆職行為。

　　1993 年 10 月 5 日台北石牌的芭樂園輻射鋼筋,在環保團體、醫學團體及民意代表各界輿論壓力下終於開挖了。事前原子能委員會打算採管制作業,嚴禁非工作人員靠近管制區,並協調警力用貨櫃車載運出土的污染鋼筋到桃園縣龍潭的核能研究所。管制區的措施被質疑可能是小題大作,有掩耳盜鈴之作用。環保團體認為其目的只是想「強搬不過磅」,掩飾 1984 年無法自圓其說的瀆職行為。

　　所以,國內環保團體、醫學團體及民意代表共同發起聯合監督行動,要求原委會公開作業、過磅,以對社會負責,幸好出土的輻射鋼筋沒有生銹腐蝕,否則含輻射之鐵銹滲透到台北地區的地下水層,將危害整個大台北地區的地下水資源。

　　經過 3 天以來環保團體不眠不休的現場監督,僅挖出 14.34 噸的輻射鋼筋,距離應有的數量 29.92 噸,仍然短缺 15.58 噸。對這樣的結果,環保團體要求原委會立即追查短少的輻射鋼筋流向,並要求在一個月內原委會須詳實說明,且要求撤查失職的主管官員的行政責任。絕對不是只成立所謂的「調查小組」敷衍了事即可搪塞應該負擔的權責。因為輻射鋼筋遺失且去向不明,人人皆可能深受其害。[王玉麟,2007]

　　此一鋼鐵廠於 1983 年發生的輻射鋼筋污染事件，其實只是台灣輻射房屋問題的冰山一角，而台北市民生別墅也於 1983 年建造，顯然在房屋建築需求迫切，建築業市場景氣蓬勃，鋼筋大量短缺的時候，有許許多多的輻射鋼筋流入營造市場中，而台灣人民皆可能成為台灣經濟「奇蹟」下的犧牲者！

　　1985 年，台北市民生別墅的啓元牙科申請安裝 X 光機，原委會派人檢測時，X 光機尚未通電啓用，就有強烈的輻射污染外洩現象，經偵測後發現輻射是從建築物的牆柱內釋放出來。原委會為避免帶來困擾，建議以加鉛鈑屏蔽牆柱的方式結案，啓元牙科與民生別墅的其他住戶並未接到任何有關輻射鋼筋的警告。因此，為確保社會大眾安全，原委會有責任全面撤查台灣在 1982 年至 1984 年間建造的所有房屋，若發現輻射污染，應立即開誠佈公處理。而民生別墅的輻射劑量，為此次出土鋼筋的 10 倍以上。原委會這種不負責任的作風，實在令人不敢苟同！

　　1999 年 6 月 17 日中國時報記者李宗祐在台北報導，原子能委員會根據北部某鋼鐵廠通報，在該公司收購的廢鐵原料中，偵測發現輻射鋼筋，並追查出輻射鋼筋是來自新竹工業區某工廠拆除工廠的廢鐵，待原委會派員到現場勘查時，該廠房已經被夷為平地，再進一步調閱該廠房建照發現，該工廠也是在 1982 年到 1984 年間興建完成的輻射屋。

　　該公司收購的廢鐵原料載運車，在經過其門框式輻射偵測器時突然警鈴大作，經原子能委員會派員複測後，發現輻射異常訊號係出自於一捆重達 34 公斤的八分鋼筋，其表面劑量更高達每小時 1.01 到 1.09 毫西弗，為自然背景值的五千多倍以上，輻射劑量如此地高把偵

測人員嚇一跳，不但該核種為導致輻射屋污染的鈷 60，強度更遠超過原委會過去六年來偵測發現的任何一棟輻射屋，顯示進行多年的輻射普查作業仍有漏網之魚。

原委會雖然無法確認該批鋼筋是由那家鋼鐵廠生產，但經採樣分析活度後，發現該批鋼筋與台北市民生別墅所使用的建材為同一爐次，因此研判很可能也是由桃園某鋼鐵廠在民國 71、72 年間生產的輻射鋼筋。[李宗祐，1999]

1984 年美國核能管制委員會已經告訴台灣的原子能委員會，台灣某家公司出口到美國的水管接頭有鈷 60 污染，我國原委會卻未在這個要緊階段採取必要的防堵方法，竟讓污染的鋼筋四處流佈，為建商所採用來蓋公寓大樓、教室、國宅，因此就衍生出目前國內無法收拾的污染鋼筋問題。

台灣彰化於 1983 年有一家幼稚園恐安全有虞，就在一樓三個教室安裝了三片大鐵窗，這三片鐵窗在製造過程混雜了太多鈷 60 放射元素，到 1995 年中發現，總共至少有 800 位 3 到 5 歲的小朋友在教室內無聲無息地受到極高度異常放射量的污染。其中一位王姓小朋友，自 4 歲半起(1986 年)開始於其中一間教室就讀，前後達 1 年，就在他國中 2 年級時，突然聽說自已唸過那所輻射幼稚園，特地到台北接受較嚴謹的輻射健康檢查，1995 年 9 月在台大醫師協助下，全身檢查只在頸部發現有兩粒微突的淋巴腺腫大，不料同一年耶誕節前夕，發現他頸部淋巴腺格外突出，進一步檢查結果就有惡性腫瘤細胞，而王小朋友在台大醫院卻不見天日地度過他十五歲短暫生命的最後一段。[張武修，1996]

2000 年 12 月 28 日中國時報記者李宗祐在台北報導,再過五天就進入廿一世紀,兩名曾在台北市永春國小輻射教室就讀的青春少年,因罹患血癌,最近相繼撒手人寰,等不及看到新世紀的第一道曙光。長期為輻射屋居民權益奔走的輻射安全促進會理事長王玉麟無奈地說,輻射鋼筋污染事件爆發後,陸續有五個當年曾在輻射屋或輻射教室居住或就讀的青少年罹患血癌,最讓人感傷的是,已有四人不幸去世。[李宗祐,2000]

民生別墅住宅輻射事件爆發後,沒有錢的住戶繼續在房屋裡接受鈷 60 的照射,稍微有錢的住戶勉強搬遷到外面租房子,當時他們所遭受的身體與心理的創傷,並未得到社會大眾的注意與理解。民生別墅 7,000 戶中有 34 戶遭到輻射污染。其輻射年劑量從 0.19 到 6.70 侖目,對於嚴重的住戶而言,相當於每天照射一張胸部 X 光。

2001 年 4 年 25 日中國時報記者李宗祐在台北報導,輻射鋼筋污染事件爆發近九年後,陽明大學環境衛生研究所一項長達五年的追蹤調查發現,超過 7,800 多名曾在輻射屋居住過的民眾中,有 39 人罹患癌症死亡,比率是一般人的 4 倍多。這項研究並非我國政府原能會正式委託調查,卻是我國發生輻射鋼筋污染事件後,首度完成的輻射屋居民流行病學調查報告,引起原子能委員會的重視。

這項調查是由陽明大學環境衛生研究所教授張武修主導,歷經五年追蹤,挨家挨戶訪問完成。張教授是美國哈佛大學理學博士,研究領域涵蓋職業醫學,環境毒理,輻射生物,環境流行病學等,為瞭解輻射屋受災戶居民的健康,追蹤協助受災戶居民的疾病,其貢獻真是功德無量。調查結果顯示,自 1992 年起陸續被原能會偵測證實受到輻射鋼筋污染的 182 棟、1,609 戶建築物中,共有 7,824 人曾設籍居

住，其中被證實罹患癌症者多達 89 人，已有 39 人不幸過世，癌症死亡率為 0.49％。而衛生署統計，國人每十萬人口，約 110 人死於癌症，死亡率 0.11％前者為後者的四倍之多。[李宗祐，2001]

　　輻射屋居民罹患的各項癌症中，以子宮頸癌的 13 例最多，其次是乳癌和肝癌各佔 10 例。但值得注意的是，白血病是醫學界認為最可能因輻射病變引發的指標性癌症，9 位患者中，已有 5 人病逝，6 名甲狀腺癌患者中，也有 1 人過世，4 名淋巴癌患者中，更有 3 人已往生。中華民國輻射安全促進會秘書長許思明獲悉這項調查報告後，抨擊原能會過去曾以低劑量輻射有益健康,試圖化解輻射屋居民的疑慮的說法，不但是吹牛，更對居民造成二次傷害，使居民輕忽輻射可能對人體造成的傷害。他指出，陽明大學的調查報告顯示，輻射鋼筋已對住戶健康造成非常嚴重的傷害。

　　對於這項調查報告，原能會已根據報告中提供的個人身分證字號，證實其中 29 人確實為長期健康追蹤對象，屬於年劑量超過 5 毫西弗的中高劑量污染住戶。其他 60 人可能是年劑量在 5 毫西弗以下的低劑量污染戶，並不在原能會列管追蹤範圍內，仍有待進一步查證。但原能會坦承，根據國家衛生研究院委託張武修進行的五年研究計畫發現，輻射屋居民罹患甲狀腺癌的比率，確實有明顯高於一般民眾的異常現象。[許思明，2000]

　　起初原委會想辦法說服居民他們所受的輻射是微乎其微,不致於對健康產生嚴重危害的。面對居民的病例，原委會認為除非居民能用科學驗證輻射是直接的病因，否則他們認為輻射是無辜的。這種推卸的態度可以減少政府所必須採取的補救措施。民生別墅住宅的一個受災戶表示：「我每天都在擔心小孩的健康問題，有誰來可憐我們的心

態？他們只是說我們只會跟原委會爭取，說我們貪得無魘，有沒有想說這不是貪，只是要他們面對這個事實，還給我們一個乾淨安全的家。我們不要可憐，只希望他們瞭解我們的痛苦。」[畢恆達，2007]

民生別墅住宅的楊太太也說了她的經驗：「以前我家裡重新裝潢的時候，把舊的家具送給我的親戚，當時我的親戚很高興的接受了。但是在報紙登了輻射的新聞以後，我就在附近路邊的垃圾堆發現了那套家具。」可見人人都怕輻射污染，不只怕輻射屋內的東西，也怕住在輻射屋內的人。另一個住戶在發現輻射後，馬上到附近找房子，卻發現附近的地主有的趁機抬高房租，有的則拒絕租給民生別墅的住戶，深怕住戶的家具或身體污染了他們的房子。有的小孩在學校被稱為輻射兒，他們的同學問：「我和你在一起會不會怎麼樣？」

民生別墅住宅的宋女士提到她先生的痛：「我先生用房間當作他的工作室，那時我先生常覺得額前皮膚常有一些屑，類似皮膚病。我先生去台大醫院檢查，台大說只能擦藥沒辦法根治，我先生那時沒有想到跟輻射有關係，原委會檢查時才發現我先生工作的桌子剛好正對著一根柱子，而那根柱子的劑量正好最強。我先生幾乎每天就是面對著那根柱子，到後來我先生整張臉的皮膚都不好。」[畢恆達，2007]

民生別墅住宅的趙女士晚婚，她先生是獨子，她已年過 30，但流產兩次，她懷疑與輻射污染有關。一個家本來是最安全的堡壘，卻變成一個可怕的戰場，就連上廁所的解放活動也充滿了緊張與焦慮，因為有的住戶馬桶邊就有輻射污染來源。這樣的情況像個溫暖的家嗎？這種家的感覺是很痛苦啊！後來原委會告訴民生別墅住宅的受害者，污染嚴重的房屋不適合長期居住，不能轉租或轉賣給其他人做為住宅使用。

民生別墅住宅的受害者不容易租到房屋、不容易交到朋友、或沒有錢另買房屋。但附近的店家認為輻射屋不但影響自己的生意,也連帶的使受災區房價下跌。輻射鋼筋的影響並不僅限於輻射屋本身,民生別墅鄰近的公共街道也是背景值偏高的區域。大部份受災戶遷徙的結果讓整個社區幾乎成了「空城」,所以闖空城的竊賊可以大方的進出這個社區。有的住戶在 1 週內被偷了 3 次,有的只是出去買個早餐,家裡鐵門就被撬開了。

性侵害的犯罪也很可能在這裡得逞,讓上下樓的女孩子擔心害怕。女兒放學時須要先打電話回家,請家長到附近的超級商店接她回家。另外,流浪漢也把這個社區當作是臨時的休息地方。所以輻射鋼筋不只是個別受災戶的健康問題,也是整個地區的經濟問題,也是社會的治安問題,也是我國人情未能慈悲關懷的問題。

當時絕大部份的營造廠商也是無辜的,他們並不知道什麼是輻射鋼筋,也不知道要如何檢測輻射鋼筋。輻射住宅在台灣是史無前例的,在全世界也是鮮有的案例,我國法律上從未規範輻射鋼筋的刑事或民事的罰則,因此一切補償更是依法無據。但這個理由,不應成為推託事後補救的藉口,反而應當檢討台灣有關輻射管制與防護的法則。

從民國 1983 年到 1992 年,有一群人在毫不知情的情況下,被鈷 60 照射了九年。過去他們在輻射屋內無憂無慮的生活,後來才知道為此付出了多大的代價。他們有幾次機會可以逃離這場浩劫,然而在官僚體系的過失運作下,他們一次又一次的錯失了挽救的機會。

台灣高等法院於 2002 年 1 月 30 日判決原子能委員會因相關人員違法失職,造成民生別墅住戶身體健康受損,應賠償 46 名住戶合計

共七千兩百多萬元案，此乃國賠史上單一案件賠額最高的案件[不動產 e 族，2007]。本件賠償案是第一宗輻射污染請求國家賠償的案例，我國法院一、二審相繼判決原能會敗訴。原能會 2002 年 3 月 8 日接獲台灣高等法院判決書，原本還可以再上訴最高法院，上訴期限有 20 日，但原能會已決定不上訴，使得本案二審即告定讞。並且由行政院原子能委員會主任委員歐陽敏盛公開向民生別墅受害居民鞠躬道歉，象徵爲政府的行政疏失負起政治責任。[高等法院，2002]

依台灣高等法院判決，受害者王玉麟先生等 46 人可獲得賠償的住戶，分別獲得新台幣 40 萬至新台幣 200 多萬元賠償。本案發生於民國 74 年間，台北市民生別墅住戶啓元牙科，因業務需要申購 X 光機，經原能會核准後向日生堂公司購買，並經該公司委託華鈞公司代理安全測試，該公司人員測試後，發現 X 光機在未通電情形下，即有強烈輻射向外洩露現象，乃向原能會輻射防護處報告。

不料原能會相關公務人員於知悉後，卻未繼續追蹤處理善後，也未向上級長官提出報告，致使民生別墅受災住戶因未被告知，以致於受災戶在輻射鋼筋的房屋中居住長達 7 年之久，故以個人權利受損，於民國 83 年 5 月 13 日向原能會提出國家賠償請求，因爲原能會拒絕賠償，只好再向台灣台北地方法院提起訴訟。

經台北地方法院一審判決原能會應賠償王玉麟先生等 48 人新台幣 3,000 多萬元，原委會不服提起上訴，台灣高等法院二審判決原能會相關公務人員確有違法疏失，符合國賠必要條件，於是判決原能會應賠償王玉麟先生等 46 人國賠金額(含利息)約新台幣 7,200 多萬元。[不動產 e 族，2007]

　　各位先進可以到司法院網站的"法學資料檢索系統"的判決書查詢，法院名稱輸入「臺灣高等法院」，裁判類別選「民事」，全文檢索語詞輸入輻射鋼筋，去查文號民國 87 年度重上國字第一號的臺灣高等法院民事判決書，您會看到原委會推委卸責的辯詞，不負責的說法與證詞，幸好老天有眼，法官明察，還給受害者一個正義公理。

　　由於我國中央機關於民國 91 年度的國家賠償金預算，總共只有新台幣 4,500 多萬元，法務部為辦理本件「天價」國賠案，只得依照程序動支第二預備金約新台幣 3,800 多萬元支應，也創下年度內最早動支預備金支應國家賠償金額的紀錄。這些國家賠償金都不是失職的公務人員自己拿私人財產出來賠償，這些國家賠償金全部都是我國人民每年辛辛苦苦賺來的血汗錢，再繳稅金給政府使用，並供養一些違法失職的官員，且替他們支付國家賠償金。這種做法是不合理的，建議政府以後國家賠償金要違法失職的官員自行拿私人財產支付，如此才可嚇阻不肖的官員違法亂紀。

　　輻射屋在台灣的摧殘仍未消逝，如果我國政府不努力積極找出所有污染建築，則以鈷 60 的長半衰期(每 5.3 年減弱一半)，至少約 30 年後還會有輻射污染建物在台灣，受過輻射暴露的人目前已知約五千人，而潛伏者尚約一萬人。[張武修，2007]

　　各位先進不要認為自己住的房屋沒有輻射就好了，要知道我們親友，我們的下一代萬一通婚遇到受過輻射污染的對象怎麼辦？

　　然而，輻射屋的陰影似乎隨著人們的記憶或輿論的冷卻而消逝。原子能委員會礙於經費預算、人力物力等資源有限，並沒有對全國的建築物進行普查。到底我國是否已經完全沒有輻射污染了，政府能否勇敢的提出保證？而且導致輻射屋污染的鈷 60 是從何處，經由何種

管道進入輻射鋼筋中，至今我國政府也沒有追蹤調查污染來源，也沒有公告確定的污染來源。輻射污染的災害照理講是可以避免的，輻射污染也是不應該發生的。民生別墅受災戶的痛苦、恐懼與社會大眾的誤解、冷漠令人遺憾。希望此案例探討能引起營造業及社會大眾對住宅輻射污染的關切，使民生別墅等輻射污染案例不再重演。

金屬材料對於人體危害最嚴重的且最令人知曉的莫過於輻射鋼筋污染，而所謂的輻射屋，係指建築房屋時使用受過輻射污染的鋼筋或建材，這些受到污染的建材會產生對人體有害的放射物質，而其放射性物質誠如第二章介紹的被人們稱為「隱形殺手」，更可怕的是因為輻射污染看不見、聞不到、聽不見、也摸不著，對生物的傷害並非立即可見，除非使用儀器偵測，否則根本無法查覺鋼筋是否受輻射污染，因此營建工程人員務必本著良知，防杜使用受輻射污染之鋼筋或鋼材於工程建築結構物中，對鋼鐵建材實施抽驗、原料及產品輻射偵檢及工地定期輻射偵檢，以避免不知情的使用者或第三者受害。

3-1-3 木材和合成板材的污染

自有人類以來，木建材在人類居住歷史中寫著一頁輝煌且美麗的悠久痕跡，陪著一代又一代的生命歷程渡過且永不退流行，雖說現代建築早已被鋼筋混凝土及鋼骨取代做為結構物的組成份子，但走在街頭上，還是隨處可見由木建材所組成的房子，尤其是傳統的廟宇及現代文明人為紓解壓力最喜歡的渡假小木屋等，這股復古風也使得木建材重拾往日雄風能與鋼筋混凝土及鋼骨結構物一樣在人類居住歷史佔著一份重要的地位。

　　木材是人類最早使用的建築材料，不僅輕質經濟、導電和導熱性能低，有很好的彈性和塑性，能承受衝擊和振動等作用，並且美觀和裝飾效果良好，在工程的使用中可說是相當普遍。

　　基本上由木材所建造的房屋是健康的且被歸為綠建材之一，自然且含芬多精，對人體的體質是相當有幫助，尤其居住在其中的一呼一吸間都能從空氣中富含的芬多精裡攝取健康，實是該大為推廣的綠建材才是，但木建材雖是身為健康的材料，若為了人類的健康居住品質，必須要對森林加以砍伐而造成的自然生態環境的破壞確是不環保的。

　　其材料性質更是因為每一種木料的不同而不同(如檜木、杉木)，況且因是自然生長的原因，隨著生長的環境地域、溫度氣候等的不同，雖是同種木卻也有差異，再因其紋路的順逆取用也有不同的強度，對於建築師及結構技師等所需要的精確結構物強度計算也是一種嚴重的挑戰。而耐久性、防腐蝕及防蟲蛀的技術亦須克服，誠如第二章所述，許多防腐劑等亦被證實對人體健康確是有影響，這些種種原因使得木建材的推廣有很大的阻礙。

　　合成板材是木建材的進化物及改良物，木材料和合成板材除了主要用在木構造工程外，模板工程、隔間牆工程(圖 3-13)、木門窗工程(圖 3-14)、樓梯扶手工程及景觀工程(圖 3-15)等都有不錯的使用率。

圖 3-13　隔間牆工程

圖 3-14　木門窗工程

圖 3-15　景觀工程

　　傳統上，木建材都採用 CCA(Chromated Copper Arsenate)防腐劑處理，其 CCA 為鉻化砷銅，是一種由無機砷、鉻、銅復配的化學混合物，用作木材防腐劑已有 60 多年的歷史，通過加壓將其水溶液注入到木材中。由第二章中知砷是一種致癌物，接觸後對人具有潛在的

致癌危險，可能會增加患膀胱癌、肺癌的機會，對兒童尤其明顯，因為其化學物質留在室內的時間較久相對地接觸木材的時間可能較長。

自由時報於 2005 年 3 月 31 日在台北報導，環保署毒管處指出鉻化砷酸銅是一種由鉻、砷、銅所組成的化合物，國內常用來作為木材防腐劑使用，其用途是木材防腐，避免發霉、蟲蛀，不過鉻化砷酸銅已證實是具有急慢毒性的致癌物質，環保署也已公告列管為毒性化學物質，並限定日後不可增加新用途。[王昶閔，2005]

台灣裝潢網站的「裝潢教室」專題文章裏指出，木材類複合板的生產，多是用脲醛樹脂、酚醛樹脂或三聚氰胺甲醛樹脂為膠粘劑，在做為建築材料的使用過程中會釋放出游離甲醛，其游離甲醛可以使人體蛋白質發生硬化，人長時間接觸高濃度甲醛氣體容易導致癌症，在不經意間甲醛已經悄悄危害了人的健康，因為我們居住的室內所用的傢俱、地板、木板、合板、高密度板等都在不斷地釋放甲醛，所以有老人、病人、孕婦和兒童的家庭就要特別注意居家環境的木建材是否有甲醛污染的情形，而對於建築物在建造時，工程人員對於這方面的防護及治理工作是絕對不可少的。[台灣裝潢，2007]

在結構體中組成結構體成型化最常用且最大的功臣的莫過於模板工程(圖 3-16)中的模板，現今一般的工地中還是喜歡使用木模，在經濟及好裁剪方便的特性下，至今還無法有新的替代品來完全取代之，為了順利拆模後不傷及混凝土表面，通常都會在模板上塗一層脫模劑，或許模板工程也能算是假設工程裏的一環，因為當結構體成型化後就可功成身退，不會留在工程結構物中成為結構物的一分子，使得鮮少人注意脫模劑是否含有甲醛、苯系列、汞、鉛等有害物質存在，

而當混凝土水化熟成之即,可能就在此時吸附原本塗在模板上的脫模劑量而殘存在建築結構體中,亦不得不令人注意之。

圖 3-16　模板工程

在以往,含有石綿的合成板亦被拿來當作隔間材料使用,利用其有良好的隔熱、隔音、防火、經濟、方便的特性下被廣泛使用,不過在石綿被證實為強烈的致癌物後,近年來國際上已被許多國家列為禁用品或禁止生產國輸入,況且市面上也已發展出其他替代品的情況下,現今市場上很少發現其蹤影,不過也是須注意和加以防範的。

3-1-4　磁磚和塗料的污染

從有個安全溫暖的家後,到追求多彩多姿的彩色世界或豪華居住品質,一直都是人們對於自我的心靈提升來做最好的註解,為了滿足人們對居住品質的提升,磁磚和塗料的需求日漸提高。也因此磁磚和塗料的用料色澤也就愈做愈美麗,其實在美麗的外表下,通常也都藏

有不為人知的一些有害因子,所以在追求美麗下確實也必須更要去了解是否有其暗藏的危險性存在。

中國時報 1999 年 6 月 19 日李宗祐先生的「部分磁磚釉料放射性含量偏高」專題報導,我國行政院原委會過去曾進行全國輻射普查時,就常常偵測發現因磁磚造成的建物輻射異常現象,每次都誤以為是輻射鋼筋作祟,進一步分析核種後證實是磁磚原料中的釷、鈾系列天然核種含量偏高所致。所以原委會特地擬訂「建築材料天然放射性元素比活度限制標準」,規定建築材料內的天然放射性元素比其活度指數不得超過 1,並從近年開始與經濟部標準檢驗局合作不定期採樣檢測各品牌磁磚放射性含量。[李宗祐,1999]

除了裝飾結構物的外表功能外,保護結構物或防水膜的功效,以及隔絕空氣或防水功能都是磁磚和塗料的另外一項主要功能設計使用,所以磁磚和塗料也可說是人們最常直接接觸的建築材料。

磁磚和塗料建材大多使用在牆面裝飾工程中,地板及天花工程及其他裝飾工程更是不可缺少的好建材,有了漂亮美麗的外表裝飾材料美化下,人們的居住心情也會因此更加愉悅。

磁磚(圖 3-17)最可能影響人體健康的莫過於輻射,造成陶瓷地磚、牆磚等產品放射性物質含量不合格的原因有兩個,一是產品的主要原材料自身放射性物質含量較高超過標準限量,二是在生產過程中添加的輔助材料如釉面原料中放射性物質含量很高,造成最終產品的放射性水準超過標準限量,從而生產了不合格產品。如台灣輻射安全促進會也曾經量測到多棟大樓,因誤購進口內含過量天然鈾核種的磁磚,和國產過量添加二氧化鈾(UO_2)或二氧化鋯(ZrO_2)超過正常背景含量數倍之磁磚,所造成的輻射污染。

圖 3-17　磁磚工程

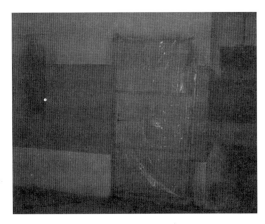

圖 3-18　油漆工程

　　在台灣的油漆(圖 3-18)及塗料中，也曾有被消基會檢測出多起含有毒甲醛而造成的重大新聞，從第二章的介紹中，對人體健康影響最嚴重的情形下，吸入過多的有毒甲醛是會致癌的，讓人不得不提高驚覺。其實油漆及塗料中可能含有毒元素不只是甲醛曾被發現過，苯系列、甚致金屬元素如汞、鉛等都可能成為油漆及塗料裏含有的成份，在過度追求居住環境的美麗色彩世界中，切記要避免使用到含有

有毒元素的油漆及塗料，才不會造成自身健康受影響，而油性油漆和水性油漆中的化學成分，如果處理不當都會造成環境污染。比如任意丟棄在垃圾場中、或傾倒在排水管裡，都可能會污染我們的土壤和地下水。此外，油漆類產品含有毒性物質，可能會被人體吸入、誤食、甚至被皮膚吸收。因此，把你的油漆全部塗完後，並適當地處理剩餘的油漆最為重要。

在油漆及塗料中的污染因子主要來自其成分及其製造過程，而主要成份有二，即展色劑(樹脂)和溶劑，展色劑(樹脂)賦予塗膜附著於被塗物的功能，而溶劑於油漆及塗料製造與施工時作為稀釋用，需依不同樹脂搭配適當溶劑使用。由於溶劑為油漆及塗料產品使用時之 VOCs 逸散之主要來源，成為最大的污染源，因此對於油漆及塗料的內含物需特別注意之。

3-2 危害健康的建築設備

除了上一節介紹的建築材料外，一些建築設備也是組成建築物很重要的一環，內容包含了空調排風設備、消防防火設備、機電設備和給排水設備等，而這些設備是否可能包含了那些危害人類健康的因子，亦是我們須加以了解及防範改進之。

3-2-1 空調排風設備和防火設備的污染

近年來室內空氣品質的問題逐漸受到國人重視，民眾也能經由環保署所提供的空氣品質監測最新空氣污染指標(PSI)的數據來做參考，這項由計算空氣中所含懸浮微粒、一氧化碳、二氧化碳、二氧化

硫、二氧化氮及臭氧的濃度所得到的指數，可供民眾做為住家環境的空氣污染指標。

國立成功大學建築學研究所的「以健康觀點探討室內空氣品質改善可行性之研究」碩士論文中表示，現今的工商社會中每個人待在室內的時間日益增多，以一般上班族來統計，每個人在辦公室內上班的時間，再加上下班後回家和睡眠時間，最多有90％的時間處於室內，且人無法一刻不呼吸，因此室內空氣品質之良窳，將會影響到工作品質效率及人體健康，所以室內空氣品質管理很重要，且經研究證明，室內空氣污染物濃度往往超過標準限制值好幾倍,顯示長期在屋內工作的人，未必能呼吸到乾淨的空氣，所以建請大家必須重視此問題，讓我們的健康能有所保障。[黃琳琳，2004]

國立成功大學建築學研究所「集合住宅室內空氣環境(CO_2、CO、粉塵)現場量測方法之探討」碩士論文裏指出，空氣污染的主要來源是由工業、汽車及家居所造成的,並將空氣中主要的污染物整理出有氮氧化物(NO_x)、硫氧化物(SO_x)、一氧化碳、臭氧及光化學氧化物、總懸浮微粒及可吸入的懸浮微粒等。[彭定吉，1992]

一、氮氧化物：

氮氧化物是氮、氧兩種元素組成的化合物。氮氧化物主要來自於高溫燃燒例如家居烹飪，氮氧化物中的一氧化氮是燃燒產生的，可轉化為二氧化氮，而二氧化氮是腐蝕性的氣體為淺咖啡色，濃度高時有刺激性酸味。

二、一氧化碳：

一氧化碳為無色、無臭、無味的氣體，是碳在不完全燃燒下產生的。市區裏一氧化碳主要來源是汽機車所排放的廢氣。

三、總懸浮微粒：

　　總懸浮微粒的來源可能是天然的，大多是以固體物質、液體點滴或凝結蒸氣的形態懸浮在空氣中。

其論文中更將影響室內空氣品質的因素根據污染源的不同而整理歸納出以下四點：[彭定吉，1992]

一、燃燒及油煙：

　　烹飪是室內最普遍的燃燒行為，來自瓦斯爐、壁爐等設備的空氣污染主要為一氧化碳、一氧化氮及二氧化氮。

二、微生物：

　　微生物是無所不在的，常存於室內環境中，也是空氣品質不良的主要來源之一。

三、建築及裝潢材料：

　　室內裝潢時所用的合板等，因含有甲醛樹脂的接合劑，會刺激皮膚及黏膜。

四、室外污染的空氣：

　　室外污染的空氣可藉由自然通風或空調設備進入室內，使室內空氣品質受到不同程度的影響。

在台灣的大城市因地價成本太高，且人口密集，又建設許多高樓，通常這些建築物為對溫度、濕度的控制使用中央空調設備(圖3-19)。但中央空調系統為了省電常採用密閉式室內循環空調，如此加重室內空氣的惡化。若中央空調的換氣設施不完善，導致含有有害化學物質、細菌、微生物及病毒的空氣易長久累積，在室內重複循環，將造成室內空氣品質的惡化，相形之下對人體的健康絕對有影響，若長時期暴露，嚴重的話更可能會致癌。

　　由於空調室內溫度適宜,病原體或微生物也會在冷氣機內大量繁殖,隨著空調氣流的循環送到室內的每個角落,人們長時間待在空調室內,可能衍生所謂的「空調病」症候群,會讓人頭暈、全身倦怠、免疫力下降等。空調需經常清洗更換隔塵網,以防細菌病毒孳生。

圖 3-19　　空調設備

圖 3-20　　冷卻循環水塔

　　謝瀛華先生在中時電子報 2005 年 5 月 5 日的「夏日冷氣病，威脅現代人」醫學專欄裏指出，無論在何場所，中央空調、分體及櫃式空調，均能檢驗出濃度過高的細菌以及黴菌，此外非中央空調的冷氣機過濾網中也存在明顯過高的潛伏性細菌與黴菌。因此「空調病」是一種潛在性的現代文明病，其中最爲影響健康的就是空調系統中微生物的污染。[謝瀛華，2005]

　　因空調問題引起的辦公室不適症最爲廣泛，所以適當的空調設備系統的管理與維護是辦公室大樓、百貨公司、醫療大樓必須注意的。除了因一氧化碳、二氧化碳而引起的不適症外，最嚴重的應屬退伍軍人症，退伍軍人症的發生原因大多是因空調設備所須的冷卻循環水塔(圖 3-20)內遭受微生物病菌感染，再經由辦公大樓空調設備傳送到大樓每個角落，使人體吸入肺部致病，凡是有空調設備的建築物都須注意防範。根據統計，每 10 萬人約有 6 人會得病，以此計算估計台灣每年大約有 250 人會得退伍軍人症，罹患率雖然不算高但死亡率卻會高達五分之一。

　　事實上在開發國家中如歐美、日本等國，其冷氣機或中央空調系統每年至少都會清洗並進行消毒一次，以防空調病或退伍軍人症的發生及蔓延。在台灣地區民眾卻尚未建立起冷氣機清洗消毒的觀念，甚至以爲冷氣機的過濾網清洗過後，就算洗過冷氣機了。其實清洗空調主要是應清除冷氣機夾縫深處的污垢，及針對冷熱交換器(即蒸發器與冷凝器)的保養及加以進行徹底清洗消毒，而此部份的工作最好交由專業的技術人員來執行，如此才能達到完全消滅病原體，此外冷氣排水管亦應確保管道暢通，更不能存有積水以免提供病菌滋長的環境。

　　專欄中也特別強調，排油煙設備也是須要的，爲了維護室內空氣的品質清淨，並從上一章的介紹中得知，在室內燃燒木材、煤、石油、燃油式暖爐等，除了會產生氮及硫的氧化物、一氧化碳外，也會產生可能致癌的多環碳氫化合物及其他有害物質，且一般家庭炒菜烤魚肉之油煙，也含有多量之致癌的多環碳氫化合物，可能引起鼻咽癌、慢性肺部疾病、新生兒低體重等，所以排油煙設備的設置及使用是不可少的。[謝瀛華，2005]

　　除了空調排風設備須加以注意外，消防防火設備如防火隔間牆工程、防火被覆工程(圖 3-21)等的選擇也很重要，雖然許多先進國家已經禁止石綿礦石的開採及輸出，但鑑於台灣以往廣泛使用石綿做爲防火建材的情形下，還有許多舊設備或舊材料的石綿存在著，對於含有石綿的設備或材料能否使用還需再度檢測有無合於標準值，也可直接選取可隔熱、防火功效相等的新替代品，雖價位偏高，但爲了人體的健康著想是絕對值得的。

圖 3-21　防火被覆工程

3-2-2　機電設備和給排水設備的污染

　　拜現代科技之賜，有了電和水的生活確實讓人們日常生活方便許多，生活環境中若發生停電缺水的情況，會讓人的生活不方便及不習慣，所以每個國家的政府對水和電的供給正常與否，常常列入重要的施政成績之一。

　　如發生於民國 94 年的桃園大缺水事件，因海棠颱風和馬莎颱風過境逼使水庫原水水質混濁，使得自來水廠二度無法正常供水而停水，造成民眾怨聲載道，不僅影響大桃園百萬居民的正常生活，連帶的使上千廠商經濟損失的嚴重災難，雖然最後問題得以解決但也換來經濟部長下台負責之重大新聞事件。

　　民國 88 年台灣位於左鎮山區一座超高壓鐵塔因地層滑動而告倒塌，發生了全台有史以來最大規模停電，造成了全台百分之八十用戶均受波及，雖經台電緊急搶修，並實施分區限電措施陸續恢復供電，但這起停電也造成股、匯市交易受到停電影響，新竹科學園區損失慘重，估計廠商直接與間接損失總計達百億元以上，除了經濟方面的重大損失影響外，民生方面更是苦不堪言，人民不僅生活上的家電無電可用外，街頭上交通混亂更是到處一片漆黑。

　　若將建築物結構物比為人之軀體，電和水的設備就猶如貫穿佈滿人身體之血管神經通路般重要不可或缺，如此可知居家或建築物中的機電設備或給排水設備是否有危害人體健康的污染性存在，亦是工程人員或一般民眾也應注意的課題之一。

　　在機電設備(圖 3-22)中一般最常見的就是變電箱、配電盤或機房內的機電設備等，其四週是否有電磁波過高或電磁輻射的散佈情形，由第二章了解到電一定伴隨電磁波或電磁輻射的發生，為了生活上的

便利又不可沒電可用，因此在不防礙人體健康的規範合格範圍內，慎選及嚴格地品管控制機電設備亦是必要的措施。

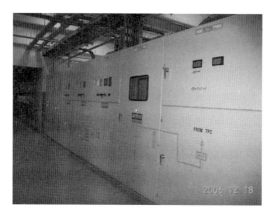

圖 3-22　機房內的機電設備

圖 3-23　日光燈設備

　　在機電設備中的照明，為了節能及低成本考慮，在現今大多居家仍選用日光燈(圖 3-23)做為照明的來源，但由於日光燈管中含有汞、

螢光粉等有害人體健康的物質，使用後的廢棄燈管若任意丟棄，將對環境及人體健康必然產生威脅及危害。

　　機電設備外，給水設備需要用的管路中是否有危害健康的雜質也是需要防範的，一般來說對於居民最簡單的保養部份，在給排水設備方面要注意的是蓄水槽的定期清潔，以避免排水管件內廢棄物的堆積，因其廢棄物會分解出對人體有害的微生物及成分，加重水質的污染。污水排放管及民生用水輸送設備要詳加配設，避免混用而污染到飲用水，進而影響到人體健康。

　　在高溫、水、空氣、灰塵存在下都可使微生物及細菌大量繁殖，退伍軍人症、黴菌毒素及塵灰等都是致病原及致過敏原。營建工程的污水下水道、排水溝、地下室、蓄水池、水塔、化糞池、廁所、大樓垃圾暫貯場等設施，若規畫設計或施工不良，都很可能產生有害健康的腐敗細菌。

　　另一項要注意的為，排水設備中的化糞池(圖 3-24)、陰井(圖3-25)、廢水處理設備等，須時常檢測或觀察其中的微生物是否有不正常生長情形或另生有害物質，為了全民的健康著想，工程人員或一般民眾也應該隨時對其設備做清理及消毒之工作。

圖 3-24　化糞池設備

圖 3-25　陰井設備工程

　　2007 年 11 月 23 日台中市北屯國小爆發痢疾疫情，連附近社區也遭殃，顯示痢疾疫情已經擴散，台中市其他使用地下水的學校，會不會也出現問題，衛生跟教育單位曾嚴密監控，此案例可能與化糞池破裂污染地下水有關。921 地震後地面上有損壞的結構物能修復的已盡量修復，不能修復者已拆除。但地面下的結構物例如化糞池，若有裂縫損壞因看不見，均未修理或拆除重建。若化糞池的污水從裂縫滲入地下水，學生使用地下水清潔或澆花，不小心就會感染痢疾。台中市政府於是要求學校封存抽水井勿使用地下水，但化糞池損壞根源不修復，那污染源仍然四處滲漏危害環境衛生。而回想 921 地震後石岡壩被斷層切斷，且自來水管損壞，停水一段很長的時期，我們只好局部靠井水生活。如今封存抽水井不使用地下水，萬一又發生天災，就沒有清淨的地下水可用了。作者曾建議台中市政府都市發展處使用管理科維修台中市北屯國小化糞池，卻未獲得肯定要維修的答覆。

參考文獻

〔1〕　「當心：室內污染物多為致癌物」，科技日報專欄，台北，
2001.08.31。

〔2〕　「彰化市垃圾場覆土驗出超高量鋅，環保局追究」，中廣新聞網，
台北，2007.10.24。取自：
http://tw.news.yahoo.com/article/url/d/a/071024/1/mxc0.html

〔3〕　「英航三客機發現微量釙210」，2006.11.30綜合外電，中華日報，
2006.11.30下載，取自：
http://news01.cdns.com.tw/20061201/news/gjxw/09500000200611302
2140739.htm。

〔4〕　張家齊，「英航班機遭輻射污染全球大恐慌」，2006.11.30專題報導，
TVBS，2006.11.30下載，取自：
http://news.sina.com.tw/global/tvbs/tw/2006-11-30/185312220142.sht
ml。

〔5〕　李宗祐，「危險失蹤-323台X光機下落不明」，2007.01.01專題報導，
中時電子報，取自：http://news.chinatimes.com/。

〔6〕　綠色公民行動聯盟，「輻射漫談」，2007.03.11下載，取自：
http://www.gcaa.org.tw/issue/rad/rad-1.htm。

〔7〕　郭文圻，「居理夫人」，2007.03.11下載，取自：
http://www.folkdoc.idv.tw/classic/p05/ea01/13.htm。

〔8〕　王玉麟，「輻射污染白皮書(第一冊)」，2007.03.11下載，取自：
http://www.gcaa.org.tw/issue/rad/radbook1.htm。

〔9〕　李宗祐，「輻射鋼筋被當廢鐵出售」，中國時報專題報導，台北，
1999.06.17。

〔10〕　張武修，「台灣需要更有效的輻射屋診斷治療」，2007.03.11下載，
取自：http://www.gcaa.org.tw/issue/rad/radwpc01.htm。

〔11〕張武修,「第一個輻射屋兒童過逝了」,1996.12 專題報導,2006.11.30 下載,取自:http://www.gcaa.org.tw/issue/rad/RAD1stchilddie.htm。

〔12〕李宗祐,「曾在北市永春國小輻射教室就讀-續有兩少年血癌病逝」,中國時報教育版,台北,2000.12.28。

〔13〕李宗祐,「輻射屋住戶罹癌死亡率為常人四倍」,中國時報專題報導,台北,2001.04.25。

〔14〕許思明,「桃園縣八德市又發現輻射鋼筋」,環境資訊電子報地方新聞,台北,2000.09.08。

〔15〕畢恆達,「民生別墅輻射鋼筋案追蹤」,2007.03.11 下載,取自:http://fcu.org.tw/~qs92a0016/My%20Webs/index.htm。

〔16〕不動產 e 族,「民生別墅輻射屋案-判國賠 7200 萬」,2007.03.11 下載,取自:http://home.kimo.com.tw/eguide.tw/new03032601.htm。

〔17〕臺灣高等法院,「文號民國 87 年度重上國字第一號,上訴人行政院原子能委員會,法定代理人胡錦標,裁判日期民國 91 年 1 月 30 日,裁判案由:國家賠償」,民事判決,台北,2002。

〔18〕王昶閔,「木材防腐劑含致癌毒物」,自由時報專題報導,台北,2005.03.01。

〔19〕台灣裝潢網,「裝潢教室」,專題文章,2007.03.01 下載,取自:http://www.twdeco.com.tw/outside-mg/emg-deco-1206.htm。

〔20〕李宗祐,「部分磁磚釉料放射性含量偏高」,中國時報專題報導,台北,1999.06.19。

〔21〕黃琳琳,「以健康觀點探討室內空氣品質改善可行性之研究」,碩士論文,國立成功大學建築學研究所,台南,2004。

〔22〕彭定吉,「集合住宅室內空氣環境(CO_2、CO、粉塵)現場量測方法之探討」,碩士論文,國立成功大學建築學研究所,台南,1992。

〔23〕謝瀛華,「夏日冷氣病,威脅現代人」,中時電子報醫學專欄,台北,2005.05.05。

〔24〕 王玉麟,「優質住宅與輻射和電磁波的關係」,專題報導,2008.04.24
下載,取自:http://formosa21.com.tw/faqview.php?id=2

第三章 習題

1. 什麼是危害健康的室內裝修材料？

2. 砂石材料的污染源有那些？

3. 金屬材料的污染源有那些？

4. 木材和合成板材的污染源有那些？

5. 磁磚和塗料的污染源有那些？

6. 危害健康的建築設備有那些？

第四章 健康建材的檢測標準

　　近年來，隨著科學技術的發展和人民生活水準的提高，大量新型建築和裝飾材料進入住宅和公共建築物，加之現代建築物的密閉化，造成室內空氣污染問題日益突出，引起眼及鼻腔粘膜刺激、過敏性皮膚炎、哮喘等症狀，危害人民群眾的身體健康。隨著經濟的發展和社會事業的全面進步，居民的生活水準不斷提高，室內裝修也越來越普遍，室內建築裝飾材料種類不斷增加，然而，這些材料或產品均會向室內釋放有害化學成分，造成室內空氣污染。如輻射鋼筋及裝修材料內牆塗料、各種裝飾板材、各種地板磚等，以及材料在使用中需加入的各種粘合劑、溶劑、木材著色劑等。還有像建材中具隔音、隔熱的石綿，以及經過防腐處理的木製傢俱，這些都是已知具有致癌能力的化學毒物，也被證明有致癌的可能。

　　徐東群先生於中國預防醫學科學院環境衛生監測所的「室內空氣污染衛生監督管理研究發展」研究報告中表示，在中國上海市就有多例嬰幼兒因住進剛裝修好的房屋而導致白血病的報導，北京市也有報導發現兩例由於家庭裝修而引發畸形嬰兒出生。更在 1997 年國際有關組織調查統計中，世界上約有 30% 新建和重修的建築物中發現有害人體健康的室內氣體，室內環境專家提醒人們，現代人正進入以「室內空氣污染」為標誌的第三個污染時期。

　　另據美國 EPA(Environmental Protection Agency)估計，美國每年大約有 2,000 名肺癌死亡者與建築和裝修材料中含有的氡輻射有關。世界銀行的一份調查研究中也表明，中國大陸目前每年據估計約有

106 億美元的損失是由於建築和裝飾材料導致室內空氣污染對人體的傷害造成。[徐東群，2005]

在陳奎德先生的「關於華沙民主國家會議與世界新秩序的對談」專題報告中說出,國際上對於"居住與健康"的討論由來已久,從 1993 年的《雅典憲章》提出現代城市應解決居住、工作、交通等問題開始,到 1981 年的《華沙宣言》指出建築學應進入環境健康時代。[陳奎德，2005]

鄭朝陽先生 2003 年 6 月 25 日民生報的「綠建材專題報導」中提到,由於人們在室內環境中度過了 70%～80%的光陰,尤其是對未成年少年兒童、老年人以及病人而言,室內空氣污染的問題更為突出。所以 20 世紀 90 年代以來世界各國已經廣泛開展了居住與健康的研究工作,在國際上的建築發展課題中,健康已是最為核心性的研究內容之一。世界衛生組織的提出的"健康住宅—健康城市"研究實踐已也成為國際社會的基本共識,尤其在 90 年代以後,世界各國關於"居住與健康"方面的課題更開展更廣泛的研究並取得一定成果。

大多數人處在各種室內環境(居室、辦公室、公共場所及交通工具等)中活動的時間約占人生活動時間的 70%～80%,隨著電腦的普遍使用及生活方式的改變,人們生活和工作於室內的時間越來越長,一些開發國家的人在室內渡過的時間比率還更大,也隨著科技的發達,現代建築使用的材料中也大量使用了多種化學品,其中大都含有有機污染物(簡稱 VOCs)。[鄭朝陽，2003]

在綠建材標章網站的「善用再生、生態建材與地球和平共存」專題報導裏,這些污染物的毒性、刺激性、致癌作用和特殊的氣味,能導致人體呈現各種不適反應,主要引起眼、鼻及咽喉刺激、乾燥、無

力、頭昏、記憶力減退、頭痛等症狀，此種症狀稱之為"不良建築物症候群"，嚴重的話更可引發嬰兒畸形、白血病和多種癌症。而根據內政部建築研究所的調查發現，全台有八二％的上班族在辦公室經常感到頭痛、疲倦，甚至噁心，一二％的上班族甚至天天出現身體不適的症狀，包括打噴嚏、喉嚨乾燥、眼睛鼻子過敏、頭痛、昏昏欲睡、容易疲倦、咳嗽、氣喘、皮膚發癢、情緒起伏大等。因此室內空氣污染問題嚴重地威脅和危害人體健康，不只是室內空氣污染，另外加上水污染、大氣污染、噪音和電磁輻射已被列入對公眾健康危害最大的 5 種環境因素，而國內外有那些研究經驗及法規標準，確實是值得我們這一代去了解參考或加以遵循執行之。[綠建材標章，2006]

一、國外的研究及標準概況

美國為了解決居住健康問題而於 1992 設立了國家健康住宅中心，專門研究住宅建設與環境和公共衛生等問題的關係，以保護人們免受居住環境惡劣所害。美國政府的住宅與城市發展部還下設相關的機構開展"健康的家"這個建設計畫來指導住宅建設。[美國環保署，2006]

相對地，歐洲國家對健康建材和健康建築的研究也不遑多論。他們制訂一些有機揮發物散發量的試驗方法，規定了一些健康建材的性能標準，對一些材料開始推行低散發量標誌認證，以推動健康建材的發展。在提倡和發展健康建材的基礎上，一些國家正在推動居住的健康建築物受到了高度評價。健康建築並不是利用高新技術建成的建築物，而是利用已有的對環境和健康有益的材料建成，對於城市、郊區和農村的每個家庭都是可以實現的。它可提供人們一個清潔而舒適的室內環境，而且與自然、社區和整個環境相協調。

德國在建築裝飾材料和室內產品的管理方面最為成功，自 1978 年德國發佈了第一個環境標誌"藍色天使"以來，世界上已有二十多個國家和地區對建築、裝飾材料實行了環境標誌。且德國也制定了對膠合板材料釋放甲醛的評價標準，該標準已成為目前歐洲聯盟成員國的共同標準。根據德國的有關法規，僅有 E1 類膠合板可以直接用於建築目的。E2 和 E3 類膠合板不能直接用於建築目的，但不排除 E2 和 E3 類膠合板在覆蓋了某種塗料，使甲醛在標準艙測試條件下的平衡濃度達到了小於 0.1ppm 水準後，再用於建築目的。以德國的建材標章制度為例，不僅分別針對地毯，須以黏著劑黏貼的 PVC 地板，以及木質建材訂定揮發性有機物質的逸散量標準外，也要求木質建材的生產來源，必須是循環使用的人工森林或營建廢棄木材，絕對不得砍伐天然的原始林，未來國內的綠建材標章制度也應該向此看齊。[環保署，2002]

英國塗料聯合會(British Coating Federation，BCF)提出在建築裝飾塗料中逐步減少溶劑量的方案。這也使 VOCs 標準與歐洲環境標誌的 2004 年標準相吻合，並延伸至戶外塗料。歐洲塗料聯合會(CEFE-European Federation of Paintmakers)也已提出類似的倡議。

1989 年開始，瑞典、丹麥、芬蘭、冰島、挪威等北歐五國更實施了統一的北歐環境標誌，包括住宅在內的環保產品都須經過專項認證。北歐國家在建材方面制定了嚴格的標準。丹麥、挪威推出"健康建材"標準，規定了所出售的建材產品在使用說明書上除標出產品質量標準外，還必須標出健康指標，並於 1992 年開始制定建築材料室內空氣標誌評估系統。而瑞典也對室內建築材料實行安全標簽制。[環保署，2002]

　　日本於 90 年代就推行了健康住宅，日本建設省出版了《健康住宅宣言》和《環境共生住宅》來指導住宅的建設與技術開發。原因是醫學界報告發現，室內裝修材料如甲醛以及一些致癌物將直接導致人們產生疾病，空氣品質受污染引發感冒、呼吸道感染等疾病，都關涉到人們的健康。日本政府的一個調查小組經過檢測後宣佈，日本大約有 30％的住宅因使用有害的化學物質而易引發「病住宅症候群」。這個名為室內空氣對策研究會的調查小組由國土交通省官員、有關團體負責人以及一些專家學者等組成。調查內容是以甲醛、甲苯、二甲苯和乙苯等 4 種化學物質為對象，使用簡易檢測儀器對 4500 戶住宅進行檢測並取得上述有害氣體在室內空氣中的 24 小時平均濃度，結果顯示都明顯超標。更在 1998 年間，日本國立醫療食品研究所的調查結果發現，因住屋化學物質釋放量濃度過高，許多住家的室內空氣污染比室外高達 7～8 倍。根據這些調查結果和研究，日本制定了相應對策並修改了相應的規範。

　　日本的環境共生住宅的指導方針是從保護地球環境的觀點出發，根據地區特性適當地考慮了能源、資源和廢棄物等方面的情況，與周邊的自然環境等相協調，使住戶能過健康而又舒適的生活。日本為了推行健康住宅的建設，成立了專門的健康住宅技術研究所、健康住宅對策推進協議會等組織，以防止化學物質和黴菌的過敏症等疾病，以實現健康、安全、舒適的居住環境來進行實施，並組織了公眾衛生、設備技術、文教等部門進行有關的研究、開發和推廣。[日本環境協會，2006]

　　美國及日本和西歐等先進國家經過上述的研究及法規標準的推廣執行，其建材已超過 90％達到綠色標準，日本、若干歐洲國家、

加拿大、美國和澳大利亞等國家也首先對室內一些有害無機污染物如石綿、氡、懸浮顆粒物、一氧化碳、二氧化碳等進行控制，隨著人們對生活品質要求的不斷提高，對室內空氣品質標準中又增加了對甲醛等有機污染物的監測。

對於美、歐、日等先進國家的建材已超過 90％達到綠色標準，中國大陸卻不到 5％，尚屬萌芽階段經歷了許多的中國人民因居住品質不良出現的健康問題日益嚴重，及一昧地追逐金錢而不顧人民健康的黑心建商或材料設備商的出現下，中國政府對於建康的建材也開現重視起來。

中國自 20 世紀 90 年代初也開始發展有關建築和裝飾材料中 VOCs 的釋放及其室內污染的研究，爲了測試室內裝飾材料中 VOCs 的釋放及其規律而建立了模擬測試艙，中國衛生防疫站、監測站及相關科研院所也開展了大量的現場調查研究，隨著中國室內污染的研究工作迅速發展，在 1999 年 12 月還成立了"中國室內裝飾協會室內環境檢測中心"。此外中國組織了對國內進行室內污染的調查研究及制訂標準工作，衛生部所屬中國預防醫學科學院環境衛生監測所等也開展了"建築和裝飾材料所致室內污染及其有害生物學作用"等研究和一系列調查工作來制定了《室內空氣衛生監督管理辦法》，且中國建設部正在制定的《民用建築室內環境污染控制規範》也即將推出。

2001 年時中國國家質檢總局等部門頒佈了《室內裝飾裝修材料 10 項有害物質限量》規定，根據此項規定，從 2002 年 1 月 1 日起生產企業就不得生產有害物質超標的室內裝修材料，從 2002 年 7 月 1 日起，中國大陸將禁止有害的建築材料在市場上銷售。根據中國國家質檢總局表示，質檢總局頒佈的《室內裝飾裝修材料 10 項有害物質

限量》規定是參照國際發達國家的綠色標準制定的，凡是建築材料中甲醛、苯等含量不過關的建築材料今後都不能在市場上出現，這 10 項限量規定對所有室內裝修材料中的甲醛、揮發性有機化合物 (VOCs)、苯、甲苯、二甲苯、甲苯二異氰酸酯、鉛、鎘、汞、砷等有毒污染物的含量作出了嚴格規定。

　　中國為了扼制室內裝修"隱形殺手"，國家質量監督檢驗檢疫局、國家環保總局、衛生部制定的《室內空氣品質標準》也已於 2003 年 3 月 1 日開始實施，標準引入了室內空氣品質概念並明確提出"室內空氣應無毒、無害、無異常臭味"的要求，但標準的一些化學指標依然偏低，可能產生的化學性污染物質有一些還未提及。鑑於此許多專家更建議中國政府主管部門應該更細化及強化標準，同時強制行業遵守法規以整頓市場秩序。[徐東群，2005]

二、國內的研究及標準概況

　　台灣的建築大多講求美觀及強調設計風格，而對室內裝潢部分，普遍缺乏永續健康的概念，過度的裝修行為、不當的施工方式及材料的選用，額外增加了健康危害的風險，特別是建材和傢俱所含的有毒物質，長期以來都悄悄地瀰漫在我們的居家環境之中。

　　內政部建研所環境控制組組長陳瑞鈴說，剛裝潢好的房子，室內總有一股濃濃的嗆鼻味，這種味道是從建材中逸散出來的甲醛等有機揮發物集結而成，長時間吸入不僅會有頭暈、噁心等症狀，還有致癌的風險，所以我們若把它當成新房子的味道而沾沾自喜時可能因此長期傷害到自己的健康而不自知。[鄭朝陽，2003]

　　另外根據台大醫學院的研究發現，台灣居家環境中苯的濃度是美國洛杉磯的 2.5 倍，若從頭暈、想睡，到退伍軍人症，上班族來自辦

公室的健康問題常遠遠超出我們的想像，難怪專家學者們紛紛開始針對「有毒的辦公室」來做研究。成功大學建築系系主任江哲銘也說過「我們每天待在辦公室的時間，常常超過 10 個小時」，也就是一天 24 小時中，有一半以上醒著的時間都是在辦公室裡活動，但是一般人對自己在辦公室裡的環境品質卻很少注意。

　　一位媒體發行人曾不停地咳嗽，看了中西醫仍然被間歇性地狂咳弄得上氣不接下氣，因此江哲銘教授用成功大學「健康建築研究室」研發出的「祐生一號」空氣環境檢測儀，來檢測這間辦公室的空氣，結果發現辦公大樓空調設備的換氣口，因為蓋好後從來沒有清理而完全被灰塵堵死，在做過清理換氣口的濾網後，這位媒體發行人的咳嗽不藥而癒。江哲銘教授指出，成大在台灣就層出不窮地檢測出的這類因辦公室、會議室空氣不清潔或通風設備不良引起的「病態辦公室症候群」(Sick Building Syndromes)，曾經還有人因為「病態辦公室症候群」引發高血壓。

　　根據內政部建築研究所的研究裏，台灣約有 40%的辦公室工作人員承認在辦公室裡常感覺各種不適(頭痛、眼睛、鼻子及皮膚不適等)，經過實際檢測，台灣的確有 30%的辦公室空氣檢測結果超出美國、日本規定的健康標準值，如此驚人的數字，卻沒有太多人注意。而且衛生署的資料也顯示「建築病」有增多的趨勢，最明顯的例證就是包括退伍軍人症、肺病、氣喘、鼻癌等。而現今的台灣連到底怎樣才是符合健康的「室內環境品質標準」的完整法規都沒有，為了國人的長遠的健康環境品質考量，制定健康的「室內環境品質標準」是須要國人共同來努力的。[綠建材標章，2006]

　　成功大學建築系系主任江哲銘於「材料的健康性-二十一世紀空間設計的省思」中也指出，除了來自室外的廢氣外，室內裝潢建材在製造過程中也是造成室內空氣品質不好的污染源，建築業者為了性能考量，經常添加各種化學物質於建材中以達到硬化、膠合及防腐等作用，以致房屋建築完成後，這些化學物質就會隨著時間和溫度變化，大量地逸散在空氣中。

　　江哲銘系主任曾針對台灣北、中、南等地區數十棟辦公室的空氣品質調查顯示，雖然甲醛是一種已經被證實的化學致癌物質，但國內室內甲醛的濃度值大都超出先進國家所要求的健康基準，如果國人繼續不注意居家或辦公場所的建材安全性，在台灣生活的致癌風險將比健康基準值要高出上百倍，這也或許可能是在台灣導致癌症而使得癌症長年位居十大死因之首的原因之一。[江哲銘，2000]

　　江哲銘系主任說，台灣地處亞熱帶全年的溼度高，必須藉由空調系統控制溼度須低於 70%的相對濕度才能抑制生物孳長，才有利於揮發性有機物質低逸散或零逸散，但根據研究後發現現今多數大樓在空調系統控制下其相對溼度還是高於 70％，而且換氣效率不良，是屬於病態建築的一種，如果室內採用的是低逸散或零逸散揮發性有機物質的建材，健康就多一層保障。除了健康之外，綠建材標章的評估指標也應特別重視資源再生利用，待未來國內建立了各項完整標章制度後，也須藉由鼓勵回收營建之廢棄物再重製建材來減輕垃圾處理的負擔，就不會有資源浪費的問題。[江哲銘，2000]

　　成大環境醫學研究所教授蘇慧貞執行高雄市環保局委託的「高雄市辦公大樓室內空氣品質調查與健康危害之評估」結果中顯示，雖然大多數人在室內活動時間超過 90%，但空調系統、裝潢建材及各種

室內活動型態，卻會造成室內空氣污染源而危害健康，被調查的辦公大樓二氧化碳濃度在上午 11 時與下午 3 時之間，常因換氣量不足而有累積現象，二氧化碳濃度都高於各國室內空氣品質的建議濃度，另外甲醛濃度也超過世界公認的標準值 0.1PPM，也應列爲優先管制對象。

其報告也指出，世界衛生組織(WHO)、美國、日本、加拿大、澳洲，甚至新加坡各國對於室內空氣品質的控制與管制，都有針對辦公室內空氣的一氧化碳、二氧化碳、粉塵、其他有毒化學物的含量來做管制規定。在台灣卻只有勞委會的「勞工安全衛生法」，針對工廠內二氧化碳的含量做管制，而且台灣勞委會認可的含量標準值，不僅是歐美、日本的 2～5 倍，甚至比中國大陸還寬鬆，甚至對於有嚴重致癌效果的甲醛等，台灣也都還沒有嚴格的管制法令。[蘇慧貞，2001]

2008 年 4 月 30 日台中市政府都市發展處使用管理科表示若區分所有權人大會表決通過，可在社區大樓地下室增設機車停車位。並表示只要不妨害通道，機車位的數量無上限，車道空間可畫分機車專用道，車輛排放的廢氣不會影響安全，避難空間也不會受影響。2008 年 5 月 29 日使用管理科又表示倘劃設位置屬共用部分除應經區分所有權人會議同意外，仍應依建築法向市政府申請『使用執照』變更，核准後才可在社區大樓地下室增設停車位。按照建物所有權狀規定建物用途以『使用執照』記載爲準，若任意增設更多的地下室停車位，影響原有建物所有權狀的持分權利範圍，則住戶面臨權益縮減房價受損的問題。社區地下室是法定防空避難空間，若大量的車位佔滿防空避難空間，萬一發生空襲警報公共安全有何保障？何況大部份社區地下室車道狹小，沒有辦法再畫分機車專用道，若大量增設地下室機車

停車位，又沒有設置交通號誌紅綠燈很容易發生車禍。而且汽機車輛的噪音及排放的廢氣過多，造成環境污染。地下室爲密閉空間沒有窗戶，抽風機沒有持續開啓運作，若二氧化碳過量容易造成缺氧，若一氧化碳過多可能造成中毒，請問公共安全又有何保障？機車停車位若設在安全門出入口，垂直逃生梯旁，或在狹小逃生通道兩旁，或在消防、機電、污水設施旁，公共安全更加堪慮。騎樓機車被縱火已有許多不幸先例，大量機車停放地下室，因機車容易被縱火，而且地下室有許多天然瓦斯管線，對公共安全絕對會有隱憂！請問增設機車位數量沒有法規限制嗎？市政府至今沒有制定相關管理條例，對於公共安全沒有保障。

　　內政部建研所所長蕭江碧指出最擔心的還是室內裝修中幾乎每個人都會碰到的合板，爲防腐、絕緣而浸滿甲醛的合板，對人體黏膜細胞會有刺激作用，會讓眼睛、鼻子、喉嚨不適，並且根據實驗研究統計，甲醛經過 3 年才會消退一半，長期吸入這些甲醛，研究證明對人體是有致癌的風險。但是到目前爲止，台灣法規不僅對危害健康建材沒有嚴格規定取締限制，危害健康建材的檢測機構、檢測的項目、檢測材料的種類、檢測材料的尺寸等也不完善。爲此內政部建研所開始對此議題關注並在五股設立自己的「合板、地毯檢驗室」，預定逐步完成上述的項目。

　　內政部建研所環境控制組陳瑞鈴組長表示，爲改善建材逸散污染物的問題，建研所 2004 年起建立「綠建材標章」以確保民眾的健康，限制常用於室內裝潢的建材，其有機揮發物質的逸散量不得超出一定的標準，此外是否以再生材料製成具有高性能環保功能建材也是評估的重點項目之一。

陳瑞鈴組長強調，幾年前建研所就已開始主張仿效日本、美國及歐洲許多國家的經驗來建立這項標章制度，但受制於建材的檢測能力不足而進展緩慢，直到最近國家建築實驗室的成立，相關的檢測儀器也陸續到位，才能逐漸開始檢測中小尺寸的建材，預估後續還會有全尺寸的建材檢測儀器建置完成，這對綠建材真假的評估能力將大大的增加。[蕭江碧，陳瑞鈴，1999]

人類大部分的時間都是待在建築物內，因此要確保人類居住的健康，建築本身的健康性能必須確保。近年來，世界各國積極研擬、制定確保住宅品質的相關法規，例如日本的「品質確保法」、法國的「品質標章」及各國的「綠建材標章」等制度，目的都在保障居住者住的安全、健康及舒適，我們也應跟上先進國家的腳步，執行「綠建材標章」中的制度來確保國人住的品質。

4-1 電磁波的檢測標準

隨著科技時代來臨，人類的生活增加了許多自動化及電氣化的設備，近年來更因無線通信設備的興起，使得這些產品會產生不同能量的電磁波，這些暴露在空氣中的電磁波，同時也因長期使用而逐漸被人體所吸收因而影響人體的健康。

在我們生活的週遭，能產生電磁波輻射的來源相當多，包含了所有電流通過的電氣用品、各種管線、電器設備，而只要有電流流通的地方，就會發出電磁波輻射。電磁波輻射可能與各種生活中所常使用的電子儀器、電器設備以及室內配置產生關係，電磁波輻射量值之大小是否符合規範，進而對人體是否有不良的影響是很重要的課題。

　　中國文化大學建築及都市計畫研究所「建築環境電磁波輻射影響之研究」碩士論文說明，電磁波會對人體組織有兩種作用分別為致熱效應及非致熱效應。致熱效應是電磁波會使人體發熱，而在電磁波輻射的作用下，人體內分子發生取向作用進行重新排列，由於分子排列過程中會相互碰撞摩擦，消耗了電磁能而轉變為熱能，當電磁振盪的頻率越高，則體內分子取向作用越劇烈，熱作用也就越明顯，產生的損傷也越嚴重。另一種是非致熱效應，當長時間超過一定強度的電磁波作用在人體時，雖然人體的溫度沒有明顯升高，但會引起人體細胞膜的共振，使細胞的活動能力受限，這種在分子及細胞發生的效應既複雜又精細，會使人出現諸如心律、血壓的改變及神經、免疫系統等生理反應。

　　愈來愈多的研究證實，長期暴露於電磁場生活環境會增加小兒白血病及其他癌症的罹患率，如居住在變電所、高壓電線、變電箱及一般室內電力配電線管路結構、及使用家庭電器品所產生極低頻(60hz)的電磁波的環境下，其長期接觸可能對生物細胞和神經產生干擾和過度活化作用而使得人體細胞產生突變，雖然有關單位否認各種惡性腫瘤和癌症的罹患率和電磁場有直接因果關係，至今也並無任何專家敢宣稱長期暴露於電磁場生活環境不會影響健康的事實，不過為了求自保，維護自家住宅環境的電磁場安全確是重要的課題之一。[傅邦鈞，2004]

　　電磁波輻射是看不到、聽不到、摸不到的，所以一般人並不會察覺其嚴重性，電磁波輻射的種類繁多，對人體而言，不同的輻射特性將產生不同的影響。然而人類生活的資訊化腳步持續加快，伴隨而來的電磁波輻射強度將與日俱增，政府相關單位因應於此，制定了許多

相關的法規及規範來處理電磁波輻射量值之強度限制。藉著相關法規來試著檢視我們的生活空間內的相關建材或家電設備及各種管線，使我們居住的環境更加健康。

本節將分別對國外及國內電磁輻射安全標準規範進行探討。

一、國外相關研究或標準

根據臺中健康暨管理學院電腦與通訊研究所的「無線通訊之電磁波對人體健康影響的應用分析」碩士論文中顯示，聯合國世界衛生組織(WHO)「國際電磁場計畫，International EMF project」的資料指出，亞、歐、非三洲共有 20 個國家訂有極低頻電磁場的暴露規範，其中有 12 個國家同時針對一般環境與職場環境訂有管制規範，其中有 5 個國家僅針對一般環境訂有管制規範，而多數國家所訂定的規範標準依循國際非游離輻射防護委員會(International Commission on Non-Ionizing Radiation Protection，簡稱 ICNIRP)於 1998 年所訂定之規範。

多數國家目前依循國際非游離輻射防護委員會對於一般環境所訂定的極低頻磁場電磁波管制規範為 833mG (milli-Gauss，毫高斯)，職場的規範則為 4,166mG，我國於民國 90 年所公佈的規範也採用此一國際標準即為 833mG (milli-Gauss，毫高斯)，而國外的政府機關及組織對於電磁波相關量值的管制量值單位大多為毫高斯(mG)。[張芳青，2005]

行政院環保署的施幸宏先生於「環保署非屬原子能游離輻射污染之防治策略報告」的策略報告中指出，目前國際輻射防護委員會(IRPA)對非游離輻射管制也有提出建議值，以供各國管制非游離輻射

之參考使用，而此建議值標準也經由世界衛生組織(WHO)所認可，詳
如下表 4-1：

表4-1 IRPA 非游離輻射管制表 [資料來源：環保署，2000]

IRPA		頻段(f)	建議值
對　象	職業人員	50/60Hz	5000 mG(毫高斯)
		1-400MHz	1 mW/cm^2(毫瓦/平方公分)
		400-2000MHz	f/400 mW/cm^2 (毫瓦/平方公分)
		2000-300000M/Hz	5 mW/cm^2 (毫瓦/平方公分)
	一般民眾	50/60Hz	1000 mG(毫高斯)
		1-400MHz	0.2 mW/cm^2 (毫瓦/平方公分)
		400-2000MHz	f/2000 mW/cm^2 (毫瓦/平方公分)
		2000-300000M/Hz	1 mW/cm^2(毫瓦/平方公分)

　　另外在其策略報告中亦指出，雖然國際組織有訂定電磁波的相關
標準，但目前還沒有統一的國際標準，所以每個國家所制定的標準也
不盡相同，其報告如表 4-2，有一些國家電磁波的相關規範標準。[施
幸宏，2000]

表 4-2 各國電磁波輻射量值管制現況表
[資料來源：環保署，2000]

國家	單位	對象	頻段	推薦值 mG(毫高斯) mW/cm² (毫瓦/平方公分)
英國	國家輻射保護局	職業人員	50/60 Hz	2000 mG
			100-1,000 MHz	f/100 mW/cm²
			1000-300,000 MHz	10 mW/cm²
		一般民眾	50/60 Hz	2,000 mG
			300-1,500 MHz	f/300 mW/cm²
			1500-300,000 MHz	5 mW/cm²
澳洲	交通部及職業衛生安全委員會	職業人員	30-300,000 MHz	1.0 mW/cm²
		一般民眾	30-300,000 MHz	0.2 mW/cm²
美國	電機電子工程協會 (ANSI/IEEE)	職業人員	100-300 MHz	1.0 mW/cm²
			300-3,000 MHz	f/300 mW/cm²
			3,000-15,000 MHz	10 mW/cm²
			15,000-300,000 MHz	10 mW/cm²
		一般民眾	100-300 MHz	0.2 mW/cm²
			300-3000 MHz	f/1,500 mW/cm²
			3000-15000 MHz	f/1,500 mW/cm²
			15000-300000 MHz	10 mW/cm²

			50/60 Hz	10,000 mW/cm^2
美國政府工衛學者聯會(ACGIH)		職業人員	50/60 Hz	10,000 mW/cm^2
		一般民眾	無	無
日本		職業人員	50/60 Hz	連續暴露 50,000mG 短時間暴露 100,000mG
		一般民眾	50/60 Hz	連續暴露 2,000mG 短時間暴露 10,000mG

二、國內相關研究或標準

我國環保署基於維護人體健康的立場,參考國際非游離輻射防護委員會之一般民眾極低頻磁場管制建議值為 833mG (mili-Gauss,毫高斯),另於民國 90 年 1 月 12 日公告「非游離輻射環境建議值」(表 4-3),適用非職業場所之一般民眾於環境中暴露各頻段設備中產生之非游離輻射(表 4-4)。而行政院環保署對電磁波的檢測標準是在 833.3 毫高斯(Hz),頻頻率範圍從 0MHz 至 300GHz,主要設備包括廣播電台、無線電及電視訊號,行動電話基地台等。其對行動電話基地台產生電磁波之建議值:900MHz 為 0.45 毫瓦/平方公分,1,800MHz 為 0.90 毫瓦/平方公分。[張芳青,2005]

表4-3 非游離輻射環境建議值 [資料來源：環保署，2005]

單位	對象	頻段(f)	電場強度 (V/m^2)	磁場強度 (A/m^2)	磁通量密度 (uT)
行政院環保署	一般民眾	< 1 Hz	-	3.2×10^4	4×10^4
		1-8 Hz	10,000	$3.2 \times 10^4 / f^2Hz$	$4 \times 10^4 / f^2Hz$
		8-25 Hz	10,000	4,000 / f Hz	5,000 / fHz
		0.025-0.8 kHz	250 / f kHz	4 / f kHz	5 / f kHz
		0.8-3 kHz	250 / f kHz	4 / f kHz	5 / f kHz
		3-150 kHz	87	5	6.25
		0.15-1 MHz	87	5	6.25
		1-10 MHz	87 / f MHz	0.73 / f MHz	0.92 / f MHz
		10-400 MHz	28	0.73 / f MHz	0.92 / f MHz
		400-2,000 MHz	$1.375 / f^{1/2}MHz$	$0.0037\, f^{1/2}$ MHz	$0.0046\, f^{1/2}MHz$
		2-300 GHz	61	0.16	0.20

表 4-4 各頻段產生非游離輻射之設備 [資料來源：環保署，2005]

頻段	設備
50Hz 至 5KHz	電力公司所使用之高壓輸配電線、變電所。家電用品：電磁爐、吹風機、電腦、電視機、洗衣機、冷氣機。
5KHz 至 500MHz	廣播電台：調頻廣播 FM、調幅廣播 AM。無線電及電視訊號：AM 收音機上之天線。高周波電焊機。無線電波：行動電話手機、行動電話基地台。
500MHz 至 50GHz	雷達、微波爐。
50GHz 至 2.4×1015Hz	雷射：工業上使用之雷射切割機、醫院使用雷射儀器。可見光：太陽光、加熱鎢絲。紅外線：夜視鏡、太陽光、烤箱、煉鋼、電燈泡、烘烤麵包機。

　　除了上述行政院環境保護署所提供的「非游離輻射環境建議值」外，國內對於基地台的最大電磁波功率密度亦有相關法令規範，如民國94年修正後的行動通信業務管理規則(表4-5)、民國94年修正後的第三代行動通信業務管理規則(表4-6)中也有相關的最大電磁波功率密度規定，除此之外對於國內其他主管機關及其相關法令亦可從行政院環境保護署提供的資料(表4-7)中查詢。

表4-5 行動通信業務管理規則

法規：行動通信業務管理規則 (民國 94 年 11 月 17 日 修正)	
第 45 條	數位式低功率無線電話系統之基地臺設備標準規定如下： 二、最大電磁波功率密度：0.4 mW/cm^2。
第 48 條	中繼式無線電通信系統之基地臺設備標準規定如下： 三、最大電磁波功率密度：500 兆赫頻段為 0.25 mW/cm^2；800 兆赫頻段為 0.4 mW/cm^2。
第 52 條	行動數據通信系統之基地臺設備標準規定如下： 三、最大電磁波功率密度：500 兆赫為 0.25 mW/cm^2；800 兆赫為 0.4 mW/cm^2。
第 56 條	行動電話系統之基地臺設備標準規定如下： 三、最大電磁波功率密度：900 兆赫為 0.45mW/cm^2；1800 兆赫為 0.9mW/cm^2。

表 4-6 第三代行動通信業務管理規則

法規：第三代行動通信業務管理規則 (民國 94 年 11 月 17 日 修正)	
第 58 條	第三代行動通信系統之基地臺應遵守下列規定標準： 一、最大有效等向輻射功率(EIRP)：57dBm。 二、最大暴露限制(MPE)之電磁波功率密度：800 兆赫頻段為 0.4 mW/cm^2；2000 兆赫頻段為 1.0mW/cm^2。 三、頻率穩定度：±1PPM。

			違反前項第一款規定者，應依電信總局之通知限期改善。

表4-7　非游離輻射設備之國內主管機關及其相關法令
[資料來源：環保署，2006]

對　象	使用場所	主管機關	相關法令
非游離輻射對環境影響	一般環境	環境保護署	90年1月12日公告「非游離輻射環境建議值」
雷射切割機、雷射焊接機、高周波電焊機	工廠內	行政院勞工委員會	依勞工安全衛生法第五條及勞工健康管理規則第二條之規定，凡是雇主對輻射線(含游離及非游離輻射)引起之危害應有符合標準之必要安全衛生設備。
雷射儀器	醫院內	行政院衛生署	依醫療法第六十八條及醫療機構購置及使用昂貴或具有危險性醫療儀器審查及評估辦法第八條之規定，醫療機構購置及使用昂貴或具有危險性醫療儀器，中央衛生主管機關得予必要之審查及評估，如發現有違反規定、危害人體健康或妨礙公共衛生、安全之虞者，得停止使用。

家 電 用 品	民宅內、營業場所及娛樂場所	經濟部標準局	依現行商品檢驗法第十一條及第十二條之規定：應施檢驗國內市場商品之檢驗項目及標準，由主管機關指定公告之，經檢驗不合格時，主管機關得命令其停止生產、製造、陳列或銷售。
廣 播 電 台	樓頂	行政院新聞局	廣播電視法第三條及第十條之規定：電台之設立，應填具申請書，送由新聞局轉送交通部核發電台架設許可證始得裝設，裝設完成，向交通部申請查驗合格，分別由交通部發給電臺執照後，新聞局發給廣播或電視執照後，始得正式播放。
台電公司使用之高壓輸配電線、變電所	屋外環境中	經濟部	依電業法及變電所裝置規則之規定：變電所利用地境界外距離一公尺，且離地面一公尺高度，所量測電場強度不得超過五千伏特/公尺。
行動電話及基地台	樓頂	交通部電信總局	依交通部電信總局組織條例第二條第十一項之規定：關於工業、科學、醫療及其他具有電波輻射性電機及器材有關輻射之管理事項。

4-2 輻射的檢測標準

　　自 1983 年底桃園地區發生大量鈷六十輻射污染鋼筋流入建材市場後，北台灣地區極多數建築物使用輻射污染建材，造成「輻射屋」、「輻射辦公大樓」等新名詞的出現。據報載，直至 92 年 9 月份，大台北地區疑似輻射屋多達 2,054 戶，台北市龍江路民生別墅被發現是輻射污染建築物後，陸續在大台北地區(含基隆市、台北縣市、桃園、中壢)及彰化欣欣幼稚園相繼發現多起輻射屋、輻射鋼筋教室公害事件，此一公害事件已形成國內社會、經濟、法律、環境保護、公共衛生及醫學等的重要議題。

　　東吳大學法律學系碩士在職專班法律專業組「侵權行為損害賠償請求權消滅時效之探討--以長潛伏期損害之侵權行為類型為例」碩士論文中表示，長期低劑量游離輻射對人體健康的影響所帶來的危害是多面的，各種疾病潛伏期不一，如根據日本長期追蹤於 1945 年日本長崎遭受原子彈的襲擊後，在部份災民裏發現，因輻射量過多會增加罹病風險的疾病，包括白血病、甲狀腺癌、乳癌、肺癌、胃癌和大腸癌等惡性腫瘤，若在母體內被輻射照射的嬰兒，可能會產生小頭症、智力偏低，而在幼兒時期遭受輻射者，由於小孩細胞分裂較快，可能會導致發育遲緩的現象，因此受到的危害比成人嚴重，除此之外不論小孩或成人都還會有眼睛病變(如白內障)、染色體異常、造血系統異常的病症。[王寰峯，2005]

　　所謂輻射屋，係指建築房屋時使用受過輻射污染的鋼筋或建材，這些受到污染的建材會產生對人體有害的放射物質，而台灣鐵礦匱乏，故鋼筋多由國外進口廢鋼鐵加以提鍊，如廢船、廢儀器等，若這

些廢棄物中含有放射性能源，且未經檢查而將受污染的廢棄物加入提鍊，即產生輻射鋼筋。

　　輻射傷害對人體健康的影響深遠卻又不可預測，因它沒有明顯的病症，但卻可能經由遺傳而禍及子女，更可怕的是鋼筋受污染與否，除非使用儀器偵測，否則根本無法查覺，因此營建人員建造工程時，務必本著良知，防杜使用受輻射污染之鋼筋，避免不知情的第三者受害。政府工程主管單位元也一再提醒要求檢測鋼筋，明定對施工前之鋼鐵建材及施工中建築物，實施進口鋼筋抽驗、原料及產品偵檢、工地定期輻射偵檢。我國政府對輻射屋和鋼筋建材的檢測規定：凡檢測房屋或鋼筋表面劑量超過 0.5 微西弗/小時或距離表面一公尺劑量超過 0.4 微西弗/小時者，都要列入管制，不適合住人。

　　在人類的生活環境中所接受的輻射來源，可區分為天然和人造游離輻射兩大類，其中天然輻射暴露與人類的生活是息息相關的，根據聯合國原子輻射效應科學委員會1993年的報告統計，全球平均每年每人接受的輻射劑量約3毫西弗，其中2.4毫西弗來自天然輻射約佔80％，其所佔的比例遠較其他任何人造輻射暴露都要高，可見天然輻射乃是主要的人體輻射暴露來源。[王寰峯，2005]

　　台灣自產能源不足，水力資源受天然條件限制，水力發電容量不大，故早期以火力發電為主，火力發電所需的燃料體積龐大，運儲不易，在經歷了兩次能源危機之後，火力發電燃料的供應更是充滿變數。因此在能源多元化政策配合下，核能發電列為電源開發長期計畫之目標，不過經由環保團體的努力抗爭及醫學團體的呼籲下，再加上傳媒傳播及教育智識推廣下，非核家園的信念已慢慢地深植在國人的期待中。

國內相關研究或標準

　　民國 74 年，原子能委員會輻射防護處曾查到民生別墅有高強度輻射鋼筋後，經延宕多時並掩飾輻射鋼筋污染真相，直至民國 81 年，才由媒體揭發了塵封八年的民生別墅輻射鋼筋污染真相，行政院原子能委員會(Atomic Energy Council，以下簡稱原能會)才公佈發現第一起建築物鋼筋污染事件，而到目前為止已知有 180 棟建物、一千五百多戶住家遭受鈷 60 污染，受輻射曝露的人口多達數千人，且由於污染建築物係興建於 17、18 年前，大部份居民的曝露時間亦長達十餘年以上，而輻射鋼筋事件發生至今，政府雖然已有相關的賠償規定，但很多人所關心的是輻射對於健康所帶來的影響，或是否會有遺傳效應發生？

　　行政院環境保護署對於房屋及鋼筋的輻射檢測標準則是在表面劑量超過0.5微西弗/小時，而對於輻射的防護安全標準，行政院原子能委員會也根據國際放射防護委員會 1977 年第 26 號報告 (ICRP Publication No. 26)建議之限度來訂定游離輻射防護安全標準規定，所以在我國的許多法規中都可以相當完整清楚地看到對於輻射的標準劑量。[王寰峯，2005]

　　其中在民國 91 年經總統公布的游離輻射防護法(表 4-8)中第一條即開宗明義表示，為防制游離輻射之危害，維護人民健康及安全，特依輻射作業必須合理抑低其輻射劑量之精神為之。

　　輻射於本國為特殊及專門的危害，是可怕的隱形殺手，為此本國也於行政院中特別設原子能委員會為其主管機關，可見對於輻射會對人體的危害及可能會造成的災害是不容輕視的，做為營建工程人員的

一份子，更是要有其基本認識才行，游離輻射防護法第 2 條中明訂了一些標準用詞定義提供如下：

一、游離輻射：指直接或間接使物質產生游離作用之電磁輻射或粒子輻射。

二、放射性：指核種自發衰變時釋出游離輻射之現象。

三、放射性物質：指可經由自發性核變化釋出游離輻射之物質。

四、可發生游離輻射設備：指核子反應器設施以外，用電磁場、原子核反應等方法，產生游離輻射之設備。

五、放射性廢棄物：指具有放射性或受放射性物質污染之廢棄物，包括備供最終處置之用過核子燃料。

六、輻射源：指產生或可產生游離輻射之來源，包括放射性物質、可發生游離輻射設備或核子反應器及其他經主管機關指定或公告之物料或機具。

七、背景輻射：指下列之游離輻射：

(一)宇宙射線。

(二)天然存在於地殼或大氣中之天然放射性物質釋出之游離輻射。

(三)一般人體組織中所含天然放射性物質釋出之游離輻射。

(四)因核子試爆或其他原因而造成含放射性物質之全球落塵釋出之游離輻射。

八、曝露：指人體受游離輻射照射或接觸、攝入放射性物質之過程。

九、職業曝露：指從事輻射作業所受之曝露。

十、醫療曝露：指在醫療過程中病人及其協助者所接受之曝露。

十一、緊急曝露：指發生事故之時或之後，為搶救遇險人員，阻止事態擴大或其他緊急情況，而有組織且自願接受之曝露。

十二、輻射作業：指任何引入新輻射源或曝露途徑、或擴大受照人員範圍、或改變現有輻射源之曝露途徑，從而使人們受到之曝露，或受到曝露之人數增加而獲得淨利益之人類活動。包括對輻射源進行持有、製造、生產、安裝、改裝、使用、運轉、維修、拆除、檢查、處理、輸入、輸出、銷售、運送、貯存、轉讓、租借、過境、轉口、廢棄或處置之作業及其他經主管機關指定或公告者。

十三、干預：指影響既存輻射源與受曝露人間之曝露途徑，以減少個人或集體曝露所採取之措施。

十四、設施經營者：指經主管機關許可、發給許可證或登記備查，經營輻射作業相關業務者。

十五、雇主：指僱用人員從事輻射作業相關業務者。

十六、輻射工作人員：指受僱或自僱經常從事輻射作業，並認知會接受曝露之人員。

十七、西弗：指國際單位制之人員劑量單位。

十八、劑量限度：指人員因輻射作業所受之曝露，不應超過之劑量值。

十九、污染環境：指因輻射作業而改變空氣、水或土壤原有之放射性物質含量，致影響其正常用途，破壞自然生態或損害財物。

　　游離輻射防護法第 22 條到第 25 條規定有影響公眾健康之虞時或為防止建築材料遭受放射性污染，主管機關應會同有關機關實施輻射檢查或偵測其有關商品或建材建物，並出具無放射性污染證明。而主管建築機關對於施工中之建築物所使用之鋼筋或鋼骨，得指定承造人

會同監造人提出無放射性污染證明。若建築物之輻射劑量達一定劑量者，主管機關應造冊函送該管直轄市、縣(市)地政主管機關將相關資料建檔，並開放民眾查詢，且主管機關應每年及視實際狀況公告之。

表 4-8　游離輻射防護法

法規：游離輻射防護法 (民國 91 年 01 月 30 日公布)	
第 1 條	為防制游離輻射之危害，維護人民健康及安全，特依輻射作業必須合理抑低其輻射劑量之精神制定本法；本法未規定者，適用其他有關法律之規定。
第 22 條	商品對人體造成之輻射劑量，於有影響公眾健康之虞時，主管機關應會同有關機關實施輻射檢查或偵測。 前項商品經檢查或偵測結果，如有違反標準或有危害公眾健康者，主管機關應公告各該商品品名及其相關資料，並命該商品之製造者、經銷者或持有者為一定之處理。 前項標準，由主管機關會商有關機關定之。
第 23 條	為防止建築材料遭受放射性污染，主管機關於必要時，得要求相關廠商實施原料及產品之輻射檢查、偵測或出具無放射性污染證明。其管理辦法，由主管機關定之。 前項原料、產品之輻射檢查、偵測及無放射性污染證明之出具，應依主管機關之規定或委託主管機關認可之機關(構)、學校或團體為之。 第一項建築材料經檢查或偵測結果，如有違反前條第三項規定之標準者，依前條第二項規定處理。

	第二項之機關(構)、學校或團體執行第一項所訂業務，應以善良管理人之注意為之，並負忠實義務。
第 24 條	直轄市、縣(市)主管建築機關對於施工中之建築物所使用之鋼筋或鋼骨，得指定承造人會同監造人提出無放射性污染證明。 主管機關發現建築物遭受放射性污染時，應立即通知該建築物之居民及所有人。 前項建築物之輻射劑量達一定劑量者，主管機關應造冊函送該管直轄市、縣(市)地政主管機關將相關資料建檔，並開放民眾查詢。 放射性污染建築物事件防範及處理之辦法，由主管機關定之。
第 25 條	為保障民眾生命財產安全，建築物有遭受放射性污染之虞者，其移轉應出示輻射偵測證明。 前項有遭受放射性污染之虞之建築物，主管機關應每年及視實際狀況公告之。 第一項之輻射偵測證明，應由主管機關或經主管機關認可之機關(構)或團體開立之。其辦法，由主管機關定之。 前項之機關(構)或團體執行第三項所訂業務，應以善良管理人之注意為之，並負忠實義務。

　　民國94年修正通過後的游離輻射防護安全標準(表4-9)也明確地規定其游離輻射防護安全標準值，而在第 2 條中也明列了下列一些名詞定義：

一、核種：指原子之種類，由核內之中子數、質子數及核之能態區分
　　之。

二、體外曝露：指游離輻射由體外照射於身體之曝露。

三、體內曝露：指由侵入體內之放射性物質所產生之曝露。

四、活度：指一定量之放射性核種在某一時間內發生之自發衰變數
　　目，其單位為貝克，每秒自發衰變一次為一貝克(Bq)。

五、劑量：指物質吸收之輻射能量或其當量。

　　(一)吸收劑量：指單位質量物質吸收輻射之平均能量，其單位為
　　　　戈雷，一千克質量物質吸收一焦耳能量為一戈雷(Gy)。

　　(二)等效劑量：指人體組織或器官之吸收劑量與射質因數之乘
　　　　積，其單位為西弗。

　　(三)個人等效劑量：指人體表面定點下適當深度處軟組織體外曝
　　　　露之等效劑量，其單位為西弗(Sv)。

　　(四)器官劑量：指單位質量之組織或器官吸收輻射之平均能量，
　　　　其單位為戈雷。

　　(五)等價劑量：指器官劑量與對應輻射加權因數乘積之和，其單
　　　　位為西弗(Sv)。

　　(六)約定等價劑量：指組織或器官攝入放射性核種後，經過一段
　　　　時間所累積之等價劑量，其單位為西弗(Sv)。一段時間為自
　　　　放射性核種攝入之日起算，對十七歲以上者以五十年計算；
　　　　對未滿十七歲者計算至七十歲。

　　(七)有效劑量：指人體中受曝露之各組織或器官之等價劑量與各
　　　　該組織或器官之組織加權因數乘積之和，其單位為西弗
　　　　(Sv)。

(八)約定有效劑量：指各組織或器官之約定等價劑量與組織加權因數乘積之和，其單位為西弗(Sv)。

(九)集體有效劑量：指特定群體曝露於某輻射源，所受有效劑量之總和，亦即為該特定輻射源曝露之人數與該受曝露群組平均有效劑量之乘積，其單位為人西弗(Sv)。

六、參考人：指用於輻射防護評估目的，由國際放射防護委員會提出，代表人體與生理學特性之總合。

七、年攝入限度：指參考人在一年內攝入某一放射性核種而導致五十毫西弗(mSv)之約定有效劑量或任一組織或器官五百毫西弗(mSv)之約定等價劑量兩者之較小值。

八、推定空氣濃度：為某一放射性核種之推定值，指該放射性核種在每一立方公尺空氣中之濃度。參考人在輕微體力之活動中，於一年中呼吸此濃度之空氣二千小時，將導致年攝入限度。

九、輻射之健康效應區分如下：

(一)確定效應：指導致組織或器官之功能損傷而造成之效應，其嚴重程度與劑量大小成比例增加,此種效應可能有劑量低限值。

(二)機率效應：指致癌效應及遺傳效應，其發生之機率與劑量大小成正比，而與嚴重程度無關，此種效應之發生無劑量低限值。

十、合理抑低：指盡一切合理之努力，以維持輻射曝露在實際上遠低於本標準之劑量限度。其原則為：

(一)須符合原許可之活動。

(二)須考慮技術現狀、改善公共衛生及安全之經濟效益及社會與
　　社會經濟因素。

(三)須為公共之利益而利用輻射。

十一、關鍵群體：指公眾中具代表性之人群，其對已知輻射源及曝露
　　　途徑，曝露相當均勻，且此群體成員劑量為最高者。

　　根據游離輻射防護安全標準第 2 條第 1 項第 7 款規定年攝入限度
為參考人在 1 年內攝入某一放射性核種而導致 50 毫西弗(mSv)之約定
有效劑量或任一組織或器官五百毫西弗(mSv)之約定等價劑量兩者之
較小值。另於游離輻射防護安全標準第 13 條亦規定對輻射工作場所
外地區中一般人體外曝露造成之劑量，於 1 小時內不超過 0.02 毫西
弗(mSv)，1 年內不超過 0.5 毫西弗(mSv)。

表 4-9　游離輻射防護安全標準

法規：游離輻射防護安全標準 (民國 94 年 12 月 30 日 修正)	
第 1 條	本標準依游離輻射防護法第五條規定訂定之。
第 12 條	輻射作業造成一般人之年劑量限度，依下列規定： 一、有效劑量不得超過 1 毫西弗。 二、眼球水晶體之等價劑量不得超過 15 毫西弗。 三、皮膚之等價劑量不得超過 50 毫西弗。
第 13 條	設施經營者於規劃、設計及進行輻射作業時，對一般人造成之劑量，應符合前條之規定。 設施經營者得以下列兩款之一方式證明其輻射作業符合前條之規定： 一、依附表三或模式計算關鍵群體中個人所接受之劑

	量，確認一般人所接受之劑量符合前條劑量限度。 二、輻射工作場所排放含放射性物質之廢氣或廢水，造成邊界之空氣中及水中之放射性核種年平均濃度不超過附表四之二規定，且對輻射工作場所外地區中一般人體外曝露造成之劑量，於一小時內不超過 0.02 毫西弗，一年內不超過 0.5 毫西弗。

由於輻射對人體健康的影響極鉅，其帶來的危害具多面性，所以除了我國對於人民的居家或環境有嚴格的標準外，民國 91 年修正後的勞工安全衛生法(表 4-10)第 20 條及第 21 條中對於女性或孩童也規定不得從事於有害輻射線場所之工作，以免輻射這個隱形殺手嚴重危害國人及下一代國人的健康。

表 4-10 勞工安全衛生法

法規：勞工安全衛生法 (民國 91 年 06 月 12 日 修正)	
第 20 條	雇主不得使童工從事左列危險性或有害性工作： 四、散布有害輻射線場所之工作。
第 21 條	雇主不得使女工從事左列危險性或有害性工作： 五、散布有害輻射線場所之工作。

4-3 壁癌的檢測標準

　　造成壁癌的原因眾說紛紜，磚、海沙、水泥、地下水、漏水滲入、塗料品質，幾乎所有有形的建材均是兇手。酸雨也是眾所皆知，每當下起陣雨便帶來不少酸性雨水，此酸雨被樓板、外牆吸收後，慢慢地與水泥(鹼性)產生中和作用，產生白色結晶粉末的有形物質，長霉作用持續不斷，便擠出了毛狀白色物，此白毛有九成以上往室內長，突破塗料造成剝漆。

　　國立成功大學環境醫學研究所的「受黴菌污染建材上之黴菌種類研究」碩士論文中記載，1992 年在美國佛羅里達州的法院大樓，內部員工常出現黏膜受刺激、頭痛、胸悶、發燒等症狀，而上述症狀是進入該大樓工作後才陸續產生,當離開該建築後不良的效應可獲得改善，追查原因為屋頂漏水導致黴菌生長在建築物的天花板及牆面上。[紀碧芳，2003]

　　又如加拿大有一棟辦公大樓內部員工也常出現一些中樞神經系統的疾病，包括，失眠、心悸、神經衰弱、頭昏眼花、手腳顫動等症狀，而這些症狀都是在員工進入此建築工作後一段時期才發生,但這些員工離開此建築一段時期後有的症狀就有所改善，原因是地下室因為水分的滲入造成壁癌，形成黴菌生長的環境。[紀碧芳，2003]

　　因台灣地區室內環境潮濕而導致黴菌容易生長,使得室內環境黴菌的濃度很高，可能使得居民出現眼睛、呼吸道的不適或者頭痛、咳嗽、皮膚癢等症狀。在台灣本土的調查結果顯示，因為台灣空氣濕度比溫帶氣候區的國家高，所以室內空氣的黴菌濃度比較高，顯示室內空氣中黴菌的來源除了室外的侵襲外，極有可能存在於室內污染源。

　　室內環境黴菌的存在而導致居住者產生不良之健康效應,已是公共衛生上重要的議題之一,台灣長年的高溫高濕,更是適合黴菌的滋生與傳播,而空氣中黴菌濃度過高又確實會對居民健康造成不良影響,如果建築物內部黴菌生長情形嚴重,且環境通風不良,則病症的發生相當迅速,所以減少或移除建材上生長之黴菌應可減少室內空氣中黴菌之濃度,進而改善居住者呼吸道的病症。[紀碧芳,2003]

　　不過目前國內對於壁癌或室內環境黴菌並沒有相關的國家檢測標準,但因為壁癌的產生是造就室內環境黴菌的滋生與傳播的主要原因,且黴菌的濃度多寡更是危害人體健康的元兇之一,且建材上有黴菌生長是與空氣中黴菌濃度有正相關,因此基於環境衛生與健康上的考量,對於室內黴菌濃度需有效降低。而壁癌用目測即可判定,只要發現有壁癌的存在,此建物即不適合居住,建議必須加以移除及改善。

4-4　金屬元素的檢測標準

　　金屬元素對人類身體而言是必須的,但是有某些金屬及其衍生物不僅有毒,並且對身體有很廣泛的影響,包括致癌性、神經毒性及免疫毒性。在這些影響中,特定的分子機制並不清楚,因為很多金屬對生命是必須的,而且人體已進化到必須有它們的存在,所以很多有毒的金屬及其衍生物可以躲避人體的自然保護屏障並且利用已存在的正常細胞生理系統去影響特定組織或細胞,而形成金屬所誘導產生的致癌性之複雜機制。

　　自然界中約有上百種的元素,77 種為金屬元素,而其中約 50 種具有經濟價值,有些重金屬元素為人體所需的營養素,有些因攝取和

環境污染會造成生理失衡成為環保疾病,更有些完全沒有生物學的用處,若積蓄於體內會造成疾病,甚至於有些因工作環境污染會造成職業病。

在第二章中,我們討論了一些存在我們人類生存環境中的有害金屬元素,如鉛、砷、汞等有毒金屬。而這些金屬元素的污染對人體的危害是影響甚鉅的,希望藉由下面幾節對鉛、砷、汞等有毒金屬的檢測標準介紹,不僅能夠讓營建工程人員以及國內的社會大眾對這些有毒金屬的了解能夠更深一層。

4-4-1 砷的檢測標準

在砷化物漫長的歷史中,大約有 60 種的衍生物被製造並使用,並且在一些砷化合物如防腐劑、抗癲癇藥及鎮靜劑等中可見,砷化物等鹽類一直是主要的成份,因為砷化物是環境中常見的類金屬,即使到了 19 世紀末,仍然有超過 20 種的衍生物被人們繼續使用。

砷化合物在不僅在醫學上的運用,工業製程及應用上擔任極重要的角色,但其危害也是不容忽視的,砷主要乃經由吸入、食入等暴露途徑進入人體,營建業中的木材為保存而使用砷化合物做為木材防腐劑、裝修工程用之油漆中亦可見砷化合物。

國立交通大學產業安全與防災研究所「半導體作業環境中有害物砷之探討」碩士論文中提到,根據流行病學的調查結果發現,在1960至1970年期間發生在台灣西南沿海一帶流行的「烏腳病」,是因為長期飲用當地含砷化物的井水,而根據調查烏腳病流行地區井水中的砷含量高達0.10-1.81ppm,遠高於美國環境衛生局所訂立的安全飲用水可含砷化物濃度0.05ppm安全範圍。砷化合物的應用很廣泛,所以砷

化合物所引起的危害不容忽視，由研究報告指出，砷化物可提高某些癌症的罹患率，在烏腳病盛行的地區，其癌症的發生率也相當高，如皮膚癌、肺癌、膀胱癌及腎臟癌等。所以在當地居民砷化物的攝取量與烏腳病和多種癌症的發生率也可能有相當直接的關連性。[戴振勳，2003]

　　而傳統木材中常採用 CCA 防腐劑做處理，CCA 即鉻化砷銅，是一種由無機砷、鉻、銅復配的化學混合物，用作木材防腐劑已有 60 多年的歷史，通過加壓將其水溶液注入到木材中。砷化物長久以來被認為是一個有毒的金屬，也已有很多實際的證據顯示人類經由污染的空氣或飲水而造成的暴露會引起癌症。砷化物的不同化學型態在致癌性的研究上存在不同的潛力，而且砷的不同型態彼此間可以互相轉換，轉換速率也不同。

　　國立成功大學基礎醫學研究所「三價砷化物對內皮細胞之血纖維蛋白溶解特性及病毒複製之影響的機制探討」博士論文表示，砷可分為兩種形式存在自然界，即有機砷與無機砷。砷可以和碳原子與氫原子結合而形成有機砷，有機砷是有毒性的，常存在於魚類或貝類等海鮮食物，也可能在除草劑中發現。砷也可以和氧、氯和硫的元素結合，在海鮮中也可以發現微量的無機砷。自然界中可形成不同狀態的化合物，最常出現的形式為三價砷，它的毒性最強，包括三氧化砷、砷酸鈉和三氯化砷。

　　其博士論文中亦將常見之砷化合物的特性說明如下：[江信仲，2004]

　　一、元素砷：元素砷是一種易碎的固體，具有毒性且是致癌物，顏色為金屬灰或黑色。

二、砷化氫：砷化氫是一種無色但比空氣重的氣體，具有可燃
性，比元素砷更具有急毒性。

三、三乙基砷酸：三乙基砷酸是一種無色的液體，它具有毒性
且是致癌物，具有腐蝕性與可燃性。

四、三氧化砷：三氧化砷是一種沒有味道的白色粉末，是半導
體擴散爐的一種副產物。

一、國外相關研究或標準

在 1979 年時國際癌症研究中心(Internal Agency for Research on
Cancer，簡稱 IARC)基於流行病學的研究，已把三價砷化物及一些砷
化合物歸類為致癌物，更在 1980 年認定砷化物及其他含砷之化合物
會引起肺癌，終於在 1987 年，砷化物正式被認定會引發人類癌症。[江
信仲，2004]

高雄醫學大學職業安全衛生研究所「工業及宜蘭地區地下水暴露
之人體砷代謝型態研究」碩士論文表示，阿根廷 Cordoba 省於
1949-1959 年間的研究報告顯示，位於該國井水高砷濃度地區的居民
飲用含有砷的井水，其皮膚癌病患有顯著增加，約有 2.3％癌症死亡
者係死於皮膚癌，也確實發現飲水中的砷與皮膚癌的發生有密切的關
係。

在職業暴露方面，於 19 世紀末的德國(Silesia)鎳礦礦工，因礦中
含砷灰塵污染了空氣和飲水，發生高比例的皮膚癌及慢性砷中毒症
狀。另外德國的研究報告也指出，在德國的葡萄園工人經由飲用葡萄
酒致攝入砷，也因暴露於所使用的含砷殺蟲劑下，導致有較一般人偏
高的皮膚癌。除此之外當地也有病例報告指出從事醋砷酸銅生產的工
人，也發生了多發性皮膚角化症。[廖志偉，2004]

　　經聯合國世界衛生組織之聯合食品添加物專家委員會評估計算，其計算基準是以人一生中，每週攝取某一污染物而不致帶來風險的量表示，暫定人體對於無機砷的每週可容許攝入量為 15 微克/公斤體重。因此縱然偶爾攝取量超過此值，也不太會影響健康，但還是需要施行對砷的治理與防護機制，以防止後續帶來對健康的危害。美國各安全衛生管理或研究單位對於砷的管理標準如下表 4-11。[江信仲，2004]

表 4-11　美國各安全衛生管理單位或研究單位對於砷的標準
[資料來源：江信仲，2004]

機構	檢體	規定	附錄
美國工業安全衛生師協會	空氣(工作場所)	$10\mu G/m^3$	八小時平均
美國勞工安全衛生研究所	空氣(工作場所)	$2\mu G/m^3$	15 分鐘內最高值
美國勞工安全衛生處	空氣(工作場所)	$10\mu G/m^3$	八小時平均
美國環保署	飲用水	10ppb	

二、國內相關研究或標準

　　而目前國內法規已規範空氣中作業環境砷容許濃度，其行政院勞委會勞工安全衛生研究所中的物質安全資料表對砷之容許濃度為 $0.5mg/m^3$ 如(表 4-12)。

表 4-12 勞工作業環境空氣中有害物容許濃度標準

[資料來源：行政院勞委會，2007]

中文名稱	英文名稱	化學符號	病症	容許濃度		化學文摘社號碼 (CAS. No.)
				ppm	mg/m³	
砷及其化合物 (以砷計)	Arsenic & its compounds (as As)	As	瘤		0.5	7440-38-2

(說明：本表內註有「瘤」字者，表該物質經證實或疑似對人類會引起腫瘤之物質)

　　而國內除了行政院勞委會規定的容許濃度標準外，另於民國 95 年修正後的建築技術規則建築設計施工編(表 4-13)第 322 條中亦規定綠建材材料之構成中的水性塗料不得含有砷。民國 91 年修正後的勞工安全衛生法(表 4-14)第 20 條及第 21 條亦規定雇主不得使童工及女工從事於鉛、汞、鉻、砷、黃磷、氯氣、氰化氫、苯胺等有害物散布場所。

表 4-13 建築技術規則建築設計施工編

法規：建築技術規則建築設計施工編	
(民國 95 年 02 月 23 日 修正)	
第 322 條	綠建材材料之構成，應符合左列規定之一： 三、水性塗料：不得含有甲醛、鹵性溶劑、汞、鉛、鎘、六價鉻、砷及銻等重金屬，且不得使用三酚基錫(TPT)與三丁基錫 (TBT)。

表 4-14　勞工安全衛生法

法規：勞工安全衛生法	
(民國 91 年 06 月 12 日 修正)	
第 20 條	雇主不得使童工從事左列危險性或有害性工作。 三、從事鉛、汞、鉻、砷、黃磷、氯氣、氰化氫、苯胺 　　等有害物散布場所之工作。
第 21 條	雇主不得使女工從事左列危險性或有害性工作： 二、從事鉛、汞、鉻、砷、黃磷、氯氣、氰化氫、苯胺 　　等有害物散布場所之工作。

　　為防止因室內建材砷污染，自然環境及人為砷污染到人們的使用的自來水再度造成烏腳病和癌症的罹患率，所以在民國 92 年修正後的自來水水質標準(表 4-15)及民國 86 年修正後的飲用水水源水質標準(表 4-16)中也規定其砷的化學性物質最大容許量或容許範圍為0.05 毫克／公升。

表 4-15　自來水水質標準

法規：自來水水質標準	
(民國 92 年 08 月 20 日發布)	
第 5 條	自來水水質化學性物質最大容許量或容許範圍如下： 三、砷(As)：0.05 毫克／公升。

表 4-16 飲用水水源水質標準

法規：飲用水水源水質標準 (民國 86 年 09 月 24 日發布)	
第 5 條	地面水體或地下水體作為自來水及簡易自來水之飲用水水源者，其水質應符合下列規定： 項目：砷(As)，最大限值：0.05 毫克/公升

　　行政院環保署環境衛生及毒物管理處也證實鉻化砷酸銅(CCA)對人體及環境生態有潛在風險，長期接觸皮膚進入體內有致癌可能，CCA 是在 1933 年問世，因為具耐高溫、抗腐菌及白蟻等特性，問世後即被廣泛用於木材防腐。1968 年發生第一起工人因吸入 CCA 木屑致病病例後，1980 年代有關 CCA 危害健康的報告開始被發表，砷及鉻也被認定有潛在生物畸形和對胎兒毒性影響，各國開始禁用、限用 CCA 進行木材防腐。

　　為減少民眾直接接觸 CCA 處理的木材，環保署在 95 年 12 月 29 日已公告限用 CCA，自 96 年 4 月 1 日起生效，包括室內建材、家具、戶外桌椅、遊戲場所、景觀、陽台、柵欄及其他與皮膚會直接接觸的木質器具，一律禁止使用 CCA 防腐木材。

　　不過一般建物的樑柱、森林步道、橋樑或戶外地板基材等，因不會直接接觸人體，都不在限用範圍，但 CCA 仍會因雨水沖刷等因素部分滲出，建議使用 CCA 防腐的木材，應善加維護，最好一年能夠重新粉刷兩次。CCA 防腐木材已被公告限用，業者有必要了解限用範圍，依法使用於許可範圍，也提醒消費者，選用家具或居家裝修時，應詢問業者木材的安全性，以免 CCA 防腐木材被用於居家用途而危

害健康。而國內各機關對於使用鉻化砷酸銅(CCA)處理防腐木材相關
管理事項及對應作法如下：

　　為加強國內 CCA 處理木材之管理，配合環保署之公告限制，各
機關相關管理事項及對應作法如下表 4-17：

表 4-17　各機關對於使用鉻化砷酸銅(CCA)處理防腐木材相關管理
事項及對應作法[資料來源：行政院環境保護署，2007]

編號	單位	管理事項
1	環保署	1.完成使用 CCA 處理木材之目的用途限制之公告。 2.製作使用 CCA 處理木材之危害疑慮說帖，並要求 CCA 運作人於販售時提供客戶參考。
2	行政院消費者保護委員會	督指導、協調主管機關落實消費者使用 CCA 處理木材商品之權益維護。
3	經濟部標準檢驗局	1.配合修訂相關 CNS 國家標準。 2.使用 CCA 處理之木材列為應施檢驗商品。
4	經濟部國際貿易局	配合修訂 CCA 處理木材貨品輸出入規定。
5	經濟部商業司	使用 CCA 木材商品之標示管理。
6	行政院公共工程委員會	除許可用途外，公共工程禁止使用 CCA 處理之木材，惟進行中或已簽約之工程，不在此限。
7	教育部	禁止各級學校設施使用 CCA 處理之木材。
8	國防部	禁止軍事機關設施使用 CCA 處理之木材。

9	交通部	觀光風景特定區遊憩設施使用 CCA 處理木材之管理。
10	內政部	1.古蹟使用 CCA 處理木材之管理。 2.營造業建材使用 CCA 處理木材之管理。 3.國家公園設施使用 CCA 處理木材之管理。 4.禁止公園使用 CCA 處理木材。
11	行政院農業委員會	森林遊樂區及步道等設施使用 CCA 處理木材之管理。
12	行政院勞工委員會	應規範木材施工者處理 CCA 木材時應戴口罩，洗手後才能接觸食物。

4-4-2 汞(水銀)的檢測標準

　　由第二章的介紹得知，汞為全球性之污染物質，由於汞具有高密度、表面張力大、室溫下為液態、高導電性及均勻熱膨脹性等特殊性質，因此汞在現今的工業上使用範圍非常廣泛，而周遭環境中如血壓計、體溫計、水銀電池、日光燈、除草劑及一些藥品均含有汞的成分，如一只 40 瓦的直管日光燈內含有約 25 毫克的水銀，市售各種家電設備電池中也多少都有含汞。它也是唯一在室溫下呈液體狀的重金屬，在高溫下易揮發成蒸氣，經由呼吸道進入人體。

　　自然界中存在之汞依其型態可分為元素汞、無機汞及有機汞三類，在大氣環境中的汞係從各種不同的人為和自然污染源所排放至大氣中，自然污染源包括土壤、植物、火山爆發和海洋等，而人為污染源則主要來自燃煤電廠、垃圾焚化爐及其他工廠製程排放。然後再經

由環境及生物作用生成含汞化合物進入土壤及水體中，並在自然界中不斷循環轉換。

一、國外相關研究或標準

　　國立臺灣海洋大學食品科學研究所「魚類中有機汞物種和重金屬暨貝類中有機錫物種和重金屬之含量檢測」博士論文指出，美國的環境保護署整體危害資訊系統 (Integrated Risk Information System，IRIS)表示，汞、氯化汞及甲基汞會經由生物濃縮及食物鏈進入人體中造成腦神經障礙，都被視為可能致癌之物質。而美國食品藥物管理署(Food and Drug Administration，FDA)於2001年發佈一則警告，孕婦及可能懷孕的婦女和哺乳中的婦女及幼兒避免食用含高量甲基汞的魚類，其建議最好選擇低甲基汞含量的魚類，以避免甲基汞的危害。[陳石松，2004]

　　1958年日本在水俁灣及1965年在新潟縣阿賀野河流域皆發生過汞污染事件，兩起汞污染事件至1997年止共造成百餘人死亡，經過研究及調查發現，因當地居民長期食用受到甲基汞污染的魚貝類而造成腦神經損害。

　　由於魚肉為人體中甲基汞之主要來源，所以世界各國對魚肉中總汞或甲基汞皆訂有限量標準如下表4-18，歐聯設限為總汞量不得超過1.0μg/g，美國則規定甲基汞含量不得超過1.0μg/g，日本則規定甲基汞含量不得超過0.4μg/g。

　　該論文亦指出1971–1972年間的伊拉克曾發生因誤食以烷基汞殺黴處理之小麥種子所製成麵包的中毒事件，此事件造成6590人中毒和459人死亡，其中孕婦死亡率高達45％，可見汞對人體危害之鉅。[陳石松，2004]

二、國內相關研究或標準

當含汞的建築建材或設備廢棄物與廢水進入水域當中,不僅破壞海洋生態,甲基汞在水中生成後可被魚類吸收,而累積在魚肉體內,累積較多甲基汞的魚種。人類因魚類具優質的蛋白質,而飲食海產魚類,結果人體可能累積過量的汞。且因為自然界的汞物質不滅,且人類製造所產生汞不斷增加,例如建材中的日光燈就含有汞。若這些汞排放或滲透至河川及海洋中,魚體中的汞濃度也因此逐漸提高,相對地反過來影響人體的健康。

在台灣除了有多次的汞污染事件報告外,對於魚類之食用量也相當高,因此我國規定迴游性魚類之甲基汞含量應在2.0μg/g以下,而前者除外之所有魚蝦類甲基汞含量應在0.5μg/g以下(表4-18)。但是我國政府主管機構是否每天檢驗市場魚類的汞含量?否則如何確保民眾的健康?

表4-18 各國現行水產品中總汞及甲基汞之限量標準
[資料來源:陳石松,2004]

國家	總汞及甲基汞之限量標準
歐盟	總汞量不得超過1.0 μg/g
美國	甲基汞含量不得超過1.0 μg/g
日本	甲基汞含量不得超過0.4 μg/g（迴游性魚類除外）
中華民國	迴游性魚類甲基汞含量應在2.0 μg/g 以下,前者除外之所有魚蝦類甲基汞含量應在0.5 μg/g 以下

在台灣除了因汞污染而轉化的甲基汞危害外,其建築建材或設備中的人為汞污染也相對地在危害及影響我國人民健康而不得不注

意，國立中央大學化學研究所「台灣平地與高山大氣汞之監測與比較」碩士論文，亦將常見的建築建材或設備中的人為汞污染，整理如下所示：[林建志，2006]

1. 火力發電廠：因石化燃料中含有天然微量的汞存在，因此在火力發電廠以石化燃料來燃燒發電時，汞便會被釋放至大氣中造成汞污染。

2. 焚化爐：焚化爐主要為焚燒含汞的廢棄物所造成汞污染。

3. 電器及機械設備：電器及機械設備如日光燈、高壓汞燈、電器開關等的製造過程或廢棄時造成汞污染。

　　由於汞在現今的工業上使用範圍非常廣泛，在我國幾乎是不可能完成禁止使用，於是我國也做了管制措施，例如行政院環境保護署對於汞污染之相關防治條例(表 4-19)。

表 4-19 我國對於汞污染之相關防治條例
[資料來源：行政院環境保護署，2002]

公告 時間	內　　容
1979 年	全面管制水銀進口量。
1986 年	公布廢棄物清理法。
1993 年 6 月 5 日	規範環保標章商品 1. 「無汞電池」的規格標準:產品不可含鎘、汞(水銀)及其他重大危害環境之物質。 2. 「水溶性漆料」規格標準:產品不得含有汞、汞化物或混有含鉛、鎘、鉻(+4)以及以上三種重金屬氧物的顏料。

1995 年 2 月 7 日	每個燈泡(管)之汞含量不得超 10 mg。
1996 年 6 月 21 日	環保標章產品「水性塗料」的規格標準:產品不得含有汞、汞化物或混有含鉛、鎘、鉻(+6)以及以上三種重金屬氧化物的顏料。
1998 年 1 月 2 日	燈管內水銀(Hg)含量應不大於 15(含)毫克。
2003 年 7 月 30 日	指定地區或場所專用之污水下水道系統,如符合本法第 2 條第 7 款所定之事業定義者,其污水中所含汞濃度未超過放流水標準者,應於排放廢(污)水前,申請簡易排放許可文件。
2003 年 9 月 11 日	1.廢照明光源中之含汞物質,於回收、貯存、清除、處理過程中,不得洩漏於大氣。 2.廠內貯存、處理作業區應裝置汞偵測裝置,排放廢氣之總汞含量濃度應小於每立方公尺0.3 mg;排放廢水之總汞濃度應小於每公升0.05 mg,依放流水排放標準,有機汞不得檢出;室內作業空氣之總汞濃度應小於每立方公尺0.005 mg。 3.回收處理後之含汞螢光粉之化合物依毒性特性溶出程序(TCLP),有機汞不得檢出;汞及其化合物(總汞)應低於每公升0.2 mg。
2003 年 12 月 31 日	有害事業廢棄物認定標準所列之含有毒重金屬廢棄物:含汞及其化合物者,如乾基每公斤濃度高於(含等於)260 mg,應以熱處理法回收汞,低於 260 毫克者,得採其他方式中間處理;採熱處理法回收汞後,其溶出試驗結果汞溶出量應低於 0.2 mg/ L,採其他方式中

	間處理者，其溶出試驗結果應低於 0.025 mg L^{-1}。
2005 年 9 月 8 日	公告「應回收廢棄物回收清除處理稽核認證作業手冊 （廢照明光源類）」，內容： (1)含汞物質、含鉛玻璃及其他衍生廢棄物應妥善處 　理；未蒸餾螢光粉應妥善收集密封貯存。 (2)含汞之螢光粉蒸餾處理後應依事業廢棄物回收貯存 　清除處理方法及設施標準辦理。
2006 年 1 月 1 日	廢(污)水排放收費辦法，總汞：20 公克(當量污染)，適 用對象：金屬表面處理業、電鍍業、印刷電路版製造 業、其他經中央主管機關指定之事業。

　　國內除了行政院環境保護署規定的相關防治條例外，於民國 95
年修正後的建築技術規則建築設計施工編(表 4-20)第 322 條中亦規定
綠建材材料之構成中的水性塗料不得含有汞。民國 91 年修正後的勞
工安全衛生法(表 4-21)第 20 條及第 21 條亦規定雇主不得使童工及女
工從事於鉛、汞、鉻、砷、黃磷、氯氣、氰化氫、苯胺等有害物散布
場所。

表 4-20 建築技術規則建築設計施工編

法規：建築技術規則建築設計施工編 (民國 95 年 02 月 23 日 修正)	
第 322 條	綠建材材料之構成，應符合左列規定之一： 三、水性塗料：不得含有甲醛、鹵性溶劑、汞、鉛、 鎘、六價鉻、砷及銻等重金屬，且不得使用三酚基錫 (TPT)與三丁基錫(TBT)。

表 4-21　勞工安全衛生法

法規：勞工安全衛生法 (民國 91 年 06 月 12 日 修正)	
第 20 條	雇主不得使童工從事左列危險性或有害性工作： 三、從事鉛、汞、鉻、砷、黃磷、氯氣、氰化氫、苯胺 　　等有害物散布場所之工作。
第 21 條	雇主不得使女工從事左列危險性或有害性工作： 二、從事鉛、汞、鉻、砷、黃磷、氯氣、氰化氫、苯胺 　　等有害物散布場所之工作。

　　為防止因室內建材汞污染，自然環境汞污染及人為汞污染到人們的使用的自來水，所以在民國 92 年修正後的自來水水質標準(表 4-22)及民國 86 年修正後的飲用水水源水質標準(表 4-23)中也規定其汞的化學性物質最大容許量或容許範圍為 0.002 毫克／公升。

表 4-22　自來水水質標準

法規：自來水水質標準 (民國 92 年 08 月 20 日發布)	
第 5 條	自來水水質化學性物質最大容許量或容許範圍如下： 七、汞(Hg)：0.002 毫克／公升。

表 4-23　飲用水水源水質標準

法規：飲用水水源水質標準 (民國 86 年 09 月 24 日發布)	
第 5 條	地面水體或地下水體作為自來水及簡易自來水之飲用水水源者，其水質應符合下列規定： 項目：汞(Hg)　最大限值：0.002 毫克/公升

　　另外為防止汞污染廢棄物及廢水排入河海中污染魚貝，再經由轉化的甲基汞藉由食物鏈食入造成另一波危害，其事業、污水下水道系統及建築物污水處理設施之放流水標準依照民國92年修正後的放流水標準第 2 條為汞不得檢出。

　　根據民國 91 年發布的廢照明光源回收貯存清除處理方法及設施標準第 9 條中亦規定廠內貯存、處理作業區應裝置汞偵測裝置，排放廢氣之總汞含量濃度應小於每立方公尺 0.3 毫克；排放廢水之總汞濃度應小於每公升 0.05 毫克，依放流水排放標準，有機汞不得檢出；室內作業空氣之總汞濃度應小於每立方公尺 0.005 毫克。

4-4-3　鉛的檢測標準

　　鉛為柔軟略帶灰白色的金屬，粉塵細微顆粒的鉛能通過呼吸道吸入人的體內，長期吸入低濃度的鉛塵可引發輕度神經衰弱症候群和出現消化道不良症狀，嚴重者可發生腹絞痛、貧血，嚴重時會發生鉛麻痺和鉛腦病。

　　高雄醫學大學藥學院藥學研究所「煉鋼廠員工尿中微量元素鉛、鎘及鎳濃度之研究」碩士論文中表示，每日攝取到0.50mg以上的鉛就

足引起累積性中毒，鉛中毒時對全身各系統器官均產生危害，其症狀為疲勞、頭痛、視力障礙，特別是小孩，可能會導致無法恢復的腦傷害，通常在一般人的尿中鉛含量在80ppb以下，若超過200ppb即有中毒的危險。[洪清吉，2001]

鉛已廣泛應用於人們平常日常生活中，舉凡鉛蓄電池、焊接、油品、釉彩、橡膠工業染色劑、油漆、水管管線、罐頭、漆製餐具等皆為其加工製品，在居家的垃圾中重金屬鉛的來源主要是含鉛電池、塗料、印刷油墨、電子產品及金屬容器等。其行政院勞委會將鉛的物理及化學性質整理如表4-24。

表4-24 鉛之物理化學性質 [資料來源：行政院勞委會，2007]

物質狀態	固體
形狀	青白色、銀色或灰色固體，形狀不一。
顏色	青白色、銀色或灰色
氣味	無味
沸點/沸點範圍	1740℃
蒸氣壓	～0mmHg
蒸氣密度	7.14(空氣=1)
密度	11.34(水=1)
溶解度	不溶於水
安定性	正常狀況下安定

　　台灣由於工業的快速發展工廠林立,尤其造紙廠與電鍍廠排放的廢酸水中含有重金屬,工業廢水若未經處理就大量排入河川、湖泊和海洋中,其中所夾帶的重金屬沉積在河床及海床,加上台灣的河川短促,乾、雨季分明,在乾季時河川水量不多,家庭廢水及工業廢水遲滯,而當雨季來臨時,大量雨水把乾季沉澱在河床重金屬沖入沿海,造成沿岸地區成為重金屬污染區。

　　自然界中鉛元素的來源包括岩石風化的產物、礦區開採、工業廢水、家庭污水等,鉛對於生物也會因人類製造的污染而造成環境中鉛濃度逐漸增高,因此對生物產生毒害,最後再經由食物鏈的途徑影響到人體健康。[洪清吉,2001]

　　房間的裝飾設計不要為片面追求色彩而大量使用顏色漆,防止造成室內鉛污染,油性塗料中的氯化物溶液或芳香類碳氫化合物以及塑膠製品中使用的鉛類熱穩定劑等對人體都有很大的危害性。

一、國外相關研究或標準

　　高雄醫學大學職業安全衛生研究所「國小學童血鉛濃度與學習成就的關係」碩士論文中指出,1991 至 1994 年之間的中國大陸約有 90 萬名 1～5 歲兒童由於血液鉛含量上升,其兒童血液中鉛含量的幾何平均數為 2.7μg/dL,因而導致各種生長的遲滯如智商的降低、發育和聽覺缺陷、學習能力的喪失等,多項的研究報告也顯示室內污染物鉛會妨礙胎兒發育,因此中國大陸也開始對民眾於鉛暴露做研究與規範。

　　世界各先進國家對於鉛的管制均有相當久的歷史,鉛對環境的污染已是重要的問題之一,其中美國更是先進國家的先驅表率,其各管理機構對於鉛於各種環境下的暴露已做了相當明確的規範(表4-25、

表4-26)，實可做為我國的借鏡與參考。[王肇齡，2001]

1.空氣：空氣的暴露規定(表 4-25)。

表 4-25 美國對鉛於空氣的暴露規定 [資料來源：王肇齡，2001]

機構	檢體	八小時日時量平均容許濃度
美國勞工安全衛生局	工作場所	$50ug/m^3$
美國政府工業衛生師協會	工作場所	$150ug/m^3$
美國環保署	一般環境	$1.5ug/m^3$

2.水：美國環保署規定為 15ug/L 以下。

3.土壤：美國環保署規定為 400mg/kg 以下。

4.血鉛：血鉛規定(表 4-26)。

表 4-26 美國對鉛於血鉛下的暴露規定
[資料來源：王肇齡，2001]

機構	容許濃度
美國疾病管制局	10ug/dL
美國勞工安全衛生局	40ug/dL
美國工業衛生師協會	30ug/dL

5.食品：必須根據不同的對象及不同的攝取量來計算。

6.油漆：美國消費者產品安全協會規定為 0.06％。

二、國內相關研究或標準

台中市某廢鉛蓄電池回收冶煉場將所產有害廢棄物於民國80年間陸續大量堆置或傾棄於場房周邊空地約1.3公頃(受污染)，該場於民

國87年停工至民國89年廢鉛蓄電池回收冶煉場關閉，分別於民國90年3月及9月，進行環境調查及方格網法檢測，執行地下不同深度之探樣、檢驗結果，依環保署民國91年頒定土壤污染管制標準，位在場址及週遭土地尚未達整治標準，其中超過管制標準面積約佔0.70公頃。故依當時法令規定向土地污染者求償未果，遂再向環保署申請補助整治費用，仍未取得賠償或整治費用，閒置延遲四年之久。惟其間深恐污染源在土壤造成環境流佈並滲漏污染地下水，地表土壤飛散造成空氣污染，或兒童遊戲由口、手攝入等對人體健康造成危害而成為社會重大新聞。

　　若父母親在相關鉛暴露的行業工作，若沒有良好的工作衛生習慣，有可能將工作中暴露的鉛塵帶回家，進而造成住家其他成員或自己個人於鉛暴露的二次鉛危害，而在我國除了環境鉛暴露之外，居家環境的油漆也可能在孩童的生活中成為鉛暴露來源，而這些潛在的鉛暴露，再加上民眾對人體鉛危害的影響並不十分了解，為了保護我國人民的健康，鉛暴露所產生的危害是極需被國人所重視的議題。[王肇齡，2001]

　　我國目前對於鉛暴露的規定有以下的法規規定之，民國95年修正後的建築技術規則建築設計施工編(表4-27)第322條中亦規定綠建材材料之構成中的水性塗料不得含有鉛。民國91年修正後的勞工安全衛生法(表4-28)第20條及第21條亦規定雇主不得使童工及女工從事於鉛、汞、鉻、砷、黃磷、氯氣、氰化氫、苯胺等有害物散布場所。

表 4-27 建築技術規則建築設計施工編

法規：建築技術規則建築設計施工編 (民國 95 年 02 月 23 日 修正)	
第 322 條	綠建材材料之構成，應符合左列規定之一： 三、水性塗料：不得含有甲醛、鹵性溶劑、汞、鉛、鎘、六價鉻、砷及銻等重金屬，且不得使用三酚基錫 (TPT)與三丁基錫 (TBT)。

表 4-28 勞工安全衛生法

法規：勞工安全衛生法 (民國 91 年 06 月 12 日 修正)	
第 20 條	雇主不得使童工從事左列危險性或有害性工作： 三、從事鉛、汞、鉻、砷、黃磷、氯氣、氰化氫、苯胺等有害物散布場所之工作。
第 21 條	雇主不得使女工從事左列危險性或有害性工作： 二、從事鉛、汞、鉻、砷、黃磷、氯氣、氰化氫、苯胺等有害物散布場所之工作。

　　為防止因室內建材鉛污染，自然環境鉛污染及人為鉛污染到人們的使用的自來水，所以在民國 92 年修正後的自來水水質標準(表 4-29)及民國 86 年修正後的飲用水水源水質標準(表 4-30)中也規定其鉛的化學性物質最大容許量或容許範圍為 0.05 毫克／公升。

表 4-29　自來水水質標準

法規：自來水水質標準	
(民國 92 年 08 月 20 日發布)	
第 5 條	自來水水質化學性物質最大容許量或容許範圍如下： 一　鉛(Pb)：0.05 毫克／公升。

表 4-30　飲用水水源水質標準

法規：飲用水水源水質標準	
(民國 86 年 09 月 24 日發布)	
第 5 條	地面水體或地下水體作為自來水及簡易自來水之飲用水水源者，其水質應符合下列規定： 項目：鉛(Pb) 最大限值 0.05 毫克/公升

　　另外為防止鉛污染廢棄物及廢水排入河海中污染魚貝，再經由食物鏈食入造成另一波危害，其事業、污水下水道系統及建築物污水處理設施之放流水標準依照民國92年修正後的放流水標準第 2 條為1.0毫克／公升。

　　因為鉛污染亦會從空氣及土壤危害人體健康，所以根據民國 93 年修正的空氣品質標準(表 4-31)及民國 90 年發布的土壤污染管制標準(表 4-32)中各規定其鉛之空氣污染品質標準為月平均值 $1.0\mu g/m^3$ (微克／立方公尺)以下及鉛於土壤污染為 2,000 毫克／公斤以下。

表 4-31 空氣品質標準

法規：空氣品質標準	
(民國 93 年 10 月 13 日 修正)	
第 2 條	各項空氣污染物之空氣品質標準規定如下： 項目：鉛(Pb) 標準：月平均值 $1.0\mu g/m^3$ (微克／立方公尺)

表 4-32 土壤污染管制標準

法規：土壤污染管制標準	
(民國 90 年 11 月 21 日發布)	
第 5 條	污染物之管制項目及管制標準值如下： 管制項目：鉛(Pb) 管制標準值：2000 毫克／公斤(食用作物農地之管制標準值為 500)

表 4-33 有害事業廢棄物認定標準

法規：有害事業廢棄物認定標準	
(民國 94 年 12 月 27 日 修正)	
第 4 條	有害特性認定之有害事業廢棄物種類如下： 九、單一非鐵金屬有害廢料： 　(一) 廢鉛、廢鎘、廢鉻。

　　於職業場所中，民國 80 年發布的童工女工禁止從事危險性或有害性工作認定標準第 2 條及第 3 條，雇主不得使童工或女工從事鉛之危險性或有害性工作之認定標準為 $0.05mg/m^3$。而於鉛暴露於空氣

中，我國勞委會勞工安全衛生研究所則建議國人八小時日時量平均容許濃度為 0.1mg/m³，短時間時量平均容許濃度為 0.3mg/m³。關於廢鉛更於民國 94 年修正後的有害事業廢棄物認定標準(表 4-33)第 4 條中認定為有害廢料之一。

4-5 微生物的檢測標準

國立臺灣大學環境工程學研究所「水再生利用微生物風險評估與決策系統之開發」碩士論文表示，因為台灣地區位於亞熱帶，屬於海島型炎熱潮濕的氣候，因此正是微生物生長繁盛的溫床，適合微生物滋生、繁殖，所以居家環建材設備中對於國人的健康危害的微生物污染，也漸漸地開始受到國人的重視而加以研究，美國 EPA 於 1992 年將微生物細分為三種：細菌、寄生蟲(原生動物、蛔蟲)及病毒。[許博清，2003]

一、細菌：

1992年定義的沙門氏菌共有約1500種，微生物中致病細菌中最常見的為沙門氏菌，沙門氏菌所造成的人體疾病中又以傷寒症危害最大。另外志賀氏菌也是微生物致病細菌的一種，志賀氏菌在廢水中存活的時間短暫，而且每個人接觸後是否發病的情況也不同，美國更曾經於1969年及1973年發生廢水再生供應飲用水後，爆發志賀氏菌引發疾病的重大新聞事件。

在美國各州的法律中，大腸桿菌群(Coliform group)是評估排泄物污染程度的主要指標，也最常使用大腸桿菌群作為判定水質優劣的考量之一。由於大腸桿菌群會存在於溫血動物的排

泄物以及土壤中，相對於其他病源體其濃度較高，所以在偵測上不易造成混淆，因此經常被視為重要的水質是否良好的指標之一。

二、原生動物：

這一類的動物約有100000種以上，包括阿米巴原蟲、鞭毛蟲、變形蟲、胞子蟲和纖毛蟲等。由於單細胞動物的細胞體非常微小，因此到十六世紀末年，顯微鏡發明後才被人類發現。在都市污水中存在許多原生動物，其中對健康威脅最大的寄生蟲是阿米巴原蟲，其在污水中是以包囊的形式存在，包囊經由食物及飲水進入體質敏感的寄主體內，於寄主內臟中成長而造成疾病，阿米巴原蟲會導致阿米巴痢疾以及阿米巴肝炎等疾病。

三、病毒：

每種病毒的特性皆不同，伴隨人類的病毒種類約有100多種，雖然病毒種類繁多，但大多病毒不會對人體造成疾病。但對於病毒的風險並不只是取決於暴露量，還與寄主的免疫狀態有關，敏感性的人群如老人、嬰兒及免疫系統衰弱的人，都有較高的風險。

綜合上述可知，目前對於微生物污染的研究或標準評估的研究文獻，大多以觀測微生物在環境介質中的實測濃度計算，並未有足夠的數據建立人體健康與微生物污染濃度的關係，且微生物種類與數量多且廣，實無法以單種個體代表所有群體之狀況，而目前幾乎也沒有以單一物種為主軸的決策系統研究，導致各國所制訂出來標準缺乏依據，國內於建材設備微生物污染管制也正處於起步階段，正有賴更多的研究投入以建立適合本土的規範，以維護國人之健康。

4-6 揮發性有機物質的檢測標準

在國立成功大學建築研究所「台灣地區室內環境因子對建材揮發性有機物質逸散行為影響之研究-以清漆為例」碩士論文裏提到，人們一生中平均每天花 16 小時以上的時間待在家中，若再加上待在辦公室的時間，則一生中將會有超過 90%以上的時間是處於廣義的建築室內空間中。另一方面根據國內外最新的研究亦顯示，室內空氣品質的確會直接對人體健康造成嚴重的影響，如一些常見的呼吸道疾病、眼睛不適甚至神經系統方面的問題等，因此建築物的室內空氣品質在最近幾年來已開始受到重視。[陳丁于，2002]

根據內政部建研所「建築室內逸散物質檢測分析研究」的研究報告，對於新建大樓或重新裝潢的建築物，由建材本身逸散出的主要VOCs逸散會持續到數個月之久，之後建材再受到化學(如：臭氧、水氣)或物理(如：熱、紫外光線)分解而造成的次級逸散更會造成長期連續的室內污染。[張志成，周淑梅，1999]

一、建築材料：

　　由建築物本身的建築材料所引起的污染主要是VOCs，近年來中國大陸已針對室內裝修材料如內牆塗料做健康分級的標準，足以得知建材造成室內污染開始被重視。

二、裝飾材料：

　　室內裝潢和裝修所用材料的種類越來越多，例如地板磚、地毯、油漆、內牆塗料，膠合板和壁紙等，而這些裝飾材料中內含的甲醛、苯、甲苯、醚類、脂類等揮發性有機物會逸散至空氣中污染室內空氣。

三、室內家具產生的污染：

家具是住戶和辦公大樓的重要用品，也是室內裝飾的重要組成部分，而其中所含的膠黏劑、油漆、以及塗料等會散發甲醛和苯等有害氣體造成污染。

盧昆宗先生在內政部建研所的「維護室內健康安全的塗裝設計與施工要點」研究報告中亦表示，在新建以及重新裝潢的建物中，不管所使用的建材、家具等是何種形式，都會大量釋出 VOCs，其中的 VOCs 多半來自建材的製造過程或裝修過程中所使用的有機溶劑、黏著劑等，待建材實際裝修於室內空間後，再慢慢逸散出來而造成室內空氣品質的污染，並間接影響人體健康。

其研究報告中亦將各建材所可能釋出之污染物種類整理如下(表4-35)所示。[盧昆宗，2002]

表4-35 各建材所釋出之化合物種類[資料來源：盧昆宗，2002]

建材	主要污染物質
塗料	甲苯、二甲苯等
合板	甲醛、甲苯、二甲苯等
黏著劑	甲醛、甲苯、二甲苯等
木材	鉻化砷酸銅

室內揮發性有機物一般都具有低沸點的特性，此一物理性質也代表這些物種比較容易汽化進入室內空氣中，然而基於一些實用上及經濟上的考量，這些化合物仍然使用於製造一些特性需求的產品上。事實證明含有這些揮發性有機物的產品，具有良好的隔熱性或防火性，

亦或具有比較美觀的的視覺效果。因此含有揮發性有機物的產品仍然會出現在室內環境中，所以這些產品便成為室內揮發性有機物的來源之一。

　　建材中的VOCs多來自製造或裝修過程中使用的有機溶劑或黏著劑，以溶劑型塗料為例，其成分主要是以高分子合成樹脂作為成膜物質，加入一定量的顏料、填料，經混合、攪拌後，再以有機溶劑做為稀釋劑，溶解合成樹脂成為一種揮發性塗料，塗刷在牆面以後會隨著塗料中所含溶劑的揮發，過程中所揮發的有機物質便是室內揮發性有機污染物。[陳丁于，2002]

　　在所有建築塗料中又可概分為水系與溶劑系兩種，水溶性塗料即以清水作為稀釋劑的塗料，而溶劑系塗料係以有機溶劑作為稀釋劑的塗料。水性塗料所逸散之揮發性有機物質較少，但溶劑型塗料因使用了大量的有機溶劑作為稀釋劑，導致在塗裝過程中排放出大量的揮發性有機物質，若不慎吸入人體中，而對現場施工人員及居住者的健康均會造成傷害。

　　根據台灣省塗料公會的表示，台灣地區的總塗料生產量包含了各種用途的漆種，而其中還是仍以建築塗料為主，建築塗料被施用於建築物的內外牆塗裝為最主要的建築用途，其種類及用途如下所示(表4-36)。[張志成，周淑梅，1999]

表4-36　建材塗料的種類及特性　[資料來源：台灣省塗料公會，1999]

種　類	用途及適用部分	特　性	稀釋劑
調合漆	門窗、欄杆等鐵製品或木製品	油性、不易剝落	松香水
乳膠漆	一般住家之室內壁面	便宜、易剝落	清水
水性水泥漆	一般住家之室內壁面	易塗刷、可水洗	清水
油性水泥漆	室內外壁面	不易變色、不易脫落	二甲苯
紅丹底漆	鐵製品之防鏽底漆	防鏽	松香水
烤漆	鐵製品、家具	良好物性及化性、表面性質	香蕉水

　　塗料中含有相當多的有機溶劑，塗裝時有機溶劑會大量釋出，此時會有刺鼻的味道所以一般人在此時會較有警覺的加以防範，但塗刷完成後其低揮發性的溶劑會陸續釋出，尤其在已經有人居住的住宅重新整修，或短時間從剛塗裝到搬入居住的新建住宅，若在封閉的住宅中，易引起體質不適者造成過敏或慢性中毒。為了追求更健康、安全的居住環境，均需特別注意揮發性有機物質對居室人員健康所造成的影響。[陳丁于，2002]

　　內政部建研所盧昆宗先生在「維護室內健康安全的塗裝設計與施工要點」的研究報告中，將揮發性有機物質(Volatile Organic Compounds，簡稱 VOCs)之定義為揮發性有機化合物是指在標準狀態下(20℃，76mmHg)以氣體存在，且蒸氣壓大於 0.01psi 之有機化合物。[盧昆宗，2002]

　　而國內空氣污染防治法中，揮發性有機物空氣污染管制及排放標準第 2 條其中定義為：揮發性有機物係指有機化合物成分之總稱，但不包括一氧化碳、二氧化碳、碳酸、碳化物、碳酸銨等化合物。由於它們可能對人體健康具有潛在性的危害，並衍生光化污染及臭味問題，故成為近年來眾所關注「有害空氣污染物」問題焦點之一，也因此，環保署於民國 86 年 2 月 5 日公告「揮發性有機物空氣污染管制及排放標準」法規，用以規範揮發性有機物之排放。

　　國立成功大學建築研究所「集合住宅室內空氣環境(CO_2、CO、粉塵)現場量測方法之探討」碩士論文表示，根據世界衛生組織(WHO)對揮發性有機化合物依不同之沸點及溫度可分為四種類，極易揮發性有機化合物(VVOCs沸點溫度0℃～50-100℃)、揮發性有機化合物(VOCs沸點溫度50-100℃～240-260℃)、半揮發性有機化合物(SVOCs沸點溫度240-260℃～380-400℃)、粒狀有機化合物或附著粒狀物上之有機化合物(POM　沸點溫度大於　380℃)。此種分類法表示建材所含的VOCs之逸散情形極易受到溫度、溼度的影響，例如溫度升高和溼度愈高時都會導致建材中有機物逸散速率上升。[彭定吉，1992]

一、國外相關研究或標準

　　隨著世界醫學研究學者研究成果的發表，及人們對健康居住環境意識的覺醒，特別因揮發性有機化合物具高度致病性，而逐漸受到民眾的重視，除了研究的投入外，也開始在相關建材的健康性能上制訂一系列的標準。

　　元智大學機械工程研究所「室內環境中油性塗料揮發性有機物排放特性分析」碩士論文中明白指出，對於揮發性有機物之管制，除了美國是依行業別來做管制外，其餘的國家多依排放物種來做管制。在

亞洲方面，就韓國、大陸與日本東京都三個地區的標準來做比較，其中韓國與中國大陸僅針對甲苯、苯等毒性物質訂有排放標準(表4-37)，日本東京都則針對危害性較高之成分如甲苯、甲基乙基酮、異丙醇等，以總排放濃度加以規範來訂定排放標準，其個別成分之排放濃度標準如下表4-38。[李筱雨，2001]

表4-37 韓國與中國大陸揮發性有機物排放標準
[資料來源：李筱雨，2001]

國家	管制物質	排放濃度標準
韓國	甲醛	67 ppm
	苯	696 ppm
中國大陸	苯	100 ppm
	甲苯	
	二甲苯	

表4-38 日本東京都公害防止條例排放標準
[資料來源：李筱雨，2001]

管制物質	標準內容
甲醇、異丙醇 甲基乙基酮、甲基異丁酮 苯 甲苯 二甲苯 三氯乙烯 四氯乙烯	總排放濃度＜200 ppm 另外 苯≦50 ppm 三氯乙烯≦100 ppm 四氯乙烯≦100 ppm

　　日本曾進行全國約4,600戶之住宅實際調查，其甲醛超過標準值者約佔有27%之多，甲苯超過標準值者約佔有12%，所以日本開始對建材之使用有嚴格地限制。

　　歐洲基準與技術委員會(The European Standard Technical Committee)負責建築物VOCs逸散的量測與定性分析。在德國，木製產品的甲醛逸散及建材中逸散具致癌性的揮發性有機物質(VOCs)都已有明確的規範，其室內總揮發性有機化合物(TVOCs)標準濃度值不可超過300μg/m³。芬蘭之室內空氣品質與氣候協會(Finnish Society of Indoor Air Qualityand Climate)提倡更健康、舒適的建築，而依建材之TVOCs、甲醛、氨氣及致癌物質逸散之逸散更將建材分為三級。[環保署，2002]

　　國立成功大學建築研究所「集合住宅室內空氣環境(CO_2、CO、粉塵)現場量測方法之探討」碩士論文中表示，美國方面於1979-1985年間，美國 EPA 進行了"總暴露量評價方法學研究"，其中測定了650個家庭中 119 種 VOCs 的室內外空氣、個體接觸量、呼出氣濃度。其研究表明室內 VOCs 的濃度高於室外，且其研究成果也被日後德國及芬蘭進行相關的調查中所證實，世界衛生組織則利用這些研究成果據以提出各種 VOCs 的濃度分佈對人類危害的成果分析。[彭定吉,1992]

　　1990 年美國 ASTM 提出了測試室內源釋放有機物的指導程式，推薦用小型人工氣候艙來測定室內材料/製品中揮發性有機化合物的測試條件，之後在美國的 EPA 和"美國測試和材料學會"(American Society for Testing and Materials，ASTM)對如何健康地使用建築材料和室內產品也都有明確的規定。[美國測試和材料學會，2005]

二、國內相關研究或標準

雖然其他先進國家,對室內建材中揮發性有機污染物質之研究已累積相當程度之成果,但卻不見得適用於位於亞熱帶地區的台灣環境,因台灣具有高溫、高濕的特殊氣候環境,所以影響建材中揮發性有機物逸散行為與其他地區的先進國家而有所不同,對人體影響的程度也有所差異,對自其他國家建立的規範標準尚須加以研究驗證之。[陳丁于,2002]

根據我國於民國 92 年修正後的空氣污染防制法施行細則(表4-39)第 2 條中規定揮發性有機物(VOCs)是為空氣污染物種類之一,而致癌的揮發性有機物更為毒性污染物之一。而於民國 94 年修正後的揮發性有機物空氣污染管制及排放標準中也有對揮發性有機物(Volatile Organic Compounds,VOCs)所做的專有名詞及符號定義如下:

1. 揮發性有機物(Volatile Organic Compounds,VOCs):

   指含有機化合物之空氣污染物總稱,如酒精、汽油、甲苯、乙酸乙酯等具揮發性含碳物質則稱為揮發性有機物。但不包括甲烷、一氧化碳、二氧化碳、碳酸、碳化物、碳酸鹽、碳酸銨等化合物。

2. 揮發性有機液體:

   指含揮發性有機物成份佔重量百分比 10 以上之液體。

3. 密閉排氣系統(Closed Vent System):

   指可將設備或製程設備元件排出或逸散出之揮發性有機物,捕集並輸送至污染防制設備,使傳送之氣體不直接與大氣接觸之系統,該系統包括管線及連接裝置。

4. 初檢測值：指檢測某設備元件逸散之揮發性有機物原始讀值。

5. 背景濃度值：

　　指偵測儀器在欲檢測之設備元件上風位置 1 公尺至 2 公尺處，隨機所量得之揮發性有機物儀器讀值，若該量測位置有遭受其他鄰近設備元件干擾時，其距離不得少於 25 公分。

6. E：經製程回收系統後，進入污染防制設備前之揮發性有機物質量流率，單位為 kg/hr。

7. Eo：經污染防制設備處理後逕排大氣之揮發性有機物質量流率，單位為 kg/hr。

8. R：揮發性有機物排放削減率，單位為％。計算公式如下：

$$R = \frac{E - E_0}{E} \times 100\%$$

表 4-39 空氣污染防制法施行細則

法規：空氣污染防制法施行細則	
(民國 92 年 07 月 23 日 修正)	
第 2 條	本法第二條第一款所定空氣污染物之種類如下： 一　氣狀污染物： (九) 揮發性有機物(VOCs)。 四　毒性污染物： (一三) 致癌揮發性有機物。

4-6-1 甲醛的檢測標準

　　消費者是否知曉為何當我們更換新傢俱或壁紙常常會被刺鼻的氣味弄得流眼淚、打噴嚏或皮膚過敏？我們可能經歷過換新傢俱的住宅或辦公室，使我們整天打噴嚏流眼淚。這是因為我們所使用傢俱或壁紙在製作過程中，經常會加入酚醛樹脂作為接著劑，於常溫下酚醛樹脂會因溫度、水份、光的不斷作用下，發生水解而釋放出甲醛氣體。

　　甲醛為重要的工業化學品，是一種具有刺激性氣味的無色氣體，它對人體的鼻粘膜、視網膜、呼吸道、內臟器官、神經系統均有刺激作用，且甲醛濃度過高或長期吸入，會產生中毒症狀，引發各種病變或過敏反應。根據美國勞工職業衛生中心的研究，慢性甲醛中毒會導致呼吸困難、濕疹、全身過敏的症狀，國際研究癌症組織已經將甲醛分類為對人類可能致癌的物質，並且已有足夠的證據證明，高濃度的甲醛對於用作實驗的動物會引起鼻癌。甲醛可以製造各種樹脂接合劑或隔熱物質，也是常用的防腐劑，因此在室內裝潢材料中，甲醛的使用範圍極為廣泛。[勞安所，2006]

　　甲醛為含碳、氫、氧的簡單化合物，易溶於水、乙醇、丙酮及大部分有機溶劑中，俗稱福馬林(Formalin)。自從 1980 年起被大量製造而應用在工業上，為許多工業生產上一重要中間或最後產物，常用於建材中的天花板及狀壁隔間，做為三合板、粒片板、中密度纖維板等木材加工的黏著劑及常被使用的膠合劑還有普遍作為防水用的膠合劑。

　　室內甲醛的來源主要來自游離所產生的甲醛，在游離甲醛方面，主要的來源是使用了以尿素甲醛樹脂為黏著劑所製造的木製產品。愈來愈多國家注意室內空氣污染對人體健康的危害，有些室內建材或裝潢材料含有高濃度的甲醛，使用此類材料後，會逐漸釋放出有害的污染物到空氣中，造成室內空氣污染。因此，如何選擇可以遠離室內空氣污染源的建材，就更是當務之急。

　　國立台北科技大學環境規劃與管理研究所「室內空氣清淨機去除甲醛之效能評估」碩士論文中提到，現代建築多為密閉空間，但大多數的建材、室內裝潢材料經常含有甲醛，使得我們所用的家俱、地板等都在不斷地釋放甲醛，再加上在通風不良的室內環境下，導致室內空氣中的甲醛濃度上升，使得大眾的身體健康受到極大的危害性風險。因此其論文也將建材中常見的甲醛來源整理如下：[謝其德，2004]

　　一、複合板、膠合板、中密度纖維板等。
　　二、含有甲醛成分的各類裝修材料如油漆和塗料等。
　　三、有可能散發甲醛的生活用品如家俱、化纖地毯等。

一、國外相關研究或標準

　　國立台灣大學環境工程學研究所「室內木質建材甲醛逸散之研究」碩士論文中提到，WHO 世界衛生組織於 1997 年曾發表「病屋

症候群」的警告，吸入過多從裝潢的建材中散發出來的化學物質，其中以具致癌性的甲醛最為嚴重，將會對人體健康造成毒害。

其論文中亦提到，1985 年針對一無對外窗戶的商業性建築物偵測其甲醛濃度，發現夏天的甲醛濃度為冬天的兩倍高。在 1991 年測量一棟新建辦公大樓內部的空氣品質，發現甲醛會經由樓梯以及電梯通道擴散至辦公大樓各樓層。

1986 年至 1993 年間在德國 Salthammer 對抱怨受不明刺激性氣體干擾的家庭進行檢測，結果發現 31％的家庭甲醛平均濃度超過德國的標準值 0.10ppm。[陳震宇，2001]

自從中國於日前曾查出家庭裝修中牆面含有甲醛的黑心塗料後，現在的中國民眾在買塗料時都很注意會買一些名牌無甲醛的塗料，但在其他的建材上卻還是很不注意，經此事件後中國政府估計尚有大約80％的含甲醛的塗料仍在市面上流通，中國國家質檢總局發現，這種有毒有害的107塗料是上世紀80年代初期開發的塗料，以其低廉的價格佔據中國大部分建築塗料市場，因此2000年初中國國家經貿委員會發布明令禁止生產有毒的107塗料，以不含甲醛的塗料取代之。[徐東群，2005]

國立台北醫學大學公共衛生研究所「裝潢木工粉塵及甲醛暴露之健康效應評估」碩士論文中，針對各機關或各國對作業場所所制訂甲醛的容許暴露值整理如下(表4-40)，其中美國職業安全與健康管理機構OSHA(Occupational Safety and Health Administration)的8小時日時量平均暴露濃度(Time Weighted Average，簡稱 TWA)為0.75ppm，最高建議暴露值Ceiling值為2ppm，而我國勞委會所訂定作業場所最高容許濃度則為1ppm。[張景泰，2003]

表4-40　各機關或各國作業場所空氣中甲醛濃度標準
[資料來源：張景泰，2003]

機構/國家	容許暴露值		
	TWA(ppm)	Ceiling(ppm)	STEL(ppm)
OSHA	0.75	2.00	-
德國(1991)	0.50	-	1.00
蘇俄	0.50	-	0.50
日本	0.50	-	-
澳洲(1990)	1.00	-	2.00
世界衛生組織 WHO(1989)	0.25	0.80	-
我國勞委會(1995)	-	1.00	-

　　各國對室內甲醛濃度暴露標準值規定(表 4-41)，美國為 0.10ppm，加拿大 0.10ppm(建議值)，0.05ppm 標準值，荷蘭 0.10ppm，德國 0.10ppm，丹麥為 0.12ppm，世界衛生組織(WHO)於 1990 年建議為 0.08ppm。但也有相當多的國家無訂定容許標準，我國行政院環保署對公共場所之室內空氣品質訂出建議值，其中「甲醛」建議值為 0.1ppm。[徐東群，2005]

表 4-41 各國室內甲醛濃度限值或最大容許濃度
[資料來源：徐東群，2005]

國家或組織	限值(mg/m^3)
WHO	(0.08ppm)
丹麥	0.15 (0.12ppm)
德國	0.12 (0.10ppm)
意大利	0.12 (0.10ppm)
荷蘭	0.12 (0.10ppm)
挪威	0.06 (0.05ppm)
西班牙	0.48 (0.40ppm)
瑞士	0.24 (0.20ppm)
美國	(0.10ppm)
日本	0.12(0.10ppm)
紐西蘭	0.12(0.10ppm)

二、國內相關研究或標準

　　近幾年在我國住家、辦公室以及商業場所的搬遷或是重新裝潢的頻率甚高，而裝潢時並未採用低游離甲醛合板，加上建築物的密閉性以及具有空調設備的比例逐日增高，因此更必須留意室內甲醛濃度的累積。

　　臺北醫學大學公共衛生系陳叡瑜教授曾經調查大臺北地區的裝潢中及正在裝潢的住屋中，新建築物及正在裝潢的室內甲醛濃度最高約為 0.07～0.19 ppm，完工一個月後其甲醛濃度只降低一半左右，對人體的健康還是有相當地危害。[張景泰，2003]

　　目前世界各國對室內品質標準管制之甲醛的管制標準大多介於
0.08～0.10ppm 之間，雖然國內對於勞工作業場所訂有標準為
1.0ppm，2004 年仍無針對室內空氣品質之管制。[謝其德，2004]

　　我國目前對甲醛另外的相關法規規定有如下，民國 95 年修正後
的建築技術規則建築設計施工編(表 4-42)第 322 條中規定綠建材材料
之構成中，水性塗料不得含有甲醛。勞工安全衛生研究所對於甲醛的
檢測標準值是最高容許濃度在 1ppm 民國 92 年修正後的空氣污染防
制法施行細則(表 4-43)第 2 條中明示甲醛為空氣污染物之毒性污染物
之一。

表 4-42　建築技術規則建築設計施工編

法規：建築技術規則建築設計施工編 (民國 95 年 02 月 23 日 修正)	
第 322 條	綠建材材料之構成，應符合左列規定之一： 三、水性塗料：不得含有甲醛、鹵性溶劑、汞、鉛、鎘、六價鉻、砷及銻等重金屬，且不得使用三酚基錫 (TPT)與三丁基錫 (TBT)。

表 4-43　空氣污染防制法施行細則

法規：空氣污染防制法施行細則 (民國 92 年 07 月 23 日 修正)	
第 2 條	本法第二條第一款所定空氣污染物之種類如下： 四、毒性污染物： (五) 甲醛 (HCHO) 。

　　另外為防止甲醛之污染廢棄物及廢水排入河海中造成嚴重的污染，其事業、污水下水道系統及建築物污水處理設施之放流水標準，依照民國92年修正後的放流水標準第　2　條，甲醛最大限度為3.0毫克／公升。

4-6-2　苯系物的檢測標準

　　揮發性有機化合物質中，除了甲醛外苯系物亦是嚴重致癌物質之一，在第二章中對於苯系物曾做簡單的介紹，本章亦略做補充之，苯系物除了苯之外，甲苯及二甲苯亦是不可輕忽之。

　　國立中山大學環境工程研究所「溫度與濕度對光催化分解苯蒸氣之影響研究」碩士論文，說明在各種建築材料的有機溶劑中可發現苯的存在，如各種油漆及塗料的添加劑、稀釋劑和一些防水材料等，這些建築材料在通風不良的室內會不斷釋放苯系物等有害氣體，釋放時間可長達一年以上，若在短時間內吸入高濃度的苯蒸氣可引起以中樞神經系統抑制為主的急性苯中毒。在其論文中也將苯系物包含苯、甲苯及二甲苯簡略說明如下。[洪楨琳，2001]

　　一、苯：

　　　　苯是一種無色、具有特殊芳香氣味的液體，微溶於水，苯具有易揮發、易燃的特點。經常接觸苯，皮膚可因脫脂而變乾燥，甚至還會出現過敏性濕疹，苯系物是致癌物，可進入血液循環引起白血病等嚴重血液病，長期吸入苯亦會導致再生不能性貧血。

　　　　苯主要來自建築裝飾中大量使用的化工原料如塗料，而在塗料的成膜和固化過程中，其中所含有的苯系物會從塗料中釋

放造成污染。苯會抑制人體造血功能且對皮膚和黏膜有局部刺激作用，吸入或經皮膚吸收可引起中毒。

二、甲苯：

甲苯是一種用途廣泛的化學物質，早期甲苯的主要用途為溶劑，為一無色透明低溶解度易揮發性液體，我國法規(有機溶劑中毒預防標準)將甲苯歸為第二種有機溶劑，目前我國販售的有機溶劑中含有大量甲苯。甲苯的應用可製造炸藥、農藥、樹脂、油漆、染料和纖維等產品。

三、二甲苯：

二甲苯亦為一種良好的溶劑，廣泛用於油漆、去漆劑等，是一種具有芳香氣味的揮發性有機溶劑，外觀為無色的透明液體，目前我國法規(有機溶劑中毒預防標準)將二甲苯歸為第二種有機溶劑。而二甲苯也是一種易燃的物質，會被熱、火花、火焰所點燃。

一、國外相關研究或標準

1987 年美國職業安全衛生研究所(NIOSH)研究發現，在 10ppm 的苯環境中工作 40 年而死於白血症的機率為一般人的 155 倍，在 1ppm 的苯環境中工作 40 年死於白血症的機率則降為 1.7 倍，證實白血症發生率與苯暴露劑量有密切關係，所以美國在 1990 年將苯之作業場所容許濃度降為 1ppm (Permissible Exposure Limit/Time Weighted Average，簡稱 PEL-TWA)。

美國對於苯系物的容許濃度標準，經由許多的案例報告和多年的研究調查後，苯系物的容許濃度標準值規定如表4-44所示。[洪楨琳，2001]

表4-44 美國對苯、甲苯及二甲苯容許濃度標準[資料來源：洪楨琳，2001]

化學物質名稱	美國職業安全衛生署容許濃度標準（PEL-TWA）	我國勞工作業環境空氣中有害物容許濃度標準 (PEL-TWA)
苯	1 ppm	5 ppm
甲苯	100 ppm	100 ppm
二甲苯	100 ppm	100 ppm

二、國內相關研究或標準

　　我國政府目前對空氣污染問題之因應對策，採取排放標準與空氣品質標準並行策略，而管制對象逐漸增加且管制標準日益嚴格，及國人追求高品質生活的趨勢之下，使得環保意識抬頭。

　　因為苯具有危害性及致癌性，且經我國環境保護署評估並認定其為致癌物，而訂定我國勞工作業環境空氣中苯容許濃度標準為 5 ppm，甲苯的容許濃度標準為 100ppm，二甲苯的容許濃度標準亦為 100 ppm。[洪楨琳，2001]

　　民國 90 年修正後的特定化學物質危害預防標準(表 4-45)第 3 條中將苯或其體積比超過百分之一之混合物列為特定管理物質，並於第 47 條中規定雇主不得使勞工從事以苯等為溶劑之作業。但作業設備為密閉設備或採用不使勞工直接與苯等接觸並設置包圍型局部排氣裝置者，不在此限。

表 4-45　特定化學物質危害預防標準

法規：特定化學物質危害預防標準	
(民國 90 年 12 月 31 日 修正)	
第 3 條	本標準所稱特定管理物質，係指下列規定之物質： 四、苯或其體積比超過百分之一之混合物。
第 47 條	雇主不得使勞工從事以苯等爲溶劑之作業。但作業設備爲密閉設備或採用不使勞工直接與苯等接觸並設置包圍型局部排氣裝置者，不在此限。

　　另外爲防止因室內建材的苯系物污染，自然環境苯系物污染及人爲苯系物污染到人們的使用的給水，所以在民國 86 年修正後的飲用水水源水質標準(表 4-46)中也規定其苯的化學性物質最大容許量或容許範圍爲 0.005 毫克／公升。

表 4-46　飲用水水源水質標準

法規：飲用水水源水質標準	
(民國 86 年 09 月 24 日發布)	
第 6 條	地面水體或地下水體作爲社區自設公共給水、包裝水、盛裝水及公私場所供公眾飲用之連續供水固定設備之飲用水水源者，其單一水樣水質應符合下列規定： 項目：苯　　最大限值：0.005 毫克/公升

　　爲防止苯系物污染土壤後形成有機化合而危害人體健康，所以根據民國 90 年發布的土壤污染管制標準中規定其苯(Benzene)於土壤污

染限值為 5 毫克／公斤、甲苯(Toluene)於土壤污染限值為 500 毫克／公斤。

4-6-3 氨的檢測標準

氨是一種無色而具有強烈刺激性臭味的氣體,也是一種鹼性物質且為揮發性有機化合物之一,它對所接觸的組織有腐蝕和刺激作用。它可以吸收組織中的水分,使組織蛋白變性,並使組織脂肪皂化,破壞細胞膜結構,減弱人體對疾病的抵抗力。氨濃度過高時,除腐蝕作用外,還可通過三叉神經末梢的反射作用而引起心臟停搏和呼吸停止。

氨主要來自建築物本身,即建築施工中使用的混凝土外加劑飛灰和以氨水為主要原料的混凝土防凍劑以及廢水處理設備、污水下水道等。含氨的外加劑,在牆體中隨著濕度、溫度等環境因素的變化還原成氨氣,從牆體中緩慢釋放,使室內空氣中氨的濃度大量增加。而廢水處理設備、污水下水道經過生物分解、化學反應、物理作用等,皆可能形成氨氣而排放進入空氣中,進而造成人體健康之危害。

氨氣在大氣中之相關化合物有許多不同種類之來源,且扮演了大氣污染物種之重要指標污染物。歐聯的空氣污染調查書(Air Pollution Protocol for Europe,1992)中規定在 2010 年要降低 17%的氨排放總量,因此須了解並建立一個更明確的氨氣排放來源之調查有其相關之重要性。

2001 年中國北京市的某一建築物因建設施工中使用了混凝土外加劑,工期雖然縮短許多,但屋主們於交屋後搬入居室內的氨氣久驅不散進行大規模的訴訟而轟動一時,混凝土外加劑的使用雖有利於施

工速度，但是卻會留下氨污染隱患。其實氨氣極易溶於水，對眼、喉、上呼吸道作用快，刺激性強，輕者引起充血和分泌物增多，進而可引起肺水腫，長時間接觸低濃度氨，可引起喉炎、聲音嘶啞。[徐東群，2005]

另外，室內空氣中的氨還可來自室內裝飾材料，比如傢俱塗飾時用的添加劑和增白劑大部分都用氨水，氨水已成為建材市場的必備。一般來說，氨污染釋放期比較快，不會在空氣中長期積存，對人體的危害相對較小，但是也應引起大眾的注意。

由於國內經濟持續發展，都市人口集中，使得房屋需求及公共工程日益重要，再加上現今之土木及建築工程的結構體還是以混凝土為其主要之建築材料，若混凝土中含有氨之成份將會逸散至室內，而造成氨污染，所以對於氨之管制也不可忽略之。

在我國對於氨之物質安全物質資料表中亦顯示，氨氣濃度超過25 ppm 為有毒範圍，當為 700 ppm 濃度左右時，幾分鐘內可嚴重侵蝕眼鼻，超過半小時將會造成永久性影響，大於 1000 ppm 就有致命危險，大於 5000 ppm 可在短時間內死亡。勞工安全衛生研究所對於氨的檢測在八小時日時量平均容許濃度(PEL-TWA)為 50ppm，短時間時量平均容許濃度(STEL)為 75ppm。

根據我國氨之物質安全物質資料表之建議，氨氣之室內濃度限值應在 25ppm 以下。而民國 92 年修正後的空氣污染防制法施行細則(表4-47)第 2 條中亦明示氨氣為空氣污染物之毒性污染物之一。

表 4-47 空氣污染防制法施行細則

法規：空氣污染防制法施行細則 (民國 92 年 07 月 23 日 修正)	
第 2 條	本法第二條第一款所定空氣污染物之種類如下： 四、毒性污染物： (三) 氨氣(NH_3)。

4-7 石綿的檢測標準

　　中國室內空氣質量網站的「室內環境化學性污染物」專題報導中舉出，舉凡能使物質具有防火、防熱、防電、防化學侵蝕等特性的纖維質礦物通稱為石綿，它可被製成石綿板、石綿瓦等建材。石綿在製造及輸送的過程中，許多微細的石綿塵會散佈出來，這些石綿塵一旦被人體吸入，則終生會附著在肺部組織，造成肺部纖維化而致命，醫學上稱此為石綿沉著症。[中國室內空氣網，2005]

　　石綿纖維是已知的致肺癌物質，但是過去石綿瓦、石綿建材卻仍然被廣泛使用且毫無管制是相當危險的，任何石綿建材破損，都可能使石綿纖維飄浮在空氣中，宜儘量避免使用。

一、國外相關研究或標準

　　中國室內空氣質量網站的「室內環境化學性污染物」專題報導亦舉例說明，澳大利亞新南威爾士州的威特努姆鎮因盛產建築用的青石綿，而石綿具有隔熱性能，在炎熱的澳大利亞正好充當合適而廉價的建築材料，於是吸引了許多人前往挖掘，但至今已陸陸續續奪去了

2000 多名澳大利亞採礦工人的生命，經研究調查後才發現青石綿爲致癌物質所致，澳大利亞政府預估到 2020 年，澳全國將有 4.5 萬人死於與石綿有關的疾病，所以現今往威努姆鎮的路上會發現路邊豎著一連串警示牌，提醒大家不要繼續前行以免引發健康問題。據英國《觀察家報》報導，澳大利亞建築用的石綿致癌率已遠遠高出世界平均值，而蘊藏有豐富青石綿礦藏的威特努姆鎮現在幾乎變成了荒無人煙之地。

鑒於採礦帶來的嚴重後果，澳政府已自 1966 年起就將威特努姆的石綿礦區封閉起來，並鼓勵當地居民遷居他處，爲防止有人誤入此地，當地政府還把威特努姆的電力供應全部中斷。爲了消除石綿建材帶來的毒害，澳大利亞已正式宣佈建築業不得採用石綿爲建材，並不斷要求民眾要將含有石綿的板材更換掉。

世界上已有不少的國家禁止石綿的生產與使用，避免石綿帶來的危害，以保護工作者及社會大眾，如 1992 年美國環保署全面禁止生產和使用石綿和石綿製品(但仍可限制性使用在新用途及一些紙製品上)，德國於 1993 年起禁用石綿，法國於 1997 年，英國於 1999 年陸續跟進禁用。[中國室內空氣網，2005]

石綿的管制工作，也在世界貿易組織(WTO)中，引發一場貿易與環保的戰爭。法國於 1997 年 1 月 1 日開始禁止毒性較低的溫石綿的進口和使用，可是世界第三大石綿生產國加拿大爲保持溫石綿產品的市場，以只要正確使用、該產品還是安全爲由，向 WTO 貿易委員會指控法國政府行爲不理性，要求法國廢除該項禁令。而後 WTO 也做出具有里程碑意義的裁定，認爲溫石綿既然已被認定是致癌物質，石綿生產商堅持的安全使用極限就不存在，使得 WTO 的各個成員國禁

止使用或進口如石綿等含致癌物質的權利合法化，也進一步確認WTO 各成員國有權認爲保護生命和健康比履行貿易義務更爲重要。

　　雖然各國及國際社會對石綿的管制已有大幅改進，可是全球現在石綿的年產量仍達兩百萬公噸，最大生產國俄國年產量高達 70 萬公噸，第二大產地中國年產量爲 45 萬公噸，第三大生產國加拿大年產量也達 33 萬 5 千公噸，這個數據顯示石綿污染的風險仍然相當高。

二、國內相關研究或標準

　　我國在石綿的管制工作方面，已建立不少管制規範。民國 78 年 5 月 1 日我國公告石綿爲毒性化學物質，民國 89 年 10 月 25 日行政院環境保護署公告的「公告多氯聯苯等 161 列管編號毒性化學物質使用用途限制等運作管理事項」也將石綿列入管制項目，限制石綿的使用。現在我國粗估 1 年約進口 4 千噸的石綿，僅全球總量的千分之二，所以石綿的進口及使用管制，已有一定的成效，但仍有進一步減少使用量的必要。

　　在石綿空氣污染防制部分，民國 92 年修正後的「空氣污染防制法施行細則」(表 4-48) 第 2 條中，規範「石綿及含石綿物質」爲空氣污染物中的毒性污染物，「固定污染源空氣污染物排放標準」中，對石綿訂定的排放標準爲肉眼不可見"。此外在「勞工作業環境空氣中有害物容許濃度標準」中，也規範石綿纖維的空氣中容許濃度爲每立方公尺 1 根石綿纖維。

表 4-48　空氣污染防制法施行細則

法規：空氣污染防制法施行細則 (民國 92 年 07 月 23 日 修正)	
第 2 條	本法第二條第一款所定空氣污染物之種類如下： 四、毒性污染物： (十四) 石綿及含石綿之物質。

　　在石綿廢棄物管理方面，我國於民國 90 年 3 月 7 日修訂公告「有害事業廢棄物認定標準」中，對石綿及其製品廢棄物，指的是具有易飛散性及下列性質之一的事業機構產生之廢棄物：

1. 製造石綿防火、隔熱、保溫材料及煞車來令片等磨擦材料研磨、修邊、鑽孔等加工過程中產生易飛散性之廢棄物。

2. 施工過程中吹噴石綿所產生之廢棄物。

3. 更新或移除使用含石綿之防火、隔熱或保溫材料過程中，所產生易飛散性之廢棄物。

4. 裝石綿原料袋。

5. 含有百分之一以上石綿且具有易飛散性質之廢棄物。

　　此外，依「事業廢棄物貯存清除處理方法及設施標準」之規定，含石綿廢棄物應先經溼潤處理，再以厚度萬分之 75 公分以上的塑膠袋雙層盛裝後，置於堅固的容器中，或採具有防止飛散措施的固化法處理。

　　我國如果依法規確實管制石綿廢棄物，可能會相當程度幫助降低國內肺癌的發生機率。然而國內現今有害廢棄物妥善處理率偏低，因此近年來石綿廢棄物污染問題仍時有所聞，例如民國 88 年宜蘭縣某工廠被舉發將石綿廢料棄置於冬山河、蘇澳及五結鄉等地區。

　　此外，以往建築內的含石綿物料，若在良好的狀況下留在原來位置不受干擾，石綿不會分裂釋出石綿纖維而浮游於空氣中，但當工作人員進行保養、翻新、拆卸或其他任何工程，都會擾動含石綿物料，例如美國紐約世貿大樓崩毀後，災難現場就持續被監測到有石綿污染問題。因此許多國家要求進行建築物拆除或整修前的石綿拆除工作，例如香港法律就有規範，拆除單位須聘請一名註冊石綿顧問，進行石綿調查工作及擬備一份石綿調查報告和一份石綿消減計劃，並由註冊石綿顧問監管石綿消減計劃的施行。

　　然而我國在拆除建築物時，卻缺乏避免石綿污染問題發生的措施，例如民國88年921震災後的房屋拆除工作，拆除人員即缺乏對石綿污染的防備，可能會對工作人員帶來健康的潛在傷害。

4-8 室內燃燒物及油煙的檢測標準

　　近年來，地處亞熱帶的台灣在高度的經濟開發下，環境與生態嚴重失衡下，且隨著地球環境保護意識的抬頭及對健康生活的體認，於是我國人民也開始重視起居住環境的健康與舒適性。

　　根據美國環保署(EPA)和世界衛生組織(WHO)的研究指出，室內空氣污染物的濃度常為室外的2倍以上，室內環境污染輕者可引起各種不良反應，重者則可引發癌症。在NIOSH室內空氣品質問題的調查中發現，室內空氣污染物來源可分為進入外氣、室內人員、空調系統、建築材料、室內有機物質及燃燒器具與用品等六大類。在「集合住宅室內空氣環境(CO_2、CO、粉塵)現場量測方法之探討」碩士論文裏也將這六大類簡略說明如下：[彭定吉，1992]

一、外氣滲入：

　　隨著工業的演進，再加上高科技產業的發展，各種人造的污染不斷地被製造而排放於大氣中，使得台灣的大氣污染嚴重，污染物的種類不但繁多，同時使得有毒外氣滲入室內造成空氣污染。

二、人體代謝：

　　據有關資料表明，人作為一個活體在其新陳代謝過程中，所呼出的氣體中約含有 16 種揮發性有毒物質。

三、空調系統：

　　具有空調系統的密閉室內，將造成新鮮空氣量的補充不足，使細菌有機會繁殖而造成人體的危害。

四、建築材料：

　　大量新型的建築和裝潢材料被用於居室中，可能造成室內空氣污染，由建築物本身引起的污染主要是 VOCs 濃度超過容許標準。

五、有機物質：

　　如果室內存在有細菌、真菌、病菌和塵蟎等，容易造成室內污染。

六、燃燒(消防)器具與用品：

　　現今的許多開發中國家仍在室內燃燒木材、煤、石油等，或是仍在使用燃油式暖爐，廚房瓦斯爐、洗澡瓦斯熱水器等，燃燒時可能產生危害健康的毒氣。另外家庭烹飪油煙含有致癌的多環碳氫化合物，會對人體引起傷害。

　　1. 室內燃燒污染：

立德管理學院資源與環境管理研究所「家庭用側吸式排油煙機之開發設計與效能評估」碩士論文中指出，目前國內大部分燃燒器具大多是使用桶裝瓦斯或天然氣，會產生空氣污染物諸如 CO、CO_2、NO、NO_2 等。其中因為瓦斯燃燒不完全會造成一氧化碳，是奪取性命最危險的有害氣體，而瓦斯燃燒後的主要生成物則為二氧化碳。[林慈儀，2003]

由於一氧化碳和血紅素的親和力較氧為大(約220倍)，所以一氧化碳被人體吸入後，會與血紅素結合成一氧化碳血紅素，造成腦部組織缺氧，嚴重者會因為心臟衰竭或窒息而致死。雖然低濃度的二氧化碳是無毒性的，但在高濃度時則會對人體造成呼吸困難及窒息反應。

2. 油煙污染：

國立交通大學工學院產業安全與防災研究所「可調式排油煙機最佳排煙方式之研究」碩士論文中指出，根據衛生署表示現今肺癌已躍居國內癌症死亡率之首位，雖然台灣女性吸煙人口少，約只有佔全國人口 4％，但肺癌卻高居我國女性癌症死亡率之首位，且因肺癌死亡的女性病患中僅約 10％有吸煙習慣，使人懷疑我國婦女肺癌與烹調方式有關。另據高雄醫學院公共衛生學系的研究中也發現煮一頓飯所產生的油煙致癌物相當於抽 5 支煙，台灣家庭烹調方式多以食用油快炒為主，因此家庭主婦將吸到大量的油煙，而未使用排油煙機的婦女罹患肺癌機率更高達 8 倍。[陳增堯，2003]

3. 消防設備污染:

　　中國醫藥大學附設醫院停車塔 2008 年 3 月 8 日發生消防檢修人員誤觸二氧化碳滅火裝置,造成 7 人窒息送醫,3 人傷勢嚴重,其中 25 歲林姓工人經高壓氧救治已恢復意識,24 歲翁姓工讀生(朝陽科大營建系研究生)仍深度昏迷,病況不樂觀。由於二氧化碳噴出後會讓火焰缺氧而無法燃燒,滅火快速有效,但因無色無味,噴出後讓人毫無所覺,一般都用在沒有人員進出的場所。這次發生的意外,則是工程人員因二氧化碳過多吸不到氧氣,發覺時已經昏迷[陳凱勛,2008]。因此建議政府主管機關禁止使用這種可能造成公安意外的設備。

　　從管制法規的層面而言,本世紀以來因許多與空氣污染相關的事件,凸顯出空氣污染的嚴重性,而促使政府機關需訂定空氣污染防治法規,加強執行各項空氣污染防治措施,並訂定保護國民健康之環境空氣品質標準。

一、國外相關研究或標準

　　雖然室內空氣污染不僅會破壞人們的生活和工作環境,還直接威脅著人們的身體健康,但中國方面在現行的《大氣污染防治法》主要還是針對防治室外空氣污染而制定的,並未涉及到室內空氣污染問題,若從保護人體健康的角度來看,防治室內空氣污染實應更為重要。[徐東群,2005]

　　國立成功大學建築研究所「辦公空間室內空氣品質管制策略之研究」博士論文提到,中國為了防治室內空氣污染,其預防醫學科學院

環境衛生監測所於 1999 年 7 月 26 日提出了"室內空氣衛生監督管理辦法"，又繼續進行了調查研究工作及國內外相關法律、法規和標準的收集整理工作，加緊制定統一的衛生標準及檢驗方法。[李彥頤，2004]

二、國內相關研究或標準

　　我國為發展中國家並逐漸邁進已開發國家，由於都市化及有限的土地面積，國民逐漸移向城市工作或定居，促使的都市的建築物逐漸往高空中發展，越來越多的高樓大廈漸漸被建築，人們的生活空間由以往的平房進駐到這些新大樓內。

　　立德管理學院資源與環境管理研究所的「家庭用側吸式排油煙機之開發設計與效能評估」碩士論文中指出，傳統上華人喜歡使用植物油以及動物油炒菜，但食用油在高溫下可產生大量的油煙。由於油煙暴露並無污染標準，但一些研究報告也已證實油煙暴露與肺癌的關係。自1986年起依照行政院衛生署的統計，肺癌已經成為我國女性十大癌症死因之首位，改變高溫油炒烹飪行為及改進廚房排煙效能可以減少暴露於油煙的傷害，從健康的考慮下可降低婦女在廚房遭受油煙傷害之風險。[林慈儀，2003]

　　根據我國勞工作業環境空氣中有害物容許濃度標準中對室內空氣品質的各項成份標準值(8 小時平均值)如下表 4-49 所示：

表 4-49　我國室內空氣品質標準值

國家	二氧化碳 CO_2(ppm)	一氧化碳 CO(ppm)	二氧化氮 NO_2(ppm)	二氧化硫 SO_2(ppm)	臭氧 O_3(ppm)	管制法令
中華民國	5000	35	5	2	0.1	勞工作業環境空氣中有害物容許濃度標準

　　我國目前針對建築物的通風規定，於民國 95 年修正後的建築技術規則建築設計施工編(表 4-50)第 43 條中規定，居室應設置能與戶外空氣直接流通之窗戶或開口，或有效之自然通風設備或機械通風設備，以及民國 95 年修正後的建築技術規則建築設備編(表 4-51)第 103 條其排除油煙設備、須包括煙罩、排煙管、排風機及濾脂網等。

表 4-50　建築技術規則建築設計施工編

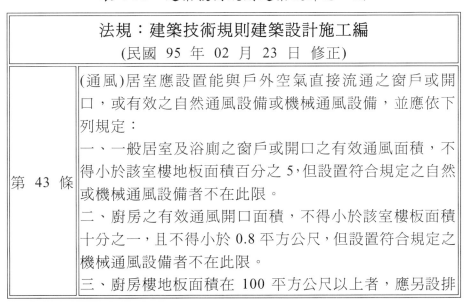

法規：建築技術規則建築設計施工編	
(民國 95 年 02 月 23 日 修正)	
第 43 條	(通風)居室應設置能與戶外空氣直接流通之窗戶或開口，或有效之自然通風設備或機械通風設備，並應依下列規定： 一、一般居室及浴廁之窗戶或開口之有效通風面積，不得小於該室樓地板面積百分之 5，但設置符合規定之自然或機械通風設備者不在此限。 二、廚房之有效通風開口面積，不得小於該室樓板面積十分之一，且不得小於 0.8 平方公尺，但設置符合規定之機械通風設備者不在此限。 三、廚房樓地板面積在 100 平方公尺以上者，應另設排

	除油煙設備。

表 4-51　建築技術規則建築設備編

法規：建築技術規則建築設備編 (民國 95 年 05 月 15 日 修正)	
第 103 條	(通則) 本規則建築設計施工編第 43 條第 2 款規定之排除油煙設備、包括煙罩、排煙管、排風機及濾脂網等，均應依本節規定。

表 4-52　空氣污染防制法施行細則

法規：空氣污染防制法施行細則 (民國 92 年 07 月 23 日 修正)	
第 2 條	本法第 2 條第 1 款所定空氣污染物之種類如下： 二、粒狀污染物：(七) 油煙：含碳氫化合物之煙霧。

　　另外民國 92 年修正後的空氣污染防制法施行細則(表 4-52)第 2 條中亦規定油煙為空氣污染物中的粒狀污染物之一。

　　近年來由於國內各方面物質生活的提升，人們也開始意識到生活環境品質的注重，促使環保署於民國 82 年 9 月，在台灣地區建立了空氣品質監測網站，對於傳統空氣污染物所的監測，均建立了各區域的完整空氣品質資料庫。環保署並從民國 84 年 7 月開始，徵收空氣污染防治費並使用於各項空氣污染的防治工作，執行至今，使得整體空氣品質確實有所改善。但室內空氣的污染來源並不只於滲入的外氣而已，尚還包括如上節所述其他原因造成的因素，尚須有待大家的努力研究及加強管制改善。

4-9 放射性元素氡的檢測標準

2001 年 8 月 31 日科技日報的「當心：室內污染物多爲致癌物」專欄中指出，氡是放射性氣體易被吸入而產生內照射，內照射對人體的危害比外照射厲害得多，氡是由鐳同位素衰變直接產生的，是無色、無味的放射性氣體，並被國際組織定爲 A 族致癌物，對人和其他生物等有著重要的殺傷力，由於摸不著和看不到因而被稱爲隱形殺手。[科技日報，2001]

建築材料中主要的天然放射性物質是鐳(Ra-226)、釷(Th-232)和鉀(K-40)。它們通過放射性衰變，放出 γ 射線，對人體產生外照射，形成放射性危害。而鐳在衰變過程中還產生一種放射性氣體-氡氣。經現代研究發現，氡氣普遍存在於我們的生活環境中，但衰變時產生的 α 粒子，在人體所受到的全部環境輻射中占到 55%以上。而且，氡氣經人體吸入後會沉積在肺細小支氣管上皮的基底層，通過長期照射可產生肺癌。

天然大理石是由放射性很低的石灰岩，經高溫高壓變質而來的，所以其放射性和氡一般都很低。放射性很低的還有玄武岩和輝綠岩等，而放射性偏高或高的有偏紅的和偏綠的花崗石以及部分的砂岩和板葉岩等。

氡它可能致肺癌，經過美國有關單位的研究調查中指出氡是僅次於吸煙造成肺癌的第二個大根源，而且在大劑量的輻射作用下可能引起皮膚癌和白血病。[科技日報，2001]

室內環境中的氡主要來自於地基下岩石(土壤)中的鐳，以及局部能作爲氡通道的構造斷裂帶，其次是岩石建材(指直接取自岩石，或經攪進配料加工而成的一組建材)，例如花崗岩、大理石、板石、砂

岩、玄武岩、輝綠岩和建築用沙以及人造石材、陶瓷磚、水泥、混凝土等。

一、國外相關研究或標準

氡是 1900 年初被發現的，且氡會致肺癌，美國疾病管制中心出版的《致死率及致病率週報》期刊研究報告曾指出，要預防家裡的石頭和土壤是否帶有超標致癌的氡，隨時注意居家建材的輻射指標，才能減少致癌的機會。美國科學學會關於氡健康研究的報告(NAS 1998)中得出結論，在美國氡是致癌第二大原因。除了致癌外氡在室內環境的暴露亦會造成哮喘，根據美國的資料顯示大約 1700 萬美國人患有哮喘，每年大約超過 5000 人死於哮喘。[科技日報，2001]

中國建築材料放射性核素限量標準，依建築裝飾材料放射性物質含量，將建築裝飾材料分為 A、B、C 三類。規定建築裝飾材料必須在產品外包裝或產品說明書中明確標示放射性水準類別。目前中國大陸已制定了相應的法律、法規及標準，以控制建材放射性對人體輻射劑量的危害。根據其放射性水準區分為 A、B、C 三類，進行分類管理，其中：

A 類產品的生產、銷售、使用範圍不受限制。

B 類產品不可用於建築物，但可用於構築物。

C 類產品只可用於居民點以外的路基、涵洞、橋墩、水壩等場所。

新建低層住宅、平房和地下室應按照中國大陸國家品質技術監督局發布的「新建低層住宅建築設計與施工中氡控制導則」進行，新建高層房屋按城市規畫選址，注意避開高氡地質背景區，如無法避開應按上述有關法規採用防氡設計和施工。建築部門識別氡易析出地區是

非常重要的,而加強對居室內放射性物質,特別是氡危害的正確宣傳非常重要。

　　由於中國五分之一的國土位於高氡區,像香港地區之花崗岩氡氣平均值名列世界前茅,因此氡氣輻射已經成了中國大陸最突出的環保問題之一,按照世界衛生組織的要求,當室內的氡氣水準達到 100貝克(Bq)／平方米以上時,就要採取防氡措施,而解決氡氣危機主要還是靠空氣流動來稀釋室內氡氣含量。[科技日報,2001]

　　國內外對建築材料的放射性水準已做了大量的檢測,按放射性水準的高低順序具有下述一般規律:

1. 建築材料中:含廢渣磚、粉煤灰磚>混凝土>紅磚。
2. 地板材料:花崗岩>水泥>瓷磚、釉面磚>大理石>木地板。
3. 牆面材料:一般抹灰牆>噴塗處理牆>乳膠漆。
4. 在石材中,白色、紅色、綠色和花斑系列等花崗岩類放射性活度偏高。大理石類、絕大多數的板石類,暗色系列(包括黑色、籃色和暗色中的棕色)和灰色系列的花崗岩類,放射性活度較低。
5. 地下建築高於地面建築,地面低層樓房高於高層樓房。房間經常關閉門窗時,氡的濃度高於經常開啓門窗的房間。使用空調的室內氡濃度高於不使用空調的居室。廚房內高於臥室和客廳。

二、國內相關研究或標準

　　隨著科學技術的進步,新技術和新材料不斷開發,市場上出現的含放射性物質消費品的種類和數量也不斷增加,它們對廣大公眾造成

的附加照射也日益受到重視。尤其是居室裝潢中廣泛使用了釉面磚、大理石和花崗岩等放射性含量較高的建築材料，使室內氡濃度超標。

　　台灣北投大理石地形區及金門花崗岩地形區，都可能有放射性氡元素存在，這些地區的建築物都須要非常注意通風問題，花崗岩、大理石等石材因具有質地堅硬、耐酸耐鹼、經久耐用等獨有特性而為人們所喜愛，現已廣泛用於住宅和公共工作場所的豪華裝修。但是天然石材因含有天然放射性元素而具有一定的放射性，所以當其作為飾面材料時，其放射性問題絕不容忽視，尤其是地下室，更要留心通風不良的問題。[中國室內空氣網，2005]

　　但是我們也應該看到，隨著經濟的發展，各種新型建築材料(有些材料摻入大量高放射性的廢渣)構築人類生存的環境，導致居住環境放射性水準普遍提高。如果對放射性較高的石材產品不加限制地使用，將會產生一定量的放射性照射，污染環境，危害公眾健康。而且由於空調的廣泛使用，居室的通風不良，均可能使居室內人員受到更高的放射性照射。因此，對建材的放射性問題應引起關注，人們在提高生活水準的同時，也需進一步關切生存環境的品質。

參考文獻

〔1〕　徐東群，「室內空氣污染衛生監督管理研究發展」，中國預防醫學科學院環境衛生監測所研究報告，中國北京，2005。

〔2〕　陳奎德，「關於華沙民主國家會議與世界新秩序的對談」，2005.10.11下載，取自：http://www.epochtimes.com/b5/1/2/23/n50384.htm。

〔3〕　鄭朝陽，「綠建材專題報導」，民生報專題報導，台北，2003.06.25。

〔4〕　綠建材標章網，「善用再生、生態建材與地球和平共存」，專題報導，2006.12.28下載，取自：

http://www.cabc.org.tw/gbm/HTML/website/about01_101.asp。

〔5〕　美國環境保護署，「認識美國環境保護署」，首頁，2006.11.06下載，取自：http://www.epa.gov/epaoswer/non-hw/muncpl/hhw.htm。

〔6〕　行政院環境保護署，「環保標章政策白皮書」，財團法人環境與發展基金會研究報告，台北，2002。

〔7〕　日本環境共生住宅推進協議會，「關於日本環境共生住宅」，首頁，2006.11.06下載，取自：http://www.kkj.or.jp/。

〔8〕　江哲銘，「材料的健康性-二十一世紀空間設計的省思」，土木技術月刊，第九期，第四卷，2000。

〔9〕　蘇慧貞，「高雄市辦公大樓室內空氣品質調查與健康危害之評估」，高雄市環保局研究報告，高雄，2001。

〔10〕　蕭江碧，陳瑞鈴，「綠建築標章評估指標及方法之研究」，內政部建研所研究報告，台北，1999。

〔11〕　傅邦鈞，「建築環境電磁波輻射影響之研究」，碩士論文，中國文化大學環境設計學院建築及都市計畫研究所，台北，2004。

〔12〕　張芳青，「無線通訊之電磁波對人體健康影響的應用分析」，碩士論

文，臺中健康暨管理學院電腦與通訊研究所，台中，2005。

〔13〕 施幸宏，「環保署非屬原子能游離輻射污染之防治策略報告」，行政院環保署策略報告，台北，2000。

〔14〕 魯國經，「輻射與防護」，中央研究院，2006.11.15 下載，取自：http://www.icob.sinica.edu.tw。

〔15〕 王寰峯，「侵權行為損害賠償請求權消滅時效之探討--以長潛伏期損害之侵權行為類型為例」，碩士論文，東吳大學法律學系碩士在職專班法律專業組，台北，2005。

〔16〕 紀碧芳，「受黴菌污染建材上之黴菌種類研究」，碩士論文，國立成功大學環境醫學研究所，台南，2003。

〔17〕 戴振勳，「半導體作業環境中有害物砷之探討」，碩士論文，國立交通大學產業安全與防災研究所，新竹，2003。

〔18〕 江信仲，「三價砷化物對內皮細胞之血纖維蛋白溶解特性及病毒複製之影響的機制探討」，博士論文，國立成功大學基礎醫學研究所，台南，2004。

〔19〕 廖志偉，「工業及宜蘭地區地下水暴露之人體砷代謝型態研究」，碩士論文，高雄醫學大學職業安全衛生研究所，高雄，2004。

〔20〕 行政院勞工委員會勞工安全衛生研究所，「物質安全資料表」，2007.02.03 下載，取自：http://www.iosh.gov.tw/。

〔21〕 行政院環境保護署，「CCA 處理防腐木材相關管理事項及對應作法」，2007.02.22 下載，取自：http://www.iosh.gov.tw/。

〔22〕 陳石松，「魚類中有機汞物種和重金屬暨貝類中有機錫物種和重金屬之含量檢測」，博士論文，國立臺灣海洋大學食品科學研究所，基隆，2004。

〔23〕林建志，「台灣平地與高山大氣汞之監測與比較」，碩士論文，國立中央大學化學研究所，桃園，2006。

〔24〕行政院環境保護署，「疑似有害廢棄物判定資料庫」，2002，2007.02.22 下載，取自：http://ivy2.epa.gov.tw/web/main_8.htm。

〔25〕洪清吉，「煉鋼廠員工尿中微量元素鉛、鎘及鎳濃度之研究」，碩士論文，高雄醫學大學藥學院藥學研究所，高雄，2001。

〔26〕王肇齡，「國小學童血鉛濃度與學習成就的關係」，碩士論文，高雄醫學大學職業安全衛生研究所，高雄，2001。

〔27〕許博清，「水再生利用微生物風險評估與決策系統之開發」，碩士論文，國立臺灣大學環境工程學研究所，台北，2003。

〔28〕陳丁于，「台灣地區室內環境因子對建材揮發性有機物質逸散行為影響之研究-以清漆為例」，碩士論文，國立成功大學建築研究所，台南，2002。

〔29〕張志成，周淑梅，「建築室內逸散物質檢測分析研究」，內政部建研所研究報告，台北，1999。

〔30〕盧昆宗，「維護室內健康安全的塗裝設計與施工要點」，內政部建研所研究報告，台北，2002。

〔31〕彭定吉，「集合住宅室內空氣環境（CO_2、CO、粉塵）現場量測方法之探討」，碩士論文，國立成功大學建築研究所，台南，1992。

〔32〕李筱雨，「室內環境中油性塗料揮發性有機物排放特性分析」，碩士論文，元智大學機械工程研究所，桃園，2001。

〔33〕美國測試和材料學會，「測試室內源釋放有機物的指導程式」，2005.11.11 下載，取自：

http://www.astm.org/cgi-bin/SoftCart.exe/index.shtml?E+mystore。

〔34〕行政院勞工委員會勞工安全衛生研究所,「了解您我生活中的甲醛」,新聞稿,2006,2006.11.27下載,取自:
http://www.iosh.gov.tw/data/f5/news950214.htm。

〔35〕謝其德,「室內空氣清淨機去除甲醛之效能評估」,碩士論文,國立台北科技大學環境規劃與管理研究所,台北,2004。

〔36〕陳震宇,「室內木質建材甲醛逸散之研究」,碩士論文,國立台灣大學環境工程學研究所,台北,2001。

〔37〕張景泰,「裝潢木工粉塵及甲醛暴露之健康效應評估」,碩士論文,國立台北醫學大學公共衛生研究所,台北,2003。

〔38〕洪楨琳,「溫度與濕度對光催化分解苯蒸氣之影響研究」,碩士論文,國立中山大學環境工程研究所,高雄,2001。

〔39〕中國室內空氣質量網,「室內環境化學性污染物」,信息導航,2005,取自:http://www.airok.net/snhj/。

〔40〕林慈儀,「家庭用側吸式排油煙機之開發設計與效能評估」,碩士論文,立德管理學院資源與環境管理研究所,高雄,2003。

〔41〕陳增堯,「可調式排油煙機最佳排煙方式之研究」,碩士論文,國立交通大學工學院產業安全與防災研究所,新竹,2003。

〔42〕李彥頤,「辦公空間室內空氣品質管制策略之研究」,博士論文,國立成功大學建築研究所,台南,2004。

〔43〕「當心:室內污染物多為致癌物」,科技日報專欄,台北,2001.08.31。

〔44〕陳凱勛,「CO_2消防器 應放置無人處」,2008.03.09,中時電子報,2008.03.10下載,取自:
http://tw.news.yahoo.com/article/url/d/a/080309/4/uxpn.html。

第四章　習題

1. 目前國外的研究及標準有那些？

2. 目前國內的研究及標準有那些？

3. 電磁波的檢測標準有那些？

4. 輻射的檢測標準有那些？

5. 壁癌的檢測標準有那些？

6. 金屬元素的檢測標準有那些？

7. 微生物的檢測標準有那些？

8. 揮發性有機物質的標準有那些？

9. 石綿的檢測標準有那些？

10. 室內燃燒物及油煙的檢測標準有那些？

11. 放射性元素氡的檢測標準有那些？

第五章 健康建材的安全檢測方法

　　日常生活中居室內常見的有害物質多達數千種,本章將針對第四章的內容就一些常見及較嚴重的污染源來介紹檢測建材的方法及程序。其中包括的內容有電磁波、輻射、金屬元素污染(砷、汞、鉛)、揮發性有機物質(甲醛、苯系物、氨)、石綿、氡氣的安全檢測方法。由於本教材是以概論的方式論述,因此關於微生物與室內燃燒物及油煙檢測的部分,因牽涉的範圍較廣,內容可能太過艱深,故在此章不另作論述,其它沒有敘述到的如壁癌的檢測可以用目視法檢測即可。

5-1 電磁波的安全檢測方法

　　在日常生活中,舉凡工作、娛樂、休閒等,都離不開用電的產品,其中產生的電磁波如果沒有經過檢測,就無法得知在這樣的環境中生活是否安全,因此檢測環境中的電磁波可以當作生活的一個參考依據。

一、儀器介紹

　　電磁波的檢測可使用儀器如 TES-1393 磁場測試儀(圖 5-1),其讀值由液晶顯示器讀取,檢測範圍為 20/200/2000 毫高斯(mGauss)三種選擇,或 2/20/200 微泰斯拉(μTesla)三種選擇,解析度為 0.01/0.1/1 毫高斯三種,或 0.001/0.01/0.1 微泰斯拉三種,而感測頭是三軸,在資料儲存方面可以儲存 999 筆資料,頻寬從 30Hz 到 2000Hz,準確度為 20mG/μT ± 3%,取樣時間大約 0.4 秒,電源來源需要 6 顆 1.5 V

四號鹼性電池，操作溫度及相對溼度範圍分別為 0℃到 50℃(32℉到 122℉)與 80％RH，儲存溫度及溼度條件分別是-10℃到 60℃與低於 70％RH，儀器重約 165 公克，尺寸為 154 × 72 × 35(單位：mm)。 [Polimaster，2007]

圖 5-1　三軸磁場測試儀

二、三軸磁場測試儀各部名稱及功能(圖 5-2)

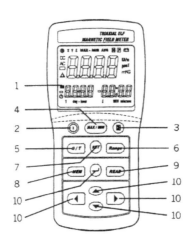

圖 5-2　各部名稱及功能

1.液晶顯示器

2.電源開關按鍵⊙：

　　a.按此鍵可開關本表，開機後 15 分鐘內不按任何鍵即會自動關機。

　　b.按住█鍵不放，再按⊙鍵開機直到螢幕第一次全部顯示後，放開█鍵，即可取消自動關機。

3.資料鎖定功能按鍵█：按此按鍵可將讀值鎖定，再按一次則結束此功能。

4.最大及最小讀值鎖定按鍵(MX/MN)：

　　在三軸總磁場之測量下才能進入此功能，開機後，先選擇所需之測量範圍檔位後，按下 MX/MN 按鍵一次，則進入最大及最小值記錄功能，顯示器上方出現 MAX 符號，此時可讀取最大值，再按一次此按鍵，顯示器上方會出現 MIN 符號，可讀取最小值，可循環讀取，按住此按鍵不放約 2 秒，則可結束此功能。

5.測量單位選擇按鍵(G/T)：按此按鍵可循環選擇所需之磁場單位。

6.測量範圍選擇按鍵(Range)：按此按鍵則進入手動選擇測量範圍檔，顯示器上方 R 符號，再按則可循環選擇所需之測量範圍檔，按住按鍵不放約 2 秒，則回至自動檔位選擇。

7.設定按鍵(SET)：循環選擇顯示器三軸(X、Y、Z)總磁場值及分別顯示三單軸(X、Y、Z)各個磁場值按鍵。按住 SET 按鍵不放約 2 秒即進入連續紀錄間斷時間設定功能，此時可按▲及▼按鍵來設定所需之秒數(1 秒至 255 秒)。設定完成後再按◀或↵ 按鍵則進入日期時間設定功能，配合▲▼◀▶四只按鍵，輸入現在日期、時間，再按↵ 鍵結束設定功能。

8.記憶儲存按鍵(MEM)：每按一次 MEM 按鍵，儲存一筆資料，顯示

器會先顯示儲存位置號碼(第 1 筆至 999 筆)，再將顯示器目前顯示之內容全部存入，故顯示器爲總磁場(X、Y、Z)及時間顯示則存入此內容，如顯示器爲 X、Y、Z 各單軸磁場顯示則存入此內容，所以在儲存前務必先選擇好顯示器顯示之內容。如欲連續紀錄，則先須設定好儲存間斷之時間(1 秒至 255 秒)，再按住 MEM 按鍵不放約 2 秒，即進入連續紀錄儲存功能，每紀錄一筆，顯示器 M 符號亮一次，如欲結束連續紀錄，則按↵ 鍵即可。

9.記憶值讀取按鍵(READ)：按一次 READ 按鍵，進入 READ 功能，顯示器左邊出現 R 符號。此時再按▲▼鍵選擇記憶體位置，顯示器會先顯示記憶體位置號碼(1～999 筆)，再顯示該記憶體位置內的儲存資料，按↵ 鍵一次離開 READ 功能，如欲連續讀取，按住 READ 鍵不放 2 秒，則可連續依序讀取記憶體全部資料，按↵ 鍵一次則離開 READ 功能。

10.▲▼◄► 按鍵：設定目前時間，記憶間隔時間及讀取選擇記憶體位置操作按鍵。

三、檢測程序與方法

　　一般住家的機電設備或電器設備或公共場所可依下列程序施以電磁波檢驗：

1. 按下電源開關，並設定"Range"、"Gauss"、"Tesla"按鈕來符合量測範圍要求，並開始準備測量。

2. 將錶握在手上，慢慢移動接近待測的物品，須注意愈靠近待測物品，其電磁場強度也會隨之增大，此時亦注意強度是否超過安全標準，以免自身健康遭受危害。

3. 在測量中，試著改變磁場測試儀對待測物品的角度，以得到最大的讀值。

　　而對於有高強度電磁波環境如架空高壓線路、變電所、落地型變壓器、手機基地台等，為保護檢測時檢測者的安全與正確檢測，行政院環境保護署提供量測程序與原則如下：[行政院環境保護署，2007]

(1) 在時間取樣方面，每一空間量測點的最小取樣間隔應大於儀表的安定時間，但以不超過 10 秒鐘為原則。

(2) 若要量測變電所電磁場強度，應於變電所外圍一般民眾可正常活動的空間進行。若變電所牆外為緊鄰的人行道或可允許路人步行的道路時，即應於離圍牆等距處，沿人行道或道路進行縱向磁場強度量測。

(3) 所有的測量點以離地面或牆面皆為 1 公尺為原則。

(4) 沿線取樣間隔以能顯示出電磁場強度變化細節為原則，量測點靠近線路進出變電所的區域時，取樣間隔應較小(1 公尺或更小)，量測點離進出變電所的路線較遠時，取樣間隔可較大(不超過 2 公尺)。

(5) 檢測取樣點可視量測區域的實際地形地物狀況加以調整。

電磁波偵測器檢測結果如表 A 所示，只有室內的配電盤(內有幾個無熔絲開關)電磁波比較強，而 2001 年 1 年 12 日行政院環境保護署針對 60Hz 之家電用品產生電磁波的建議安全值為 833 毫高斯(mG)[環境保護署，2008]。但作者曾無意間針對有藍色燈管的捕蚊燈作檢測，因為捕蚊燈用高壓電捕捉蚊子，當抓到蚊子時會「啪」一大聲。檢測結果電磁波強度超過儀表所能檢測的範圍，俗稱「破錶」。

作者自己也在使用捕蚊燈，至少捕蚊燈可以協助抓蚊子。作者不敢說捕蚊燈會危害健康，以免影響業者的營運銷售。建議政府主管機關要注意、檢驗、審核各項商品的電磁波，保證居家設備的電磁波不會影響健康。另外也建議使用者遠離電磁波強度太高的設備，以維護健康。

表 A　電磁波偵測器檢測結果

檢測時間	檢測地點	檢測值 (mG)
2006.12.19	台中縣霧峰鄉變電所圍牆外面空地	17
2007.03.20	台中縣霧峰鄉自強路高壓輸電塔地面	4.4
2007.03.24	台中縣朝陽科技大學理工大樓 E-410 配電盤	112.6
2008.01.30	朝陽科技大學波錠紀念圖書館 (無線上網涵蓋範圍)	6.64
2008.01.30	朝陽科技大學行政大樓大廳電子看板	24.32
2008.01.30	朝陽科技大學旁邊山坡地的行動電話基地台	2.46
2008.04.16	台中縣大里市草湖路旁邊地面上的綠色變電箱	8.60
2008.04.23	台中市東區中東變電所旁的圍牆旁邊	47.7

5-2 輻射的安全檢測方法

　　本節將針對輻射儀器的介紹、檢測方法，並展示用儀器檢測輻射的照片，對輻射的安全檢測方法將有更進一步的認識。

一、儀器介紹

圖5-3 數位式輻射偵測器

1.偵測輻射的儀器有很多種,本小節將針對 POLIMASTER 的數位式輻射偵測器(圖 5-3)作介紹,其型號是 PM1203 M,規格尺寸為 125 × 42 × 24(單位:mm),儀器重量 0.09kg,使用年限 6 年,在耗電量方面,兩顆 1.5V 的水銀電池可使用 1000 小時,測量範圍為 0.01 到 1999.99 微西弗/小時(μSv/h),操作溫度與相對濕度範圍分別為-15℃到 60℃與 80% RH,偵測誤差範圍在± 20%。[Polimaster,2007]

2.數位式輻射偵測器功能說明圖(圖 5-4)

(1)set 鍵、(2)mode 鍵、(3)顯示數字、(4)冒號、(5)小數點、(6)圓形指示刻度、(7)圓形狀刻度顯示輻射累劑量、(8)線性指示刻度、(9)線性刻度顯示輻射平均劑量、(10)劑量計顯示符號、(11)時間顯示符號、(12)鬧鈴顯示符號、(13)指示輻射平均劑量率(μSv/h)、(14)指示輻射劑量(mSv)、(15)音響警示符號、(16)設定模式符號、(17)IR◎紅外線傳輸埠。

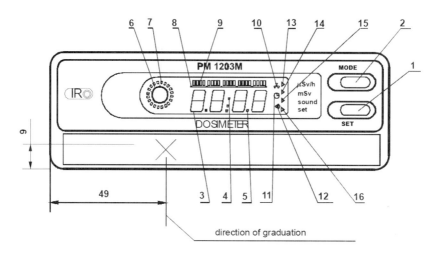

圖5-4　數位式輻射偵測器功能說明圖

二、檢測程序與操作方法

1.偵測表格及配備

(1)能偵測低自然背景之輻射偵測器及污染偵測器。

(2)打開輻射偵測器電源經由儀器自動歸零5秒後，校正偵測儀器之方向；入射角度小於四十五度時，平均讀數應不得小於最大反應之80％，入射角為90度時，平均讀數不得小於最大反應的50％，即可對欲檢測之目標物施以檢測。

(3)建築物輻射偵測紀錄表及有關之表格。

　a.建物背景戶輻射偵測紀錄表。(如下表5-1)

　b.建物輻射偵測紀錄表。(如下表5-2)

表5-1　建物背景戶輻射偵測紀錄表

建物背景戶輻射偵測紀錄表

□住家
□非住家
□無法認證

一、建物住址：＿＿＿＿＿＿＿＿＿＿＿＿＿＿＿

二、度量儀器及序號：＿＿＿＿＿＿　單位：uSv /hr

　　平均背景值（BG）：＿＿＿＿　背景值（BG）：＿＿＿＿＿＿＿

三、偵測紀錄：　　　　　　　　　偵測日期：＿＿＿＿＿＿＿

偵測位置	空間劑量率無異常	偵測位置	空間劑量率無異常
客廳		書房	
餐廳		辦公室	
臥室		陽台	
廚房		其它	
浴廁			

經偵測所得空間輻射劑量率與自然背景值相當，無異常輻射狀況。

四、記事欄

所有權人：　　　　　　聯絡電話：
　　　　　　　　　　　　（H）　　　　　（O）

住戶簽名：　　　　　　聯絡電話：
　　　　　　　　　　　　（H）　　　　　（O）

偵測人員：

表 5-2　建物輻射偵測紀錄表

建物輻射偵測紀錄表

□住家
□非住家
□無法認證

一、建物住址：＿＿＿＿＿＿＿＿＿＿＿＿＿＿

二、度量儀器及序號：＿＿＿＿＿＿＿＿單位：uSv /hr
　　平均背景值（BG）：＿＿＿＿＿背景值（BG）：＿＿＿＿

三、偵測紀錄：　　　　　　　　　偵測日期＿＿＿＿＿＿＿＿

偵測位置	表面最高劑量率（樑、柱、牆、地面、屋頂）	偵測位置	表面最高劑量率（樑、柱、牆、地面、屋頂）

四、空間及特定點偵測：

偵測位置	空間最高劑量率	偵測位置	空間最高劑量率
客廳		沙發坐墊處	
餐廳		餐桌面、坐椅位置	
其他		陽台	

所有權人：	聯絡電話：（H）	（O）
住戶簽名：	聯絡電話：（H）	（O）
偵測人員：		

2.輻射偵測儀器操作方法(圖 5-5)

(1)輻射每小時平均劑量率(µSv/h)：

a.按一次"set"顯示測量讀數，再按一次"set"將測量值歸零，再按一次"set"顯示前次測量之平均劑量率。

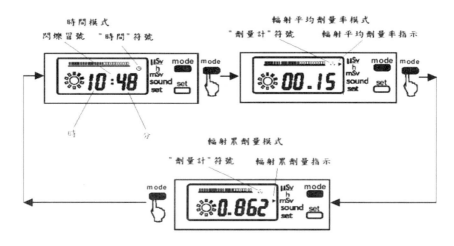

圖 5-5　輻射偵測儀器操作按鍵說明

b.按住"set"約 3sec，顯示平均劑量率之警示設定值，且小數點後二位數會閃爍，按"mode"可調整數值；再按一次"set"，前二位數會閃爍(個位數及十位數)，按"mode"可調整數值；再按一次"set"，四位數之前二位數值會閃爍(百位數及千位數)，按"mode"可調整數值；再按一次"set"顯示已測量讀數，如顯示"rd - - -"表示讀值數記憶已滿，按"mode"可歸零；所有設定值皆確認後，按住"set"約 3sec 即可完成設定並顯示前次測量之平均劑量率。

c.開始測量平均劑量率(DER)，按"set"一次顯示讀數，再按一次"set"測量值歸零，按一下"mode"，LCD 會出現"00.00"閃爍且左側圓

形放射狀刻度會閃爍，直到放射狀刻度充滿圓形時，按一下"mode"可儲存平均劑量率(DER)讀值，按一下"set"，跳出平均劑量率(DER)測量模式，放射狀刻度會消失。

(2)輻射累劑量(mSv)

a.按一次"set"顯示輻射累劑量之累計時間，再按一次"set"，LCD顯示紅外線傳輸模式"Ir Da"，再按一次"set"或 5 秒後會自動回復至輻射累劑量(mSv)之顯示(圖 5-6)。

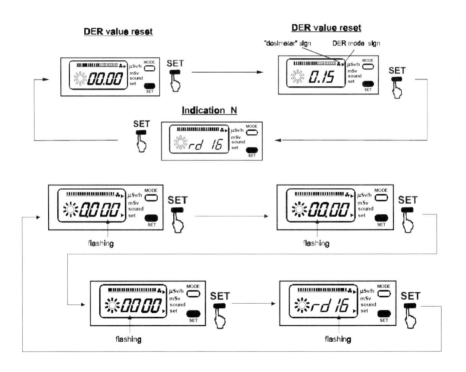

圖 5-6　輻射累積劑量操作方法

b.按住"set"約 3sec，調整輻射累劑量之警示值；此時小數點後第 2、

3 位數會閃爍，按"mode"可調整數值；再按一次"set"，小數點後第 1 位數會閃爍，按"mode"可調整數值；按一次"set"，LCD 顯示之後 2 位數會閃爍，按"mode"可調整數值；按一次"set"，前 2 位數會閃爍，按"mode"可調整數值；確認調整至需求警示值後，按住"set"約 3sec 即可完成設定並回到輻射累劑量(mSv)之顯示。

c.調整警示設定值後(圖 5-7)，累積劑量及時間會自動歸零。

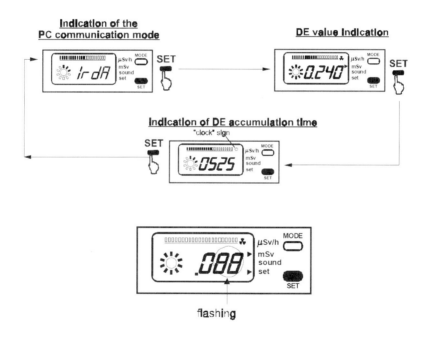

圖 5-7　調整警示設定值

三、檢測步驟

　　靠近污染建物前,先於附近無污染地區打開輻射偵測器使其穩定後,記錄儀器自然平均背景值,並打開污染偵檢器使其穩定。靠近建

築物或進入住戶室內之後，即以污染偵檢器先行偵測，再以輻射偵測器偵測其穩定後之平均輻射強度並記錄。為了避免受到輻射感染，建議至少距離施測物1公尺以上就先行檢測其穩定後之平均輻射強度並記錄，確認於安全標準以下再對施測物作表面檢測其穩定後之平均輻射強度並記錄。

在表面檢測上，以每一污染柱取該柱表面最高劑量率位置，並由該位置表面垂直方向，向外延伸100公分其穩定後之平均輻射強度並記錄，例如鋼柱的檢測(圖5-8、圖5-9)。在每一污染天梁，取該天梁表面最高劑量率位置之正下方；若天梁貼牆面時，則偵測點需離牆面100公分其穩定後之平均輻射強度並記錄。污染牆偵測，取該牆表面之最高劑量率位置，並由該位置表面垂直方向，向外延伸100公分其穩定後之平均輻射強度並記錄，例如牆壁、鋼梯(圖5-10)、玻璃帷幕鋼柱(圖5-11)等施以輻射檢測。在輻射測量時應注意偵測器與污染梁柱之方向性關係及避免人為因素影響偵測(例如人體屏蔽效應)。

若經自行輻射檢測結果發現輻射平均值都超過安全標準值時請專業人士複檢，並立即通知行政院原子能委員會派專員來處理，經確認為輻射污染建物後，其專業輻射檢測人員會穿著輻射隔離衣，依放射性污染建築物現場輻射檢測及劑量評估作業要點，進入污染建物執行施測並加以評估。本試驗方法為行政院原能會訂定的嚴重污染環境輻射標準檢驗。[行政院原子能委員會，2007]

四、實驗照片

圖 5-8　　鋼柱輻射檢測之一

圖 5-9　　鋼柱輻射檢測之二

圖 5-10　　鋼梯輻射檢測

圖 5-11　　帷幕鋼柱輻射檢測

　　行政院原子能委員會 2005 年 12 年 30 日游離輻射防護安全標準第十三條對輻射工作場所外地區中一般人體外曝露造成之劑量，一小時內不超過 0.02 毫西弗，一年內不超過 0.5 毫西弗[原子能委員會，2008]。輻射偵測器檢測結果如表 B 所示，檢測值均在安全範圍內。建議政府主管機關對各項重大公共工程建設(例如高鐵、捷運等)、辦

公大樓、住宅及汽機車等要長期全面性檢測輻射劑量，以確保民眾健康。

表 B　輻射偵測器檢測結果

檢測時間	檢測地點	檢測值	
		平均劑量 (10 分鐘)	即時監測劑量 (3 分鐘)
2007.01.17	某國立大學 X 光繞射儀	0.10～0.15 μSv/h	0.12～0.16 μSv/h
2007.01.10	台灣高鐵烏日站大廳入口 1	0.11～0.12 μSv/h	0.16～0.18 μSv/h
2007.03.21	朝陽科技大學新理工大樓 2F 樓梯間	0.14～0.15 μSv/h	0.11～0.14 μSv/h

5-3　金屬元素（砷、汞、鉛）的安全檢測方法

目前現階段由於攜帶型的儀器仍未問世，所以我們參考行政院環境保護署環境檢驗所提供的重金屬安全檢測方法(此方法為室外採樣室內分析)，而這個方法都可以對砷、汞、鉛做檢測。另外除了環境檢驗所之外，勞工安全衛生研究所提供的方法也是跟環境檢驗所相似，故不另作詳述。

一、採樣方法

檢測金屬元素之前，必須在一般環境的空氣中進行粒狀污染物的採樣，而採樣的方法我們稱為空氣中粒狀污染物的高量採樣。[行政院環境保護署環境檢驗所，2007]

1. 方法概要：

經由高量空氣採樣器配合適當之濾紙，以 $1.1 \sim 1.7$ m^3/min 之吸引量，於短時間或連續 24 小時採集空氣中之粒狀污染物再稱重量。

2. 適用範圍：

本法適用於空氣品質之總懸浮微粒(TSP)及周界空氣中之粒狀污染物(Particulate)，粒徑在 100 微米(μm)以下之濃度測定。

3. 干擾：

(1) 光化煙霧(Photochemical smog，工廠或汽機車等交通工具排放出不少的碳氫化物、氮氣化物和含鉛有機物質；當這些物質和空氣混合，及經過陽光的照射後，產生化學反應而分解出臭氧、硝基過氧乙醯及甲醛等有害物質在空氣中到處飄散而形成白煙)，或木材煙霧(Wood smoke)等可能存在之油性物質，會阻礙濾紙空氣流量而造成不穩定之抽引速率。

(2) 濃霧或濕度高時會使濾紙受潮，而嚴重地減低空氣流量。

4. 設備及材料：

高量空氣採樣器(High-volume air sampler)(圖 5-12)是由空氣吸引部、濾紙固定器、流量測定部及保護器(Shelter)所構成(圖 5-13)。

(1) 空氣吸引部：是由整流馬達連結二段離心渦輪式風扇 (Turbine type fan)所構成，具有2 m^3/min 之吸引量。

(2) 濾紙固定器(圖5-14)：能保護20 × 25 cm(或8×10 in)之濾紙不致破損且不漏氣的一種裝設，直接與空氣吸引部連結。

(3) 流量測定部：流量測定部通常是使用裝卸方便之浮子流量計，其相對流量單位為 $1.0 \sim 2.0$ m^3/min之範圍。

(4) 保護器(圖5-15)：使用耐腐蝕性之材質製作，採樣時捕集面朝上，水平固定，可承受風雨而不致破損濾紙。

(5) 採集用濾紙：須符合下列基本規格
　　A.濾紙尺寸：20 × 25 cm(或 8 × 10 in)。
　　B.濾紙之有效採集面積：18 × 23cm(或 7 × 9 in)。
　　C.濾紙材質：一般使用玻璃纖維濾紙，若欲作化學分析，則可使用其他特殊材質濾紙。
　　D.濾紙之採集效率：原製造廠出廠時已經過試驗，確認對於 0.3μm 粒狀物具有 99.95％之採集效率。

(6) 分析天平：分析天平必須適合稱重採樣器所需型式及大小的濾紙。需要的測值範圍及靈敏度視濾紙盤重及重量負荷而定。一般而言，高量採樣器所需要的天平靈敏度為0.1mg。較小流量的採樣器將需要更靈敏的天平。

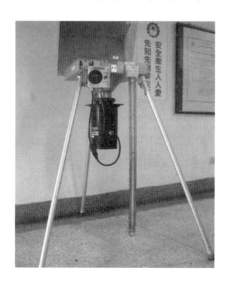

圖 5-12　高流量型採樣器(2007 拍攝於朝陽科技大學)

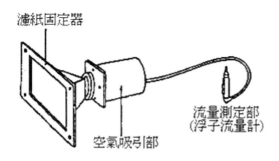

圖 5-13　高流量空氣採樣器之構造

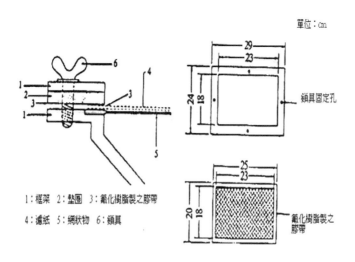

1：框架　2：墊圈　3：氟化樹脂製之膠帶
4：濾紙　5：網狀物　6：鎖具

圖 5-14　濾紙固定器之組合圖

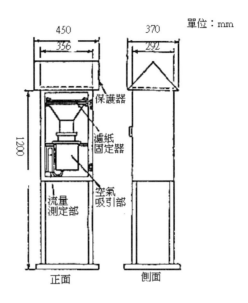

單位：mm

正面　　　側面

圖 5-15　保護器之構造

5. 步驟：

(1) 採集前先將濾紙攤開置於濕度維持在 45 ± 5％，溫度變化小於 3℃之乾燥器或天平室內，使之乾燥平衡 48 小時。

(2) 採集後之濾紙依後續檢驗分析需要，將粒狀物採集面摺於內，放入適當材質封套中取回檢驗。

6. 注意事項：

(1) 採集時之流量或採集後之重量濃度有異常數字出現時，檢查是否流量計有異常，採樣器是否漏氣或電源電壓是否變動。若異常現象是在採集開始不久發生時，則須經確認已恢復正常運轉後，才可開始採集。若異常現象是在採集終了才發現

時，則必須將此試樣保存並且正確記錄，同時要確實注意避免異常現象再度發生，並再重新採集。

(2) 吸引裝置之碳刷(Motor brush)在使用 400～500 小時後，必須換新品，且須校正流量。

(3) 高量空氣採樣器所附流量計之上端有一流量調整鈕，不能隨意觸動，一經觸動則須校正流量。

(4) 流量計之狹小部分若有污物附著時，會導致讀數降低，可用細針小心地除去污物，不可傷及流量針，其後須校正流量。

(5) 吸引裝置之零件遇有更換，修理或流量有異常時，須校正流量。

二、分析方法

　　空氣中的金屬元素經過高量採樣之後，再來就是進行分析，以確認是否有其金屬元素存在，而分析的方法有火焰式(圖 5-16)或石墨式(圖 5-17)的原子吸收光譜法，簡述如下：[行政院環境保護署環境檢驗所，2007]

1. 方法概要：

　　　　空氣中之粒狀污染物以高量空氣採樣器，經 24 小時採樣後，收集於玻璃纖維濾紙上。濾紙以硝酸加熱萃取法或以混酸(硝酸加鹽酸)之超音波萃取法萃取，最後利用火焰式或石墨式原子吸收光譜法測定樣品中重金屬之含量。

2. 設備及材料：

(1) 火焰式原子吸收光譜儀(配有鉛、鎘元素之中空陰極燈管或無電極放射燈管者)、石墨式原子吸收光譜儀。

(2) 玻璃器皿為燒杯、量瓶、吸量管。

(3) 加熱板。

(4) 超音波水浴：市售實驗室用超音波清潔浴，具有高於 450 瓦特功率者。

(5) 模板(Template)(圖5-18)：用於切割玻璃纖維濾紙。

(6) Pizza 式切刀(圖 5-18)：非金屬材質且具薄細刀輪，其厚度為 1mm。

(7) 錶玻璃。

(8) 聚乙烯瓶：用於保存樣品，線性聚乙烯製品比其它類聚乙烯製品具有較好之儲存穩定性。

(9)天平：可精稱至 0.1mg 者。

(10)排煙櫃。

(11)玻璃纖維濾紙：採樣用。

圖5-16　火焰式吸收光譜儀
(2007拍攝於朝陽科技大學)

圖5-17 石墨式吸收光譜儀
(2007拍攝於朝陽科技大學)

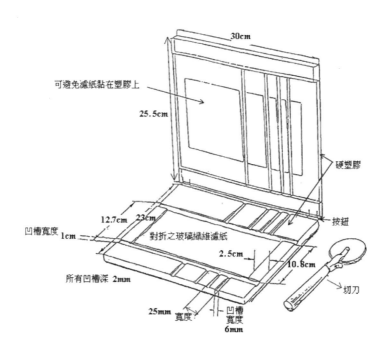

圖 5-18 分析用材料及設備(含模板及切刀)

3. 步驟：

 (1) 樣品前處理(圖 5-19)：

  a.加熱萃取法：因爲含有鉛之腐蝕性產物可能在採用熱萃取
   法萃取鉛期間形成於排煙櫃表面，故將樣品以錶玻璃蓋住
   是很重要的。

   (a)以模板及 Pizza 式切刀，由濾紙上切下 1.9 cm × 20.3 cm
    長條。

   (b)將此長條對折兩次，置於 150mL 燒杯中。加 15mL 之
    3M 硝酸，酸液需完全覆蓋樣品，並以錶玻璃覆蓋燒杯。

   (c)於排煙櫃中，以加熱板加熱沸騰 30 分鐘，注意勿使樣
    品蒸發至乾。

   (d)冷卻至室溫，以試劑水洗濯錶玻璃及燒杯邊緣，然後
    將萃取液倒入 100mL 量瓶中。

   (e)於 d 步驟之燒杯中，加試劑水至 40mL 之刻線，放置至
    少 30 分鐘，使濾紙中硝酸擴散至水中，再倒入量瓶內。

   (f)再以試劑水洗濯燒杯與濾紙兩次，每次不可超過
    30mL，洗液倒入量瓶內。

   (g)量瓶中之水溶液經猛烈搖盪後，靜置 5 分鐘直至泡沫
    消失爲止。

   (h)加試劑水至標線，靜置 1 小時，並存放於聚乙烯瓶中。

  b.超音波萃取法：

   (a)以模板及 Pizza 式切刀，由濾紙上切下 1.9 cm × 20.3 cm
    長條。

(b)將此長條對折兩次，置於 30mL 燒杯中。加 15mL 混酸甲溶液，燒杯以石蠟膜遮蓋(注意石蠟膜不可與超音波浴中之水接觸，以避免污染)。

(c)燒杯置於超音波浴中振盪 30 分鐘。

(d)以試劑水洗濯燒杯邊緣、濾紙及石蠟膜，洗液倒入 100mL 量瓶中。

(e)加入 20mL 試劑水，使覆蓋石蠟膜及濾紙，放置 30 分鐘後，將溶液倒入量瓶內。再以試劑水洗濯燒杯與濾紙兩次，洗液倒入量瓶內。

(f)量瓶中之水溶液經猛烈搖盪後，靜置 5 分鐘直至泡沫消失為止。

(g)加試劑水至標線，靜置 1 小時，並存放於聚乙烯瓶中。

(2) 檢量線製備：

選擇與樣品含有相同酸濃度之檢量標準液及空白液，以涵蓋儀器製造商標示之線性吸光範圍，依樣品測定步驟測量吸光度，以吸光度(Y 軸)對濃度(X 軸)做圖。

(3) 樣品測定：

應將樣品酸濃度所引起之噴霧器腐蝕減到最低，然而不同之噴霧器可能需要更低之酸濃度。經由美國環保署及其合約實驗室證實，並不需要再用原子吸收光譜法對粒狀污染物灰化樣品做鉛分析，因此本步驟可以從這個方法中予以忽略。一些分析者發現雖然萃取樣品過濾，可以移走粒狀污染物質，但卻造成鉛之損失，所以在樣品製備步驟

　　中特別將過濾程序予以排除。如果懸浮粒狀物在樣品分析
　　期間會膠結在霧化器上時，可用離心方法去除此粒狀物。

a. 設定儀器之波長，所有儀器操作狀況參考製造商之建議
　　設定。

b. 樣品可直接由量瓶中分析，亦可小心地倒取適量之樣品
　　於樣品分析管中，勿攪動沈積之固體。

c. 樣品、檢量標準液及空白液吸入火焰中，並記錄穩定後
　　之吸光度。

d. 由檢量線測定濃度(μg/mL)。

e. 樣品濃度超過檢量線範圍時，須稀釋後再重新分析。

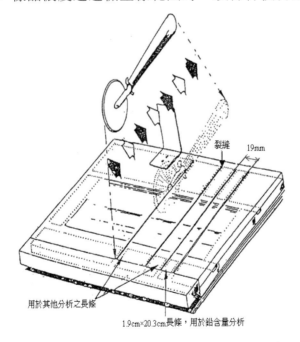

圖 5-19　樣品前處理

5-4　揮發性有機物質的安全檢測方法

　　對於新建大廈或重新裝潢的建築物,由建材本身逸散出的揮發性有機物質(VOCs)會持續到數個月之久,造成長期連續的室內污染,因此我們可以利用目前市售簡便儀器來自行檢測大氣環境中揮發性有機物質(VOCs)的濃度(圖 5-20、圖 5-21)。

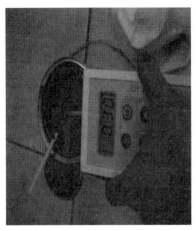

圖 5-20　揮發性有機物質檢測之一

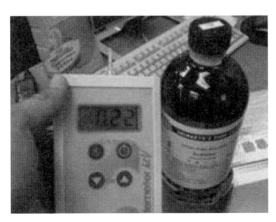

圖 5-21　揮發性有機物質檢測之二

一、儀器介紹

1.甲醛的檢測：

　　甲醛的檢測可使用儀器如可攜帶型甲醛氣體偵測器(圖 5-22)，儀器尺寸為 150 × 80 × 34(單位：mm)，使用電子式的感應器，並附有校正用的甲醛校正標準管，螢幕顯示為四位數之數位 LCD，儀器的取樣頻率為 0 到 3 分鐘，精確度在 2ppm 時為 10%，在測定的範圍中為 0.05 ppm 到 10 ppm，反應時間在取樣後 8 秒內，使用的電源 9V 的 PP3 鹼性電池。[PPM Formaldemeter，2007]

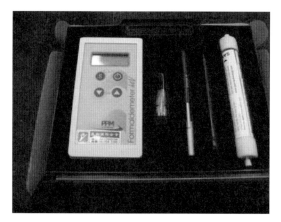

圖 5-22　可攜帶型甲醛氣體偵測器

(1)儀器操作步驟

a.首先開啟電源鍵畫面將顯示 ----- 約閃動 3 秒鐘檢查感應器，等到畫面顯示 0.00 表示已經準備好可以取樣了。

b.取樣：按下 SAMPLE 按鍵，畫面將顯示 Run 此時幫浦會抽氣約兩秒。

c.讀值：都抽氣完後，此時畫面會閃動 10 秒鐘就會顯示出取樣數據。

d.電源關閉：再安一次電源鍵 ON-OFF 即可關機。若忘記關閉電源，將會於 5 分鐘後自動關機。

e.注意事項：(1)酚類過濾器至多只能使用五次。甲醛校正標準管壽命為六個月或是使用一百次。(2)大氣中取樣時濃度約在 0.05ppm 左右，WHO 規定 8 小時平均甲醛濃度為 0.1ppm。(3)注意香菸的煙霧也會造成影響判讀數據。

(2)校正程序：

a.按下 ON-OFF 按鍵直到畫面顯示 ┃ 0.00 ┃ 。

b.將甲醛校正標準管兩端塞頭拔開，將有 O-RING 那端緊緊地套在取樣口上，按下 SAMPLE 鍵，約 10 至 15 秒讀值將會顯示。

c.檢閱環境溫度然後對照標準管上的溫度與甲醛的濃度，若讀值與該對照表的濃度誤差在 10%之內，則無須校正。若需校正，請參閱下列步驟：

(a)　先將機器關機至少 5 分鐘以上。

(b)　拿出附件溫度計在環境中測量溫度，至少要 1 小時，如此溫度才能較穩定平衡。將測得的溫度對照甲醛校正標準管的濃度。

(c)　拔掉校正標準管兩端的塞頭，將機器打開等到畫面顯示 ┃ 0.00 ┃ 再將有 O-RING 那端緊緊地套在取樣口上，同時按下 CAL 的上下鍵。

(d)　畫面將會顯示 ┃ Cal ┃ ，然後幫浦動作，從校正標準管取樣。

當幫浦停止後，移開校正標準管並將塞頭蓋上。

(e) 當機器分析時，畫面呈閃動狀態，約十秒鐘後畫面顯示 $\boxed{\text{set}}$ 及 $\boxed{1.75}$ 利用上下鍵調整到標準管的濃度。

(f) 按下 SAMPLE 鍵儲存該校正濃度的設定。畫面將為 $\boxed{\text{Cal}}$ 然後 $\boxed{\text{END}}$ 儀器將會自動關機。

2.苯系物的檢測：

　　苯系物的檢測可使用儀器如攜帶型 VOCs 氣體偵測器 (圖 5-23)，儀器的測量範圍有 VOCs (Toluene 甲苯) 0 到 500ppm，其儀器偵測 VOCs (Toluene 甲苯)精度在 1 到 200ppm 範圍小於 ± 10ppm，在精度 200 到 500 ppm 範圍小於± 10％，感應器反應時間小於 60 秒，偵測 VOCs(Toluene 甲苯)的解析度為 1 ppm，儀器的 LCD 螢幕可同時顯示氣體測定值、感應器種類及電池容量，使用的測量單位為 ppm 或 mg/m^3，除此之外還具有待機 (Stand-by mode)功能，可節省熱機時間，而儀器操作溫度的範圍為-5℃到 50℃，操作相對濕度的範圍為 5 到 95％RH，儀器尺寸為 195 × 122 × 54(單位：mm)，重量低於 460g(含感應器及電池)。[AERO QUAL，2007]

圖 5-23　攜帶型 VOCs 氣體偵測器

　　本偵測器除了可偵測苯系物外，只要更換隨機附上的不同測頭，就可針對其他特定的氣體或是依照測量高或低濃度氣體而做偵測，所有的測頭都可以在相同主機互相交換。由於這個儀器可以更換與氣體對應的測頭，增加了儀器使用的範圍，如氨(0-100ppm)、碳氧化物(0-1000 ppm)、鹽酸(0-500 ppm)、碳氫化合物(0-500 ppm)、二氧化氮(0-0.2 ppm)、臭氧(0-50 ppm)、其他氣體等，詳細情形可參考本偵測器的使用說明手冊(圖 5-24)。

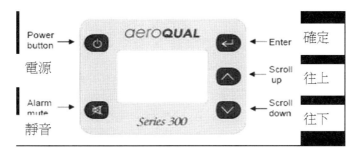

圖 5-24　攜帶型 VOCs 氣體偵測器操作圖

(1)儀器操作步驟的開關待機模式

a.在偵測器開機情況下，按一下 power 鍵啟動待機模式。這會停止偵測器操作，但是測頭會保持暖機狀態，這個模式用來節省電源，但保持測頭在測量氣體濃度的待機狀態下(圖 5-25)。

圖 5-25 開關待機模式

b.按一下 power 鍵，偵測器回到操作模式。

c.若測頭故障可能有兩種故障模式，顯示器會指示下列其中一個訊息：

　"Sensor Failure，Replace sensor"(測頭故障，請更換測頭)：這裡指示組件故障必須更換測頭。

　"Sensor aging"(測頭老化)：這指示測頭已經達到使用壽命的終點，必須儘快更換測頭。測量讀值已失去該有的可靠性了。

(2)功能表和按鍵功能的使用

　a.按鍵 ⬤ 進入設定功能表，會出現以下功能表(圖 5-26)：

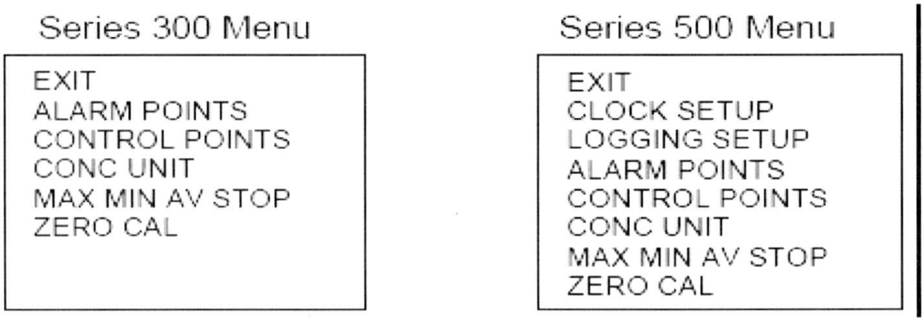

Series 300 Menu

EXIT
ALARM POINTS
CONTROL POINTS
CONC UNIT
MAX MIN AV STOP
ZERO CAL

Series 500 Menu

EXIT
CLOCK SETUP
LOGGING SETUP
ALARM POINTS
CONTROL POINTS
CONC UNIT
MAX MIN AV STOP
ZERO CAL

圖 5-26 甲苯攜帶型 VOCs 氣體偵測器設定功能表

　　　按 ⬤ 或 ⬤ 鍵，捲動到需要的功能上。

ZERO CAL(零點校正)"ZERO CAL"程序重設偵測器的零點，必須在小心控制的情況下執行"ZERO CAL"，規定如下：

˙至少暖機 24 小時。

˙乾淨的空氣(最好是活性碳過濾過)，沒有相互反應的氣體。

˙穩定和低空氣流在偵測器周圍。

˙偵測器沒有震動或移動。

˙溫度在 20℃ ±2℃(68°F ±3.5°F)。

˙相對濕度 50% ±5%。

　　一個不正確的"ZERO CAL"不會導致永久損壞,可以在上述
　　情況下重複這個動作。

b.按住🔳鍵不放直到 GO 字出現到下一個重設程序,這個程序
　大約會執行 3-10 秒鐘然後發出嗶聲指示完成並按🔽鍵向下
　捲動到下一個功能表選項。

c.高和低警報設定:按🔳鍵進入警報設定功能。

d.高警報設定:進入警報設定功能後,會顯示'Alarm Hi',按🔼
　或🔽鍵增加或減少設定,按🔳鍵確認更改(圖 5-27)。

```
┌─────────────────────────┐
│  ALARM   HI             │
│    0.080 ppm            │
└─────────────────────────┘
```

圖 5-27　高警報設定

e.低警報設定:一旦確認高警報設定,游標會自動捲動到'Alarm
　Lo'顯示,按🔼或🔽鍵增加或減少設定,按🔳鍵確認更改。
　注意:這個設定包含偵測器警報和外部警報(圖 5-28)。

```
┌─────────────────────────┐
│  ALARM   LO             │
│    0.040 ppm            │
└─────────────────────────┘
```

圖 5-28　低警報設定

f.啓用或取消警報:一旦確認低警報設定後,游標會自動捲動
　'Buzzer'顯示,按🔼或🔽鍵在 Enable(啓用)和 Disable(取消)
　間捲動。

g.高警報情況的螢幕顯示(圖 5-29)

圖 5-29　高警報情況的螢幕顯示

　當臭氧濃度上升超過 0.080ppm 以上時，顯示器左邊會出現兩個往上閃爍的箭頭符號，同時發出快速嗶嗶聲。

h.低警報情況的螢幕顯示(圖 5-30)

圖 5-30　低警報情況的螢幕顯示

　當臭氧濃度上升超過 0.015ppm 以上時，顯示器左邊會出現兩個往下閃爍的箭頭符號，同時發出緩慢的嗶嗶聲。

i.最大/最小/平均值測量週期：

(a)按 ⏎ 鍵在 Start(啟動)和 Stop(停止)兩者之間捲動，按 ⌄ 鍵捲動到'EXIT'(離開)，按 ⏎ 鍵離開功能表設定，依照你的功能表選擇，一樣會啟動或停止測量週期。注意：這裡有一個啟動或停止，如下從螢幕顯示(圖 5-31)。

圖 5-31　平均值測量週期-1

(b)按住 ⌄ 鍵兩秒不放直到偵測器發出嗶嗶聲。它會啟動測量值週

期，會出現以下顯示(圖 5-32)：

```
         OZONE
          ppm
MAX 0.024 MIN 0.005
AV 0.015
          0.008
```

圖 5-32　平均值測量週期-2

同樣地按住  鍵兩秒不放直到偵測器發出嗶嗶聲，它會停止測量值週期。注意：MIN、MAX 和 AVE 讀值是啟動週期內的最小、最大和平均讀值，ST 值是至少 15 分鐘內的平均值。

j.警報靜音的螢幕顯示(圖 5-33)

圖 5-33　警報靜音的螢幕顯示

(a)按　警報靜音鍵啟動。靜音高和低警報，只能在規定的警報限制內靜音警報。一旦濃度回到警報限制內，會重設警報。

(b)當發生一個警報情況並且使用按鍵執行靜音功能時，顯示器的左手邊會出現一個有中間打叉的喇叭符號。一旦警報情況解除螢幕上的符號會消失並且重設警報。

k.永久警報靜音的螢幕顯示(圖 5-34)。

圖 5-34　永久警報靜音的螢幕顯示-1

(a)在螢幕上會永久顯示一個如上圖所示的警報靜音符號，直到藉由 Alarm Setup Menu(警報設定功能)再一次啟用警報。

(b)假如當啟動永久靜音時，出現警報情況，如前一章節所述在顯示器上會出現閃爍的箭頭，因此沒有聲音只有閃爍的箭頭。按 ⊙ 鍵向下捲動到下一個功能表選項。

(c)控制點的設定按 ⊙ 鍵進入 Control Menu(控制功能表)，會出現 Control Hi'(高點控制)。按 ⊙ 或 ⊙ 鍵增加或減少設定。按 ⊙ 鍵確認更改(圖 5-35)。

CONTROL　HI
0.080 ppm

圖 5-35　永久警報靜音的螢幕顯示-2

(d)低點控制的設定一旦確認更改，游標會自動捲動到 'Control Lo'顯示。按 ⊙ 或 ⊙ 鍵增加或減少設定。 按 ⊙ 鍵確認更改。按 ⊙ 鍵向下捲動到下一個功能表選項(圖 5-36)。

CONTROL　LO
0.040 ppm

圖 5-36　永久警報靜音的螢幕顯示-3

注意：一旦完成控制設定後，偵測器必須置於〝待機〞或是關機，這樣新的設定才會生效。一旦偵測器再回到正常操作模式新設定會

生效。

1.更改測量單位(濃度單位)

(a)按⬛鍵進入'CONC　UNIT'(濃度單位)。主機顯示器會出現(圖 5-37)。

```
OZONE UNIT：
ppm (or)
mg/m³
```

圖 5-37　更改測量單位

(b)按⬛或⬛鍵在'ppm'或'mg/m³'兩者之間捲動,再按⬛鍵確認單位選擇,再按⬛鍵向下捲動到下一個功能表選項。

3.氨的檢測：

　　氨的檢測可使用儀器如英國 GMI VISA 氣體偵測儀器(圖 5-38),其偵測氨氣範圍從 0 到 100ppm,儀器操作溫度與溼度分別為-20℃到 50℃與 0 到 95% RH,儀器尺寸為 140 × 85 × 45(單位：mm),重量包含電動吸氣泵浦大約 400 公克。[GMI,2007]

　　本偵測器除了可偵測氨外,亦可測定其他氣體如可燃性氣體甲烷〔0-100% LEL(Lower Explosion Limited,最低爆炸下限)〕、氧氣(0-25%)、硫化氫(0-100ppm)、一氧化碳(0〜1000 ppm)、二氧化硫(0 到 30ppm)、其他氣體等,詳細情形可參考本偵測器的使用說明手冊。[GMI VISA,2007]

(1)儀器操作步驟

a.　開機：按住⬭約 1 秒。

b.　背光照明：按一次⬭或⬭可開啟背光照明,並於開啟 20 秒後自動熄滅。

c. 關機：同時按住 ⊕ + ◖ 不放，於螢幕出現 OFF 並倒數 3
秒後關機。

d. 警報：安全信號每 15 秒會響一次，並有綠燈 閃爍一次。
儀器偵測到危險氣體超出含量時，警報聲會快速響
起，並閃爍紅色 LED 燈光，此時請儘速至安全區域，
並視其氣體含量回到正常值後，按住 ⊕ 約 1 秒，解
除警報。

e. 電池顯示：

(a)螢幕顯示"LOW ▭ BATTERY"時，表示電池含量尚可使用
約 30 分鐘，此時警示聲每 2 秒會響一次並閃紅色 LED 燈。

(b)螢幕顯示"BAT ▭ FAULT"時，表示電池含量尚可使用約 3
分鐘，警報聲及紅色 LED 燈會持續出現，此時請立即更換
電池。更換電池時必須先關機，並絕不要拆掉電池組來取消
警報。

f. 充電或更換電池：

(a)使用充電式電池時，可將儀器關機後直接接上變壓器充電或
將充電式電池單獨接上變壓器充電；**將儀器直接接上變壓器
充電時，務必先關機。**

(b)使用鹼性電池時，將儀器關機後，移出電池盒鬆開電池盒內
蓋板之固定螺絲，換上三顆全新的 3 號電池，並鎖回蓋板即
可。

(2)注意事項

a.務必關機後再取下電池盒。

b.使用鹼性電池盒，如果會放置超出三個月未使用，請將鹼性電

池取出分開放置，避免電池漏液腐蝕儀器，導致故障。

c.更換鹼性電池時，勿將新舊電池混合使用，避免電流不穩定，縮短儀器使用壽命。

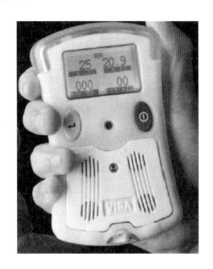

圖 5-38　GMI VISA 氣體偵測儀器

二、檢測程序與方法

使用不同的揮發性有機物質(VOCs)氣體偵測器可以在大氣環境中檢測不同的揮發性有機物質(VOCs)氣體的濃度，是相當便利的一件工作，但為求更精確或只針對特定施測物亦可做實驗室揮發性有機物質(VOCs)氣體檢測，其檢測程序如下：

1. 取樣：對施測物進行取樣。

2. 置入恆溫恆濕櫃中：為求施測物在恆溫恆濕中飽和揮發性有機物質(VOCs)氣體濃度，將施測物置入恆溫恆濕櫃(圖 5-39、圖 5-40)中及做環境設定(圖 5-41)，靜置時間 24 小時以上。

3. 進行檢測：使用揮發性有機物質(VOCs)氣體偵測器進行檢測

(圖 5-42)。

4. 讀值：讀值並記錄之，求取 8 小時平均揮發性有機物質(VOCs)
   氣體濃度值。

圖 5-39　恆溫恆濕櫃

圖 5-40　施測物置入櫃中

圖 5-41　環境設定

圖 5-42 飛灰加水拌合檢測氨氣濃度

三、檢測結果

　　作者的研究生鄒睿自台中縣油漆行任意購買一桶在台灣很有名的油漆，油漆中甲醛揮發測試結果如圖 A 所示，本試驗濕度保持80%，溫度變化從攝氏 18 度上升至 40 度再下降至 18 度。藍色曲線是油漆罐蓋打開靜置試驗櫃內，櫃門關閉的測試結果，甲醛揮發濃度高溫時略超過環保署的建議標準值 0.1ppm[環境保護署室內空氣品質資訊網，2008]。綠色曲線是油漆罐蓋打開靜置試驗櫃內，櫃門打開的測試結果，甲醛揮發濃度高溫時不高過環保署的建議標準值。黑色曲線是油漆罐蓋打開用筷子攪拌擾動油漆再置入試驗櫃內,櫃門關閉的測試結果，甲醛揮發濃度嚴重超過環保署的建議標準值 0.1ppm，

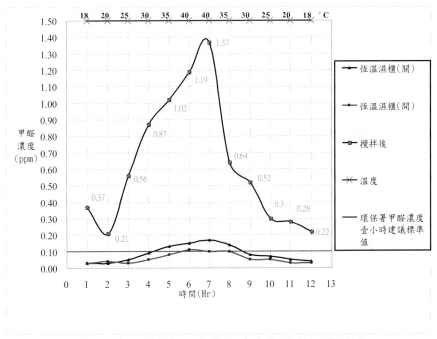

圖 A　恆濕 80%-溫度變化時油漆甲醛揮發測試

攝氏 40 度時約爲 14 倍。可見台灣的油漆產品需要政府加強改善其對
健康影響的品質。

　　作者的研究生鄒睿另外自台中縣油漆行任意再購買一桶在台灣
很有名的油漆，油漆中甲苯揮發測試結果如圖 B 所示，本試驗濕度
保持 60%，溫度變化從攝氏 20 度上升至 40 度再下降至 20 度。藍色
曲線是油漆罐蓋打開靜置試驗櫃內，櫃門關閉的測試結果，甲苯揮發
濃度常溫時超過勞工安全衛生研究所建議的引起量眩值 100ppm[勞
工安全衛生研究所，2008]。紫色曲線是油漆罐蓋打開靜置試驗櫃內，
櫃門打開的測試結果，甲苯揮發濃度常溫時超過勞工安全衛生研究所
建議的引起量眩值 100ppm。黑色曲線是油漆罐蓋打開用筷子攪拌擾
動油漆再置入試驗櫃內，櫃門關閉的測試結果，甲苯揮發濃度嚴重超

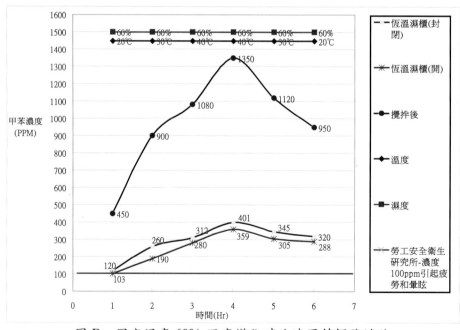

圖 B　固定濕度 60%-溫度變化時油漆甲苯揮發試驗

過勞工安全衛生研究所建議的引起暈眩值 100ppm，攝氏 40 度時約為 13.5 倍。由此可見台灣的油漆產品非常需要政府加強改善其對健康影響的品質。

　　作者的研究生楊忠翰製作濃度(1)0.277×10-6 %、(2)1.388×10-6 % 及(3)2.776×10-6 %的三種 500 毫升氨水溶液，其揮發的氨氣偵測數據如圖 C 所示，可見溫度超過攝氏 40 度時氨氣濃度就超過 25ppm，氨水溶液濃度雖很低，但氨氣濃度卻最高可達 180ppm，且已超過本儀器可偵測的上限值，很容易傷害儀器。我國勞工安全衛生研究所資料庫中物質安全資料表的毒性資料顯示，吸入氨氣會嚴重刺激呼吸道，氨氣濃度 20～25ppm 開始覺得刺激與不適，133ppm 曝露 5 分鐘會刺激鼻及咽喉，500ppm 會嚴重刺激鼻、咽喉及眼睛，1500ppm 以上會引起致命的肺水腫(胸部緊急呼吸困難)[勞工安全衛生研究所，2008]。

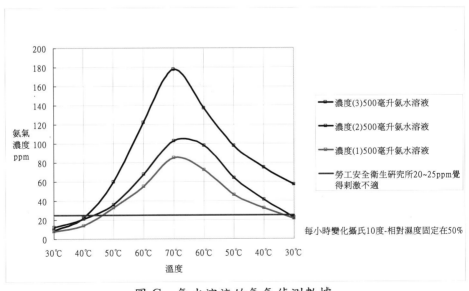

圖 C　氨水溶液的氨氣偵測數據

　　目前台灣工程界採用火力發電衍生的廢棄物「飛灰」，拌入混凝土中取代部分水泥，既可節省材料成本，混凝土強度也不太差，可是美國已發現飛灰遇水會從混凝土中緩慢釋放氨氣傷害人體。尤其在地下室、坑道、隧道等密不通風的混凝土工程，若任意加入大量「飛灰」則氨氣滯留不散，聞起來尿味很重更會傷害人體。美國材料試驗學會(ASTM)正在積極制定混凝土加入「飛灰」產生氨氣的新標準檢測方法[ASTM，2008]。作者的研究生楊忠翰2008年4月21日至台中縣某混凝土預拌廠，在現場請求預拌車提供一個獨輪推車的混凝土份量，因在大氣開放空間並未檢測到氨氣。但是預拌廠提供的飛灰加水拌合後，在大氣開放空間所產生的氨氣濃度卻達到53ppm早已超過傷害人體的範圍。雖然美國ASTM因為近來發電廠運作改變，目前尚未制定出新規範以檢測氨氣從「飛灰」逸散的濃度，但希望我國政府儘快針對「飛灰」拌入混凝土，以及混凝土防凍劑等產生氨氣的限制規範早日制定。

5-5　石綿的安全檢測方法

　　由於沒有攜帶型的檢測儀器可以檢測石綿，所以我們參考勞工安全衛生研究所的採樣分析方(圖5-43)。[行政院勞工安全衛生研究所，2007]

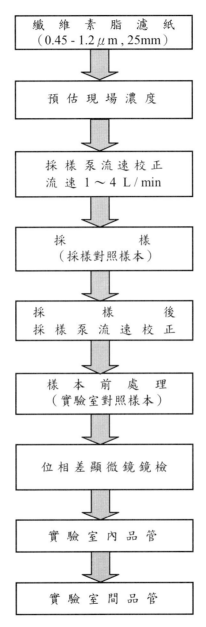

圖 5-43　石綿採樣及分析流程圖

一、採樣方法

1. 方法概要：

纖維素脂濾紙法。

2. 設備及材料：

(1) 採樣器：直徑 25 厘米，三件式濾匣，中段由長約 50 毫米長導電性填碳聚丙烯材質製成，內含薄膜濾紙，孔徑 0.45-1.2 微米之纖維素酯製成，及支撐墊片。

　　a.實驗室對照濾紙：如果空白濾紙中鏡檢 100 個視野發現纖維數在 5 根或 5 根以上，拾棄此批濾紙。

　　b.電導性填碳濾匣可以減低採樣時之靜電效應，採樣時盡可能降低高度。

　　c.個人採樣時，以使用 0.8 微米孔徑濾紙為主，0.45 微米孔徑濾紙是供穿透式電子顯微鏡鏡檢分析用，個人採樣時會產生過高壓差而不適用。

(2) 採樣幫浦：流速 0.5-16 升/分。

3. 步驟：

(1) 個人採樣泵都必須校正，採樣前與採樣後流速變化在 5%以內。

(2) 將採樣器蓋子打開，採樣卡匣呈開放式面向下，利用膠帶成相當功能之器材，使濾紙卡匣與導電卡匣不致分開。在採樣卡匣上作標示以示區別每個樣本。

(3) 每組樣本至少準備 2 組現場對照樣本(或樣本總數 10%以上)。在採樣前將現場對照樣本卡匣蓋子如同其他實際樣本打開。在採樣期間，將對照樣本卡匣與蓋子貯存至一完全乾淨之區域。

(4) 採樣泵流速 0.5 公升/分鐘以上為使達到適合計數之纖維密度(100～1300 根纖維／毫米)。

(5) 採樣完成後，蓋上開口蓋將採樣卡匣置於堅固容器內，以填充物加以固定以防撞擊。

4. 注意事項：

為避免採樣濾紙上纖維因靜電力而散失，不可以使用未經處理過之聚乙烯泡綿在容器內。

二、分析方法

1. 方法概要：

位相差顯微鏡法。

2. 適用範圍：

1000 公升空氣樣本最適之定量範圍為 0.04 至 0.5 纖維/毫升空氣，偵測下限隨採樣體積與干擾粉塵量多寡而定，如沒有任何干擾粉塵，偵測下限小於 0.01 纖維/毫升空氣，此方法提供空氣中纖維量之指標，雖然位相差顯微鏡法無法鑑別石綿與其他纖維種類，但此方法仍舊為定量空氣中石綿濃度之主要方法，合併此方法與電子顯微鏡(NIOSH7402)可以有助於鑑定纖維種類，此方法無法偵測直徑小於 0.25 微米之纖維，如利用其他計數規定此種方可以用來定量如玻璃纖維之其它纖維。

3. 設備及材料：

(1) 位相差顯微鏡：附有綠色或藍色濾光片，可調整光圈，接目鏡：8-10 倍，接物鏡：40-45 倍(總放大倍數：400 倍)。

(2) 計數板(Walton-Beckett)：具有直徑 100 微米視野面(面積約 0.00785 厘米)，A 規則使用 G-22 型，B 規則使用 G-24 型。

(3) HSE/NPL 檢查玻片(Mark II)：標準之檢查玻片，具有七組溝校。

(4) 平台微米計：每一刻度 0.01 毫米。

(5) 位相環中心調整用望遠鏡。

(6) 試藥：丙酮、三乙酸丙酯，試藥級、透明漆或指甲油。

(7) 載玻片：25×75 厘米，單面磨砂玻璃。

(8) 蓋玻片：22×22 厘米，NO：#1-1/2。

(9) 小刀，#10 鋼質外科手術刀，刀鋒邊緣彎曲。

(10)鑷子。

(11)100-500 微升、5 微升的微量吸管。

(12)能使載玻片上濾紙透明之鋁質加熱平台(或具相當功能之裝置)。

4. 計數規則：

選擇下列計數規則，A、B兩種規則已經被證實對不同石綿種類均有相等之平均計數值，OSHA規定使用A規則，但這兩種規則不可互相混合使用。

(1) A規則：

a.計數長度大於五微米之纖維，假如為捲曲纖維，沿著捲曲測量長度。

b.計數長寬比等於或大於 3：1 之纖維。

c.纖維與計數板視野邊緣相交，依下列方式計數：

(a)計數完全在計數板區域內長度大於五微米之纖維。

(b)合乎 A、B 條，但在計數板視野內只有一終端者，計數 1/2 纖維。

(c)假如相交計數板超過一次則不予計數。

(d)對於不合乎上述規則之纖維不予計數。

d.成束狀之纖維，除非個別纖維終端可明顯判別，否則視為一根纖維。

e.計數足夠視野使纖維數等於或大於 100 根並且最少計數 20 個視野，但不論纖維多少，最多計數 100 視野停止計數。

(2) B 規則：

a.計數纖維終端每一纖維長度必須大於五微米，直徑大於三微米。

b.計數長寬比等於或大於 5：1 之纖維終端。

c.合乎 A、B 條件之纖維且交於計數板視野計數視為一終端。

d.當纖維接觸到顆粒時，不論顆粒大小，計數合乎 A、B 條件下可見之終端，假如顆粒蓋住纖維終端小於直徑三微米，計數其隱蔽纖維之終端。

e.合乎上述 A、B 規則，計數束狀纖維或叢狀纖維之終端，但最多不得超過 10 個終端(五根纖維)。

f.計數足夠的計數板視野數至 200 終端，計數最少 20 個視野，但不論纖維數，最多計數 100 視野停止計數。

g.將全部終端計數除以二則為纖維數之結果。

5. 干擾：

其他符合計數規則之粉塵或纖維皆會造成干擾，鏈狀粉塵可能被視為纖維，高濃度非纖維狀粉塵會干擾視野中纖維，因而增加偵測極限。

6. 分析測定：

從濾膜頂部沿著半徑線至外面邊緣計數，在相反的方向向上或向下移動，以接目鏡簡略選擇不規則之視野，確保每一計數區域濾膜中間半徑線至濾膜邊緣，如果有團狀顆粒蓋住視野之 1/6 或更多時放棄之，選擇另一視野被放棄之區域不包括在總計數視野數內，同時在計數時以微調聚焦連續掃瞄聚焦平面範圍內可能被隱藏的細小纖維，直徑小的微細纖維非常不明顯但是對整個計數卻有很大的影響，計數時間最短是每一視野 15 秒，100 個視野最短時間為 25 分鐘。

7. 注意事項：

丙酮極易燃，注意不可有火花，加熱超過 1 毫升之丙酮時必需在無火燄、防爆氣罩下進行。

5-6 放射性元素氡的安全檢測方法

一、儀器介紹

氡的檢測可使用儀器如Safety Siren™公司的氡氣偵測器 (圖5-44)，型號是Pro Series 3，儀器偵測範圍為0.0至999.9微微居里/公升(pCi/L)，(1pico=微微=1×10^{-12}，4 pCi/L = 每公升空氣中有4×10^{-12}居禮單位 = 4 picocuries per liter = 150 Bq/m^3 = 每立方公尺有150貝克)。[Chapter 8.3 Radon，2008]

偵測精確度與實際值誤差±25％，電源供應來源為120伏特交流轉18伏特直流變壓器，儀器尺寸約12 × 7.5 × 5(單位：公分)。[Safety Siren™，2008]

圖5-44　氡氣偵測器

二、檢測程序與方法

數值顯示：

　　長期數值顯示報告(L)與短期數值顯示報告(S)。短期數值顯示報告綠燈在 S 的地方，此數值為前 7 天的平均數值。長期數值顯示報告綠燈在 L 的地方，此數值為開機或重新設定後平均數值。長期數值顯示或短期數值顯示，氡氣濃度超過 4 微微居里/公升，警報聲就響。

開機：

　　當插上變壓器接頭，本機就開機，聲響 4 次嗶嗶聲，液晶螢幕顯示"－－"畫面並開始取樣，48 小時後才開始數值顯示。接著每一小時顯示一個新報告數值。

警報聲響：

　　無論長期數值顯示或短期數值顯示，氡氣濃度超過 4 微微居里/公升，警報聲就響 4 嗶嗶聲，接著每小時重覆聲響，直到手動解除。

選項按鈕(圖 5-44 Menu 按鈕)操作：

1. 按下選項按鈕 1 秒,可以切換長期數值顯示或短期數值顯示。

2. 測試警報聲響,按下選項按鈕 5 秒,既發出警報聲就響 4 次嗶嗶聲。

3. 按下選項按鈕 15 秒,既可解除氡氣濃度超過 4 微微居里/公升之警報聲,螢幕顯示"Aoff",放開按鈕,螢幕顯示"Aon",重新進入警報模式。注意!執行本項選項時,用在解除氡氣濃度超過 4 微微居里/公升之警報聲。

4. 重新設定與清楚記憶,按下選項按鈕 20 秒,既可重新設定與清除記憶,螢幕顯示"CL",接著螢幕顯示"－－"畫面,重新進入偵測模式,並開始取樣,48 小時後才開始數值顯示。當在執行本項選項時,前二項(測試警報聲響、解除警報聲)一樣會重複一次。

注意!為了要延長儀器壽命與保持儀器靈敏度,最好每 3 個月用清潔布,擦拭偵檢頭入口,保持儀器清潔。本偵測器的偵檢頭安裝在細齒形縫內,請不要被尖銳的東西刺進齒形縫內,否則儀器就壞了,請小心!本偵測器每 24 小時會自行測試,如果有錯誤信息,螢幕顯示會顯示"Error"。家中氡的濃度隨一年中的不同時間,每天及每小時都可有所不同。鑒於這種起伏,估算室內空氣中氡的年平均濃度需要對氡的平均濃度至少進行三個月(最好更長些)的可靠測定。短期測定氡僅提供有限的資訊。

氡氣偵測器檢測結果如表 C 所示,作者 2008 年 5 月 2 日至 5 日寫電子郵件給連江縣縣長、衛生局局長及馬祖醫院院長,表明目前在執行國科會計畫,因為氡氣可能會導致肺癌,對人體健康有害。我們

是基於關懷馬祖居民的健康想要去了解花崗岩的地質是否有氡氣存在，懇請提供密閉的花崗岩坑道環境以供偵測。但不知為何上述長官均未回信？2008 年 5 月 2 日作者與研究生楊忠翰仍然搭飛機前往馬祖南竿檢測氡氣。依據美國環境保護署建議氡氣濃度標準值為 4 pci/L，因為馬祖全島都是花崗岩的地質，而選定的地點檢測出來的氡氣濃度均未超過標準，只有馬祖南竿連江縣勞工育樂中心 4 樓出租套房氡氣濃度偏高。值得一提的是空氣流通是降低氡氣濃度的一大要素，而表 C 可以當作初步環境氡氣濃度的參考。不過由於時間有限，對於其它地點例如密閉釀酒的八八坑道的氡氣濃度是否有超過標準無法得知，希望未來政府能比照美國環境保護署重視氡氣濃度對環境污染的影響。美國環境保護署上網公告氡氣濃度分佈地圖如圖 D 所示[美國環境保護署，2008]。

表 C　氡氣偵測器檢測結果

檢測時間	檢測地點	氡氣濃度 (pci/L)
2008.06.05~13	朝陽理工大樓 E-218(冷氣開放幾近密閉)	0.3
2008.05.15~19	朝陽理工大樓 E-218(冷氣關閉幾近密閉)	0.8
2008.05.08~12	朝陽理工大樓地下室(空氣流通)	0.3
2008.05.20	馬祖南竿大漢據點坑道(空氣非常流通)	0.7
2008.05.20	馬祖南竿北海坑道(空氣流通)	0.7
2008.05.20~22	馬祖南竿神農山莊(冷氣開放幾近密閉)	0.9
2008.05.23	馬祖南竿馬祖民宿(冷氣開放幾近密閉)	0.9
2008.05.24	馬祖南竿連江縣勞工育樂中心 4 樓 (冷氣開放幾近密閉)	1.6

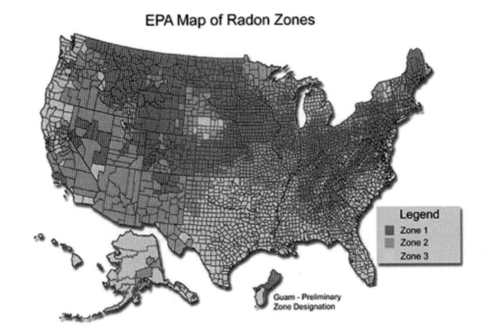

最高潛在威脅-紅色區域 1(Zone 1)
　　　　　行政區「郡」室內氡平均檢查預報等級超過 4 pCi/L
中等潛在威脅-橘色區域 2(Zone 2)
　　　　　行政區「郡」室內氡平均檢查預報等級介於 2 至 4 pCi/L
低等潛在威脅-黃色區域 3(Zone 3)
　　　　　行政區「郡」室內氡平均檢查預報等級小於 2 pCi/L
1 pCi/L =1 微微居禮/公升=1 pico curies per liter; 1 微微=兆分之一

圖 D　　美國氡氣濃度等級分佈地圖

5-7 瓦斯的安全檢測方法

一、儀器介紹

　　甲烷、天然氣及其他可燃性氣體檢測可使用儀器如日本製RIKEN
理研計器公司的攜帶式氣體偵測器(圖5-45)。本台型號是SP-210，儀

器監測範圍為10～10000PPM，偵測到的天然氣主要成份是甲烷的濃度值，(6段式LED燈顯示)。　[理研實業，2008]

二、檢測程序與方法

1. 按"POWER"鍵開機；開機後儀器會暖機並自動調校零點；內建泵浦開始抽氣，警報設定點 LED 燈會亮起。

2. 連續按 "MODE" 鍵可調整警報值及燈號；按一下

圖5-45
攜帶式
氣體偵
測器

　　"MODE"可調整警報狀態：

　　(1) 綠燈亮時：LED 燈亮及蜂鳴器會響。

　　(2) 紅燈亮時：LED 燈亮及振動警報。

　　(3) 燈不亮時：LED 燈亮(警報靜音功能)。

3. 零點校正：按"ZERO"鍵約 1 秒後濃度顯示 LED 燈會全滅，蜂鳴器會響 3 聲，完成後警報設定點 LE 燈會亮起。(執行零點校正須確認所在的位置為乾淨的空氣！)

4. 測量時將探氣口靠近欲測量的位置，如偵測到氣體大於設定警報值時濃度顯示 LED 燈則會亮起，並依"MODE"設定顯示警報(蜂鳴器響或振動)。

5. 當氣體濃度低於警報設定點時，警報會自動解除。

6. 關機：按住"POWER"鍵約 2 秒即關閉。

注意！

1. 更換感應器：感應器壽命約 2～5 年；若電池電位正常但無法歸零校正時，即表示感應器已衰竭，須立即更換。

2. 更換濾片：每個月需檢查濾片一次；如果髒污會導致流量變低，

應即更換或清洗；若濾片過於潮濕，須等完全乾燥後再使用。(圖 5-46)

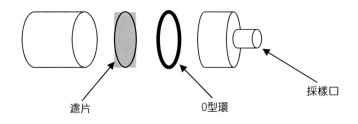

濾片　　　　　　　　　　O型環　　　　　　　採樣口

圖 5-46　　更換濾片

依據消防署瓦斯安全手冊，空氣中天然氣(主要成分為甲烷)濃度達 5%～15%，液化石油氣(主要成分為丙烷和丁烷)濃度達 1.95%～9%時，若被火源引燃，便會引發爆炸[消防署，2008]。瓦斯偵測器檢測結果如表 D，瓦斯濃度均在安全範圍內。瓦斯偵測器以偵測甲烷為主，工廠、住家或用瓦斯趨動的汽車建議要經常檢測是否有瓦斯泄漏的情況，以免爆炸失火。

表 D　瓦斯偵測器檢測結果

檢測時間	檢測地點	瓦斯濃度(ppm)
2008.05.31	自宅客廳(與廚房相連)	0~10
2008.05.31	自宅廚房	10~30
2008.05.31	自宅陽台熱水器	0~10
2008.06.13	某學生宿舍廚房	0~10

參考文獻

〔1〕　泰仕電子工業股份有限公司,「產品介紹」,2007.08.12下載,取自:http://www.tes.com.tw/1393c.htm

〔2〕　行政院環境保護署,「電磁波量測方法」,2007.04.07下載,取自:http://ivy3.epa.gov.tw/Nonionized_Net/EME/measure.aspx#02。

〔3〕　美國Polimaster公司,「產品介紹」,2007.08.12下載,取自:http://www.polimaster.us/。

〔4〕　行政院原子能委員會,「輻射基本法規」,2007.03.26下載,取自:http://www.aec.gov.tw/www/service/index05.php。

〔5〕　行政院環境保護署環境檢驗所,「空氣中粒狀污染物檢測法—高量採樣法」,2007.04.23下載,取自:http://www.niea.gov.tw/niea/AIR/A10212A.htm。

〔6〕　行政院環境保護署環境檢驗所,「空氣中粒狀污染物之鉛、鎘含量檢驗法－火焰式、石墨式原子吸收光譜法」,2007.04.23下載,取自:http://www.niea.gov.tw/niea/AIR/A30111C.htm。

〔7〕　英國PPM Formaldemeter儀器公司,「產品介紹」,2007.03.15下載,取自:http://www.ppm-technology.com/formaldemeterhtv.shtml。

〔8〕　紐西蘭AERO QUAL氣體偵測儀器公司,「產品介紹」,2007.03.15下載,取自:http://www.aeroqual.com/products_300.pl。

〔9〕　英國 GMI VISA氣體偵測儀器,Industries,Gas Distribution,2007.03.15下載,取自:http://www.gmiuk.com/gasdistribution.html。

〔10〕　行政院勞工安全衛生研究所,「石綿標準分析參考方法」,2007.03.26下載,取自:http://www.iosh.gov.tw/data/f10/old2318.htm。

〔11〕　Safety Siren™,「Pro Series 3 - Radon Gas Detector」,2008.02.16下載,取自:http://reservepro.ca/pro3/index4.htm。

〔12〕　理研實業,「SP210vs210L」,2008.02.28下載,取自:http://www.rikenkeiki.com.tw/product_1.html。

〔13〕　Chapter 8.3 Radon,「Conversion factors」,2008.04.24下載,取自:http://www.euro.who.int/document/aiq/8_3radon.pdf。

〔14〕　環境保護署,「非游離輻射管制項目電磁波建議安全值」,2008.06.17

下載，取自：

http://ivy1.epa.gov.tw/nonionized_net/EME/safety.aspx。

〔15〕原子能委員會，「游離輻射防護安全標準」，2008.06.17下載，取自：http://www.aec.gov.tw/www/service/rules/files/941230_0940041080.pdf。

〔16〕環境保護署室內空氣品質資訊網，「室內空氣品質建議值」，2008.06.17下載，取自：http://www.indoorair.org.tw/page4-1.htm。

〔17〕勞工安全衛生研究所，「物質安全資料表-甲苯」，2008.06.17下載，取自：http://www.iosh.gov.tw/data/msds/msds0117.pdf。

〔18〕勞工安全衛生研究所，「物質安全資料表-氨」，2008.06.17下載，取自：http://www.iosh.gov.tw/data/msds/msds0009.pdf。

〔19〕ASTM，「Active Standard: C31107」，2008.06.17下載，取自：http://www.astm.org/DATABASE.CART/WORKITEMS/WK727.htm

〔20〕美國環境保護署，「美國氡氣濃度等級分佈地圖」，2008.06.13下載，取自：

http://epa.gov/radon/zonemap.html#more%20about%20the%20map。

〔21〕消防署，「瓦斯安全手冊」，2008.06.17下載，取自：http://210.69.173.9/nfa_web/show/show.aspx?pid=77。

第五章 習題

1. 本章介紹那些檢測方法？

2. 本章介紹那些檢測儀器？

3. 那些儀器是攜帶型？

4. 那些儀器可以很快的把檢測結果顯示出來？

5. 除了本章介紹的儀器還有那些檢測儀器需要列入？

第六章 防護與治理經由建材 危害人體的有毒物質

　　對建築材料的防護與管理，應依照國家有關法律、法規及標準，從源頭杜絕不合格建材的生產及銷售，並瞭解健康建材的檢測標準，且在購買建材產品時，應向供應商索取建築材料防護檢測合格證明書等。在本章針對電磁波、輻射、壁癌、金屬元素、微生物、揮發性有機物質、石綿、室內燃燒物及油煙、還有放射性元素氡等項目的防護與治理做介紹，這些項目會直接影響人體的健康或是間接透過建材影響人體的健康。

　　在一般土木、營建工程皆普遍潛藏有害建材的問題，而在建築物及營建工程的生命週期中，對於有毒建材的防護與治理是相當重要的，從建築物的建造到完工等環節著手，一個一個環節都須嚴加控制，有著縝密的防護與治理，如此才能讓人們有健康的生活環境，而在營建工程的生命週期中的防護與治理大致可分成三階段如下：

1. 規劃與設計：

　　　　從規劃設計之初就要考慮「健康」，事實上，健康的建築物在最初規劃設計時就可以把「健康」因素規劃設計進去，包括材料選購、檢測行政規定、施工程序、工程查驗、完工檢查、用後管理、增改修建原則、非健康建材之查緝、檢測處理、改善原則、廢棄物處理與管理等均可列入設計範圍，但是建築業者還很少人將「健康」當成建築規劃設計裡必要考慮的「功能」。到目前為止，現行我國的建築法規中建築的分類方式，以及建

築師和規劃設計師都還是依商業、醫院、住宅等以功能為分類標準，對融入健康的觀念還是不夠。

　　成功大學建築系的江哲銘主任也提出我國的建築教育裡缺乏對「人體健康」的訓練，除了漂亮外，對空間的空調、通風量、人數密度標準等健康常識，都沒有受到基本的訓練，學子們都認為建築只要會畫很漂亮的設計圖就好了，而一項問卷調查也顯示 95% 的建築系學生也認為自己是「做設計的」，也因此成大建築系就要求二年級學生必修「建築物理環境」，須將「人的反應」加入設計的主要指標中來選用各項建材或配置空間。而目前我國內政部建築研究所已開始認為綠建築的重要特色之一就是健康，進而推動「綠建築」標章認證，也就是鼓勵建築師們在蓋房子時考慮「健康」的因素。[江哲銘，2000]

2. 施工與監造：

　　在規劃與設計完成後，再來就是讓設計的建築物在現實的生活實現才是最重要的步驟，須交由合格承包商施工，在這階段另一個重要的參與團隊就是監造單位，通常都是由建築師來擔任，在這階段中加強對建築材料等的管理，降低其對人體的傷害，也是相當重要的。

　　在國立交通大學營建技術與管理研究所「大專院校舊有建築物耗能之研究--以綠建築日常節能指標評估改善照明系統節能效率」碩士論文中指出，依據我國行政院公共工程委員會所推廣的公共工程施工品質管理制度，可確保使用到健康的建材。其方法為建立統一的三級品質管理作業，第一要訂定承包商「施工品質管制系統」、第二要訂定公務系統主辦工程單位

或民間系統監造單位的「施工品質保證系統」，第三要訂定公
務系統主管機關或民間系統業主的「工程施工品質評鑑制度」，
三個層次的品質管理架構才不會用到危害人體健康的建材。[葉
武宗，2006]

3. 使用與維護：

　　在施工完成後的房屋應請專業人員來做環境檢測，經過安
全檢測後符合標準後，才能放心入住。如有放射性建材或油漆
塗料等，需注意建材有無超過衛生標準值，如有問題，使用者
需要求更換或採取措施進行有效防護。

　　除了建築物規劃設計不當，施工監造不良及使用維護不當等人為
因素，營建從業人員未能善盡社會責任，忽視工程倫理與職業道德亦
也可能造成不健康的建築物產生，因此工程人員除專業技術外，對工
程倫理與職業道德觀念亦須正視之。

　　朝陽科技大學營建工程研究所的「營建工程倫理與職業道德之研
究」碩士論文裏表示，我國很多工程師一旦投入工作後，其所追求的
就是如何以最便宜、最快速的方式去完成任務，而在製造過程中往往
忽視對社會價值觀的探討及對社會道德的省思，使得營建工程發展結
果造成潛在危險因子增加，導致民眾身受其害之例亦普遍存在。[江
政憲，2001]

　　工程倫理為營建工程人員彼此之間與團體及社會其他成員互動
時應遵守的行為規範，而職業道德則強調營建專業人員個人以自由和
自覺的方式，遵守營建專業的行為規範，再藉由良好的工程倫理及職
業道德來維持並發展彼此之間的關係。

　　營建工程人員因為工程倫理與職業道德的喪失而導致營建工程

上的缺失，在我國過去的歷史中造成嚴重影響人體健康的案例就有如輻射鋼筋屋、海砂屋、汞污泥屋等重大社會事件。而在營建工程常遭遇到工程倫理與職業道德問題之狀況而造成不健康的建築物可能有如下幾項，須加以注意並防範避免之才行。[江政憲，2001]

1. 人情壓力：

    基於本身利益或因受親友同事的請託，就某一個特定業務利用職權、威望等向相關單位表達關切來改變決策過程。

2. 黑道介入、民代施壓：

    為獲取不當利益或逃避損失責任，使用民意代表身份或利用黑道威脅手段對相關單位施加壓力來改變決策過程。

3. 利益團體施壓：

    為獲取不當利益或逃避責任，利用利益團體的身份對相關單位施加壓力來改變決策過程。

4. 贈與、餽贈問題：

    向有業務或從屬關係的人員收受金錢或其他形式之利益，藉此改變決策過程。

5. 回扣之收授問題：

    於經手之業務私自收受佣金取得不當之利益。

6. 搶標問題：

    參與投標之廠商用低於合理底價之金額競爭得標。

7. 綁標問題：

    工程設計時對設備、材料、工法之條件設限，僅限少數特定廠商得以參與投標。

在建築物生命週期中，每一階段皆嚴加控管建材品質，更加以提

升營建工程人員良好的工程倫理和職業道德，相信在此努力下，對於
有毒建材的防護與治理已可達一定水準。一般來說，可運用我們在營
建工程管理中所學到的有關風險處理的四種基本模式，即避免、降
低、轉移、自留模式來進行防護與治理有毒建材。

1. 避免：

　　避免有毒的建材使用在建築物生命週期任何一階段中，是
最直接有效的方法，藉著對建材的有毒因子充分的了解及法規
標準的管制下，避免有毒建材成爲建築物的構成份子，進而危
害人體健康，是需嚴加控管的。

2. 降低：

　　對於建材的不可避免或無新產品取代的情況下，降低建材
中有關危害人體健康的危險因子濃度也是一種方式，如油漆塗
料中的甲醛、乙苯等物，在其製造的添加過程中，並儘可能減
少其內含量且符合法規標準所訂定的規範值。再如海砂中之氯
離子含量過高，以現在科技的發展技術亦可以淡化處理，來降
低其氯離子含量，而使其合乎標準且不影響人體。

3. 轉移：

　　將有毒建材轉移掉，更換爲健康的建材來取代做爲建築物
的一份子，簡單來說即是所謂的拆除重做，如家中的屋頂若爲
石綿瓦(圖6-1)舖成，則建議將其拆除更換爲其他的不含石綿的
瓦片來舖成，不過此法成本較大，工程也較浩大，但也是最徹
底的做法。

圖6-1　石綿瓦屋頂

4. 自留：

對於自留的模式則是屬於比較消極的做法，但為成本現實考量或為建材不可取代的清況下為之，還是以不影響及危害人體健康的情況來實施，如新裝潢好的室內裝修，則以開窗與外面空氣對流一段長時期後再行入住，使油漆塗料中的揮發性有害物質逸散至不影響人體健康為止。

6-1 電磁波的防護與治理

對於電磁波的防護較為經濟有效的方法就是檢測然後迴避電磁波污染源，再者選擇符合國內電磁波相容檢驗標準之各項電器產品，如此就可以保護自己及家人免於電磁波污染的傷害。[傅邦鈞，2004]

一般住宅使用電力公司的供電和使用家用電器品時，為迴避電磁波污染源的傷害，應有如下的注意防護：

一、　在規劃設計與施工監造方面，住家建築物儘量位於特高壓輸電線 100 公尺之外或高壓輸配電線和變電所 50 公尺之外。

二、　住家建築物離屋外電線桿或變電箱 5 公尺以外或大樓的變電室須有妥善之防護。

三、　使用與維護方面，住宅室內電錶總開關、分電盤和各房間配
　　　電管路確實裝有接地線(即俗稱的第三線)。

　　鑑於民眾質疑電磁波會對健康造成影響，過去變電箱、變電所
附近常爆發抗爭事件，立法院經濟委員會 2008 年 5 月 2 日初審通過
「電業法第三十四條條文修正草案」，明定學校、住宅、醫院內及其
周邊一定距離內，不得設置變電所、高壓電纜及電塔。但條文未明定
距離多遠，由於主管機關經濟部認為本法窒礙難行，加上法案三讀通
過前，仍需朝野協商，本法能否順利通過，仍有變數。台電公司總經
理涂正義評估，若既有設備依草案規定辦理，花費約一兆兩千億元；
經濟部次長謝發達也指出，本案牽涉範圍太廣且「窒礙難行」。他強
調，目前並無證據顯示高壓電塔的極低頻電磁波與癌症有關連性。可
見立法保護居民的健康仍有許多困難存在。[陳詩婷、曾慧雯，2008]

6-2 輻射的防護與治理

　　人體接受自體外放射源的曝露照射稱為體外曝露，在輻射暴露
下會導致人體細胞病變使得致癌率增加，在了解輻射的原理後，對於
輻射的防護與治理就可以有比較明確的作為，中央研究院「輻射與防
護」中說明體外輻射防護的四大原則如下：[魯國經，2006]

　一、時間(time)：
　　　　係指受曝露的時間儘可能縮短以減少受曝露的機會。

　二、屏蔽(shield)：
　　　　係指加屏蔽體以避免輻射線的直接暴露，β射線屏蔽可用鋁
　　　　或壓克力，γ射線屏蔽則可用鉛。

　三、距離(distance)：

受暴露的劑量與距離的平方成反比，所以距離輻射源越遠越好。

四、衰減(decay)：

在時間許可下，待其輻射強度自然衰變減弱後再進行後續動作。

經過輻射屋事件後，全國民眾開始對輻射污染有了高度的警覺心，對於輻射的防護與治理最好的方法，為禁止使用有輻射污染的鋼筋或鋼材金屬等材料做為建築物的建材。

在規劃設計與施工監造方面，為了防範使用被污染的材料，依據民國95年修正後的放射性污染建築物事件防範及處理辦法(表6-1)第3條至第6條規定國內之鋼鐵業者，應實施其原料及產品之輻射偵檢。偵檢結果無遭受放射性污染者，應出具無放射性污染證明予買受者。而施工中的建築物所使用之鋼筋或鋼骨，承造人須會同監造人提出無放射性污染證明，而在本辦法施行前已興建完成之建築物，主管機關得視需要會同直轄市、縣(市)政府實施輻射偵檢；偵測結果無遭受放射性污染者，應開立輻射偵測證明或無放射性污染證明予委託人。

表 6-1　放射性污染建築物事件防範及處理辦法

法規：放射性污染建築物事件防範及處理辦法 (民國 95 年 01 月 04 日　修正)	
第 2 條	本辦法用詞定義如下： 一、放射性污染建築物：指建築物所使用之鋼鐵建材遭受放射性污染者。 二、改善：指依據輻射防護原則或其他有效移除污染源之方法，以合理抑低放射性污染建築物之輻射劑量，所採行之措施。

第 3 條	國內設有熔煉爐以生產鋼筋、鋼骨之鋼鐵業者，應實施其原料及產品之輻射偵檢。偵檢結果無遭受放射性污染者，應出具無放射性污染證明予買受者。
第 4 條	直轄市、縣(市)主管建築機關對於施工中建築物所使用之鋼筋或鋼骨，應依建築法規定指定承造人會同監造人提出無放射性污染證明，主管建築機關並得隨時勘驗之。 主管建築機關如發現前項建築物有遭受放射性污染之虞時，應以書面通知承造人、起造人及監造人暫停施工，並即通知主管機關派員實施複測。 為實施前條及第一項輻射偵檢，偵檢人員應接受經主管機關認可之從事輻射防護訓練業務者辦理之相關偵檢訓練。
第 5 條	本辦法施行前已興建完成之建築物，主管機關得視需要會同直轄市、縣(市)政府實施輻射偵檢；其實施計畫，由主管機關定之。
第 6 條	前三條之輻射偵檢，得委託主管機關認可之機關(構)、學校或團體為之。受委託單位偵測發現有遭受放射性污染時，應即通知主管機關複測。 前項偵測結果無遭受放射性污染者，應開立輻射偵測證明或無放射性污染證明予委託人。
第 8 條	主管機關偵檢結果，確定建築物遭受放射性污染時，除應通知該戶建築物之居民、所有權人、區分所有權人或共有人，並即派員說明污染情形及提供防護、改善或處理建議外，對於遭受放射性污染達年劑量 1 毫西弗以上之建築物，並應造冊函送該管直轄市、縣(市)地政主管機關將相關資料建檔，並開放供民眾查詢。 經建檔之建築物，其輻射劑量因自然衰減或有效移

	除污染源，致低於年劑量 1 毫西弗時，主管機關應通知該管直轄市、縣(市)地政主管機關註銷建檔資料。
第 9 條	放射性污染建築物之居民，任 1 年所受輻射劑量在 5 毫西弗以上者，由主管機關辦理 1 次免費健康檢查。健康檢查結果，由中央衛生主管機關判讀，發現有因輻射導致傷害或病變之虞者，由主管機關長期追蹤。 前項健康檢查及長期追蹤項目，由主管機關會同中央衛生主管機關定之。
第 16 條	放射性污染建築物所有權人、全體區分所有權人或共有人向該管主管機關申請核准拆除重建後，應於拆除前，向主管機關申請提供輻射防護技術協助，以防範二次污染。
第 29 條	依本辦法規定所為之輻射偵測證明、無放射性污染證明、輻射偵測儀器測試紀錄、異常輻射通報紀錄，應至少保存 10 年。

　　而無輻射污染證明即房屋經行政院原子能委員會或其認可之專業公司，經偵測合格所開立之證明。證明書上需詳載房屋地址、地號、偵測人員姓名、專業偵測執照字號、偵檢機構名稱及原子能委員會認可字號等等，始為具公信力之證明，且依民國95年修正後的輻射污染建築物事件防範及處理辦法(表6-1)第29條規定應至少保存10年。

　　但輻射污染畢竟為嚴重影響人體健康的污染物，對於輻射的檢測還是建議找專業檢測人員或有專業檢測人員的檢測公司為之，以免消費者為了自行檢測而曝露在輻射環境中而受到輻射照射受害。依民國95年修正後的輻射污染建築物事件防範及處理辦法(表6-1)第4條規

定,其偵檢人員應接受經主管機關認可之從事輻射防護訓練業務者辦理之相關偵檢訓練。

　　倘若害怕在不知情下買到輻射屋,亦可以到地政機關查詢該屋有沒有「輻射屋註記」,以便更能保障自己的權益。因為根據民國95年修正後的輻射污染建築物事件防範及處理辦法(表6-1)第8條的規定,建築物經原子能委員會偵檢確認有輻射污染後,會造冊函送當地的地政事務所建檔備案。

　　在使用維護上若經檢測輻射量已嚴重污染建物時,最好的方法是迅速撤離,若情況暫不允許,除可循法律途徑解決,向原能會申請補助、收購、改建及免費醫療協助外,還可利用工程改善技術,如使用冰箱、魚缸、衣櫃、書櫃等家具阻擋輻射,或用鉛鈑包覆受污染的樑柱,甚至直接移除污染鋼筋或建築物拆除重建。其相關細節亦可如民國95年修正後的輻射污染建築物事件防範及處理辦法(表6-1)第8條、第9條及第16條中之規定辦理。

　　經拆除後之受污染鋼筋處理,須依民國94年發布的高放射性廢棄物最終處置及其設施安全管理規則(表6-2)第9條中規定,其設施之設計應確保其輻射影響對設施外一般人所造成之個人年有效劑量不得超過0.25毫西弗(mSv)。

表6-2　高放射性廢棄物最終處置及其設施安全管理規則

法規：高放射性廢棄物最終處置及其設施安全管理規則 (民國 94 年 08 月 30 日發布)	
第 9 條	高放處置設施之設計,應確保其輻射影響對設施外一般人所造成之個人年有效劑量不得超過 0.25 毫西弗。

　　而政府也應確實落實輻射污染建築物事件防範及處理辦法,以審慎負責的態度採取各項必要的處理措施,並盡力就建材偵檢、建築物普查、健康檢查、改善技術等種種方向,提供行政上最大的協助。

6-3 壁癌的防護與治理

　　家中牆壁發生壁癌,不但破壞建材,有礙觀瞻,室內環境嚴重潮濕也易產生黴菌危害室內空氣,解決壁癌根本方法需從滲漏水源頭徹底處理,注意混凝土材料中氯離子濃度是否合乎標準並做好防水處理。在規劃設計與施工監造方面,其實在建築物初造時,多花費造價的 1～2％,即早著手做好防水處理工程,則可減少室內潮濕所帶來之各種黴害,如果等到牆壁發生壁癌,再作事後補救,可能要多花費數倍以上之代價。

　　在使用維護上,當壁癌產生時,應先檢查外牆防水是否有問題,其次就是防止內牆的問題不要繼續擴大,先將壁癌處及周遭漆面以刮刀刮除,然後等 1～2 天讓牆壁中的水氣蒸發出來後再施工。等牆壁乾後再抹上防水專用的塗料塗抹均勻,待乾後再漆上水泥漆便完成內牆的手術作業,至於浴室裡牆上的磁磚縫隙,也須用防水專用的塗料塗抹後再施工。[行政院環境保護署環境檢驗所,2001]

6-4 金屬元素的防護與治理

6-4-1 砷的防護與治理

　　砷暴露者主要是經由吸入途徑而受到砷暴露危害,因此對於砷的防護與治理應著重在避免吸入砷,而導致人體危害。在規劃設計方面,對於建材中主要的砷危害來自傳統木材採用的CCA(Chromated

Copper Arsenate)防腐劑處理，CCA 即鉻化砷銅，對於CCA的危害，行政院環保署在民國95年已公告限用CCA，自96年4月1日起生效，包括室內建材、家具、戶外桌椅、遊戲場所、柵欄及其他與皮膚會直接接觸的木質器具，一律禁用CCA防腐木材。

　　除了上述限制地點外，一般建物的樑柱、森林步道、橋樑或戶外地板基材等，因不會直接接觸人體，都不在限用範圍，因此施工監造時在現行的法律保護下，會被砷暴露危害的主要為施工人員，當施工人員施工時，除配戴呼吸防護具外，也應避免衣服、皮膚上的接觸沾附，更須注意勿經口食入或於清潔作業與廢棄物處理過程中接觸到砷物質等，國立交通大學產業安全與防災研究所「半導體作業環境中有害物砷之探討」碩士論文中建議防護如下：[戴振勳，2003]

1. 安全防護改善措施：
　　(1) 為預防砷氣體洩露造成急性危害，應設置砷的檢測器，並應定期維修保養以確保正常堪用。
　　(2) 在進行砷作業施工時，請施工人員使用防護器具，包括務必戴上呼吸防護具、穿上防護衣及戴上防護手套。

2. 定期實施作業環境測定：
　　加強追蹤並評估有砷暴露之施工場所的砷暴露濃度。

3. 危害通識教育訓練：
　　雇主應依法執行危險物有害物通識規則之教育訓練，並對砷污染物之作業特別標示，讓施工人員增加自我防護常識。

4. 依勞工健康保護規則實施定期健康檢查：
　　雇主依勞工健康保護規則安排施工人員必要之健康檢查。
若於民國95年限用前即已使用CCA之建物，為居住者之健康著

想，建議之治理方式爲刮除表面舊漆，並重新使用不含砷之防腐劑塗佈之，亦或拆除更換建材，而含砷污染之建材廢棄物，也應依廢棄物清除與處理法執行處理。避免二次污染事件再度產生，形成公害事件，才能達到健康無公害的環境。

6-4-2 汞(水銀)的防護與治理

　　爲降低水銀對環境及人體的潛在危害，環保署於民國 97 年 3 月 26 日公告「限制水銀體溫計輸入及販賣」，自民國 97 年 7 月 1 日起實施，禁止水銀體溫計的輸入、販賣。擬優先禁止該產品流入一般家戶，再逐步擴大至醫療機構。環保署指出，水銀爲持久性生物累積物質，即使極微量也可能對環境及人體健康產生高度危害，如 1953 年日本發生嚴重的水俁病，有將近 12,600 人因長期食入被污染水體養殖的海產類，而確定罹病，造成至少 1,400 人死亡；目前世界各國多已禁限用含水銀產品，如瑞典、丹麥、荷蘭等歐洲國家及美國部份州政府已訂有法令禁限用含水銀產品，其中包括生活中經常使用的水銀體溫計。

　　汞對人體健康的危害已在第二章介紹過，而如何才能做到建材中汞污染的防護與治理呢？能源報導網站「汞的防護」報導中提供以下一些含汞建材在規劃設計與施工監造方面的防護與治理注意事項：[能源報導，2006]

1. 防溢設計：

　　　汞需有雙層防護以確保安全，否則洩漏時將難以處理。

2. 儲存：

　　　裝置汞的容器必須保持密閉避免碰撞衝擊，遠離火花、火

焰,及儲存在陰涼、通風、乾燥的地方,並限制勿讓非相關人員取得。

3. 一般洩漏清理:

　　　　若極小量洩漏可用小針筒或膠帶清理,較大量洩漏則以內裝清水的洗滌瓶吸入瓶中,清理前應先疏散人員並加強通風,清理完後也可用多硫化鈣水溶液再清洗。

4. 技術革新或代用品:

　　　　要採取技術革新避免汞污染或採用代用品杜絕汞污染。

5. 廢棄處置:

　　　　洩漏清理後的污物用密封容器密封,含汞的廢氣、廢水和廢渣應回收處理,目前資源回收車有回收廢日光燈,而汞污泥的固化應要求確實並降低其溶出量,固化後也要確實掩埋。

　　在建材中的汞污染最常見的莫過於日光燈,帶來光明的日光燈,是生活中的好幫手,也是節約能源的利器之一。然而,在日光燈管壽命終了,功成身退後,該何去何從,因此對於日光燈做好防護與治理卻是一個不容忽視的問題。

　　一般來說,日光燈以玻璃為主體,其中玻璃部份含有螢光粉,又不易腐化,將對於環境有直接的傷害。更重要的是,在密閉燈管內中含有水銀成分(每支燈管約 12 毫克),如果任意洩漏在環境中,將會持續累積,透過食物鏈間接回到人體,將造成嚴重的環境污染。

　　根據環保署統計,我國每年使用的日光燈管數量約為 9,000 萬支,換算成為重量,大概有 8,900 公噸左右,而在這些廢棄燈管中所使用的水銀,總重量約為 1,074 公斤。為避免水銀對於環境的影響,無法使用的日光燈不可隨意丟棄,且為避免日光燈中的汞及螢光粉溢

散及於回收過程中破損造成割傷,最好將換下的廢日光燈管放入新取出的日光燈管紙套中回收,以免造成破損,確保環境的安全。[環保署,2006]

在使用維護上對於廢棄燈管之回收也應依民國 91 年發布的廢照明光源回收貯存清除處理方法及設施標準(表 6-3)第 2 條及第 9 條規定,廢照明光源中之含汞物質,於回收、貯存、清除、處理過程中,不得洩漏於大氣,並應妥善處理之。

表6-3　廢照明光源回收貯存清除處理方法及設施標準

法規:<u>**廢照明光源回收貯存清除處理方法及設施標準**</u> (民國 91 年 09 月 11 日發布)	
<u>第 2 條</u>	本標準專用名詞定義如下: 一、廢照明光源:指依本法第十五條第二項公告應回收之廢日光燈(直管)。
<u>第 9 條</u>	廢照明光源處理及其再生料、衍生之廢棄物其處置應符合下列規定: 一、廢照明光源中之含汞物質,於回收、貯存、清除、處理過程中,不得洩漏於大氣。 二、廢照明光源中之含汞物質、含鉛玻璃及其它衍生之廢棄物應妥善處理;光源處理過程中螢光粉應妥善收集、貯存。

含汞廢棄物要先以熱處理法回收汞,使其含量降至 260 ppm 以下,才可以用固化法或其他方法加以處理。固化是一種用水泥或其他

的固化劑將有害廢棄物穩定化的方法,目的是使廢棄物中的有害成份不容易釋放出來,減少被人攝取的機會。

其實固化處理並沒有使汞消失,所以固化磚的後續管理非常重要。掩埋的固化磚上方要加防水層,避免雨水滲入;底部要有人工不透水層及滲出水收集監測系統,避免污染地下水層;要經常監測滲出水及周圍地下水,使污染能及早被發現並再加以處理,以防二次污染如汞汙泥事件重演。

6-4-3 鉛的防護與治理

鉛的用途非常廣泛,除了鉛相關產品製程工廠外,日常生活中來源也很多,例如在規劃設計與施工監造方面,避免使用含鉛油漆、鉛水管、陶磚表面的釉等,鉛進入人體途徑有呼吸與食入方式,危害人體健康,因此,要盡量避免長期接觸鉛,以免鉛蓄積引起中毒,損害健康。

使用維護中,若家中有含鉛元素之建材,須有良好的通風排氣設備,也要特別注意不要使孩童吃掉剝落含鉛之油漆,不要讓小孩咬窗臺或其他有油漆的表面,而老舊房子可能有鉛水管,基本辨識方法,鉛管外觀為灰色且管子柔軟,若懷疑住宅有鉛水管,要趕快更換。[勞研所,2005]

對於鉛污染之防護與治理最有效方法莫過於不使用含鉛之建材,但若發現家中之油漆塗料中含鉛,也應立即將含鉛塗料清除重新油漆粉刷,相對地含鉛水管、含鉛陶磚也應立即拆除更換之,並於家中增設良好的排氣裝置,時常打開家中門窗讓空氣流通,因此民眾必

須減少鉛污染源接觸與正確認知，才能降低鉛中毒風險，維護健康與生活品質。

6-5　微生物的防護與治理

　　由於微生物的污染源種類太多，不能只對單一物種做防護與治理，需全面性及普遍性的包含大部份的污染源，因此使用維護上有關對於微生物污染的防護與治理方法大致有如下：

1. 保持居家乾淨，去除污染源。
2. 定期更換、清洗空調器濾層，杜絕微生物的生長。
3. 選擇合適的通風量，保持室內乾躁。
4. 定期清理、疏通排水溝及污廢水設備。
5. 定期對居家及設備做消毒的動作。

6-6　揮發性有機物質的防護與治理

　　室內裝潢若採用含甲醛、苯或其他有機性揮發物等建材，長久吸入上述氣體將對人體造成難以彌補的傷害，居住其間等於慢性自殺，解決之道是在規劃設計與施工監造方面採用生態、抗菌建材，而在使用維護上必須保持空氣流通。

　　而遷入新居時，一定要門窗大開，降低這些有害物質在空氣中的濃度。新買的家具不要急於放進起居室，最好放在空房間裡，保持通風一段時間後才再使用。新裝潢的房子，也盡量採用低揮發性有機物質含量或不含揮發性有機物質的家具和裝修材料。在炎熱及潮濕的日子降低室內溼度及溫度並增加通風，有助於降低揮發性有機物質濃度，尤其是衣櫃、抽屜等，更要經常打開，避免這些有害物質在密閉

空間裏造成人體傷害。

　　瑞銘建材公司的「甲醛危害」專題文章中指出，含有甲醛的建築材料的甲醛釋放期長達 3 年以上，苯系物和氨的釋放時間亦可達 1 年以上，將對人體健康造成長久影響，因此在我們居家對於有機性揮發物的防護與治理大約可從三個方向來探討：[瑞銘建材，2006]

1. 減少對揮發性有機物質的接觸：
   (1) 最有效的方法是避免在你的居所內有揮發性有機物質來源，即避免使用含有揮發性有機物質的建築材料產品。
   (2) 新家俱應最好放在室外至少數日或數周，然後才放入室內，讓揮發性有機物質有一段時間散逸。
   (3) 改善居所內的通風設備以減少揮發性有機物質的積聚及揮發性有機物質的散逸。
   (4) 減低室內濕度及溫度幫助降低揮發性有機物質量。
   (5) 居家裝潢時及裝修後的居室應等待有一定的時間後再行遷入。

2. 降低室內揮發性有機物質的濃度：
   (1) 採用低揮發性有機物質含量和不含揮發性有機物質的室內建築和裝修材料。
   (2) 採用不含揮發性有機物質的油漆及塗料來塗刷室內墻面。

　　在上述措施中，以選用不含揮發性有機物質或低揮發性有機物質含量的人造板材料最爲有效。除了國民對揮發性有機物質的防護與治理外，現行合板所用之膠水多爲尿醛膠系列，會使產品產生揮發性有機物質成分造成逸散，對室內空氣品質有長期且不良的影響。爲了從源頭杜絕揮發性有機物質對人體的

危害，因此也建請政府公告將合板等相關木製品之揮發性有機物質含量列入應施檢驗項目中，以維護國人室內空氣健康。

3. 重新裝修粉刷或更換健康新建材、新家俱：

　　經由上述兩點的防護與治理後，居家的揮發性有機物質濃度仍不符合人體健康的標準時，此時則建議將含有揮發性有機物質之舊有油漆塗料刮除並重新裝修粉刷或更換健康新建材、新家俱等做法。

6-7 石綿的防護與治理

　　我國政府對於空氣污染管理，絕大多數僅針對傳統之法定空氣污染物如微粒物質、二氧化硫、氮氧化物、一氧化碳、臭氧等進行污染防制與管理。石綿等有害空氣污染物雖具有致癌性，但由於缺乏此針對有害空氣污染物擬定妥善之管制措施，因此在進行對石綿的防護與治理前，應健全相關法令規範及標準執行程序，以推動石綿空氣污染物排放減量策略。在規劃設計與施工監造方面對於石綿的防護與管理大致為下：

1. 避免使用含石綿之製品：

　　對於可能含有石綿之建材，加以分析測試是否夾雜有石綿類纖維，避免使用到含有石綿之製品建材。

2. 減少暴露在可能有石綿纖維之環境中：

　　在已知的石綿纖維環境中，儘量減少人體暴露，並加強工程技術上對石綿污染源暴露的控制。

3. 開發石綿替代品：

於製造技術上改良開發石綿替代品，對人體無害的新型環保耐高溫纖維的研製、生產和使用，加速推動淘汰石綿製品。

4. 使用維護中應妥善管制石綿廢棄物：

為確保石綿有害廢棄物的妥善處理，防止二次環境污染，以可靠處理技術進行石綿廢棄物的處理，防止不法的傾棄行為，各級環保主管機關人員應配合管制中心之運作，加強此類廢棄物污染稽查管制及依稽查標準作業為程序加強管制。

環保署於民國 94 年 12 月 30 日公告石綿將自民國 97 年 1 月 1 日起禁止用於石綿板、石綿管、石綿水泥、纖維水泥板之製造，並於公告日起不予新登記備查或核可該等用途。該署表示，有鑒於石綿對人體健康可能造成的危害，未來仍將逐步檢討禁止石綿用於製造建材等相關產品，並會與先進國家同步探討禁用期程，以達最終全面禁用之目標。

環保署指出，早在民國 78 年即依「毒性化學物質管理法」將石綿公告為列管之毒性化學物質，並禁止使用於新換裝之飲用水管及其配件。86 年禁止製造、輸入、販賣及使用青石綿(Crocidolite)及褐石綿(Amosite)。在民國 94 年底進一步公告石綿之相關禁用後，目前國內已禁止大部分含石綿建材之用途，未來將視國際管制現況及中華民國國家標準(CNS)，逐步規定石綿禁用於石綿瓦等建材之製造，以達國內外同步管制。

環保署又指出，石綿在切鋸破碎過程中所造成纖維狀石綿釋出是國際上非常關注的問題，國內勞工作業場所已訂有相關標準規範。經濟部標準檢驗局亦正研議含石綿「纖維水泥板」及「強化纖維水泥板」等 2 種國家標準修正案，期能減少對環境及人體的危害。據瞭解

國際間對石綿管制並不一致，美、日、歐盟尚未全面禁止使用石綿，先進國家均鼓勵學術界與業界研究開發替代品，加速提前全面禁用石綿之時程。

環保署呼籲，為降低石綿對人體之危害，民眾於選擇裝潢建材時應避免使用含石綿之製品，並減少暴露在可能有石綿纖維之環境中，勞工朋友或一般民眾於進行含石綿製品之裁切作業時，因不易由外觀判斷空氣中是否含有石綿，應養成佩帶 N95 以上等級防塵口罩之習慣，避免吸入過多含石綿纖維粉塵，減少危害身體健康的風險。[行政院環境保護署毒管處，2008]

6-8 室內燃燒物及油煙的防護與治理

室內烹調油煙或室內燃燒產生的煙霧會對人體造成嚴重的危害，如果能做有效的防護與治理，將可大大的降低得到肺癌的機率。反之如果處於吸菸等有毒環境，反而會加速人體的危害。

1. 在規劃與設計中應避免不必要的室內污染物來源：
   (1) 避免在室內進行燃燒行為。
   (2) 使用優質烹調油。
      使用烹調油煙少的優質豆油和花生油可防止嚴重油煙污染。
   (3) 改變烹飪行為。
      建議改變烹飪行為多以清蒸、水煮或滷的方式，代替香煎、熱炒與油炸的方式，藉以減少油煙擴散到空氣中的機會。
2. 採用自然通風：
      在空氣流通不錯的廚房要經常保持自然通風來排放油煙。
3. 施工監造方面應設置適當的排風設備：

為了減少油煙在廚房中的停留時間，在廚房安裝性能、效果較好的抽油煙機，藉以避免吸入油煙。

4. 使用維護中應定期維護保養排風設備：

(1) 排風設備每年至少必須清洗一次。

(2) 濾網每年也須換新一次。

(3) 排風設備馬達每年須定期實施保養及性能測試。

6-9　放射性元素氡的防護與治理

氡氣是引起放射性危害的元兇，一旦室內氡濃度較高，在規劃設計、施工監造與使用維護上有下列數種方法可降低室內氡濃度，對放射性元素氡做防護與治理。

1. 使用降氡塗料：

使用降氡塗料，用一層保護膜將氡有效阻擋在牆內，使其放射性元素氡不能釋放出來。

2. 加強室內通風：

加強室內的通風換氣，這是減少居室內氡放射污染的好辦法之一，靠自然通風的空間應多打開門窗，而使用空調或機械通風等系統也須正確調控並以新鮮空氣對流為主。

3. 安放活性碳或有效的空氣淨化器：

對一些有有害氣體濃度過高的居室，除通風外，還要安放活性碳或有效的空氣淨化器來排放或吸收氡氣。

4. 擺放綠色植物：

在室內養一些花草，某些植物有利於吸收和消除氡氣，也可增加室內新鮮氧氣。

5. 填補地皮或牆壁的縫隙：

　　位於地下室或地面層的單位應該填補地皮或牆壁的縫隙，以防室外之氡元素排入室內。

參考文獻

〔1〕　江哲銘，「材料的健康性-二十一世紀空間設計的省思」，土木技術月刊，第九期，第四卷，2000。

〔2〕　葉武宗，「大專院校舊有建築物耗能之研究--以綠建築日常節能指標評估改善照明系統節能效率」，碩士論文，國立交通大學營建技術與管理研究所，新竹，2006。

〔3〕　江政憲，「營建工程倫理與職業道德之研究」，碩士論文，朝陽科技大學營建工程研究所，台中，2001。

〔4〕　傅邦鈞，「建築環境電磁波輻射影響之研究」，碩士論文，中國文化大學環境設計學院建築及都市計畫研究所，台北，2004。

〔5〕　魯國經，「輻射與防護」，中央研究院，2006.11.15 下載，取自：http://www.icob.sinica.edu.tw。

〔6〕　曾婷婷，「壁癌與環境黴菌」，環境檢驗所，台北，2001。

〔7〕　戴振勳，「半導體作業環境中有害物砷之探討」，碩士論文，國立交通大學產業安全與防災研究所，新竹，2003。

〔8〕　能源報導網，「汞的防護」，新聞稿，2006.12.12 下載，取自：http://www.tier.org.tw/energymonthly。

〔9〕　勞研所，「鉛危害無所不在-如何預防」，勞工安全衛生研究所宣導文章，台北，2005。

〔10〕　許博清，「水再生利用微生物風險評估與決策系統之開發」，碩士論文，國立臺灣大學環境工程學研究所，台北，2003。

〔11〕　瑞銘建材公司，「甲醛危害」，標題文章，2006，2006.12.12 下載，取自：http://www.rueyming.com.tw/book/page1.htm。

〔12〕　林慈儀，「家庭用側吸式排油煙機之開發設計與效能評估」，碩士論

文，立德管理學院資源與環境管理研究所，高雄，2003。

〔13〕陳詩婷、曾慧雯，「立院初審通過學校住宅醫院旁 不得設電塔」，
自由時報新聞稿，2008.05.02 下載，取自：
http://tw.news.yahoo.com/article/url/d/a/080502/78/ydoo.html。

〔14〕行政院環境保護署毒管處，2008.05.07 下載，取自：
http://web2.epa.gov.tw/enews/Newsdetail.asp?InputTime=0950110185
620&MsgTypeName=新聞稿

第六章習題

1. 如何防護與治理有毒建材？

2. 電磁波如何防護與治理？

3. 輻射如何防護與治理？

4. 壁癌如何防護與治理？

5. 金屬元素如何防護與治理？

6. 微生物如何防護與治理？

7. 揮發性有機物質如何防護與治理？

8. 石綿如何防護與治理？

9. 室內燃燒物及油煙如何防護與治理？

10.　放射性元素氡如何防護與治理？

第七章 引進及開發無污染的健康建材

在國際上建築與健康的關係討論由來已久,建築界慢慢開始將研究重點轉移到綠建築上,如 2007 年 3 月 23 日一篇報導指出,台北市政府大樓、信義區公所與台北市議會將成為綠建築的示範,未來將逐步採用高效能電燈泡、西曬窗戶貼上防曬紙降低溫度、蒐集雨水澆花及使用太陽能等措施。由於人類大部分的時間都是待在建築物內,因此要維護人類的健康,建築本身的健康性能就必須要確保。如曾在國內突如其來出現的嚴重急性呼吸道症候群(SARS),這個病毒正好帶給人了們新的省思機會,重新檢視居住環境內的潛在污染是否已影響了家人健康。[台灣地方新聞,2007]

藉著國內外綠建築的推展,使得健康建材的定位和概念慢慢深植人心,為了追求更完美的健康建築,引進及開發無污染的健康建材更顯重要性,也是現今社會當務之急的目標之一。也因此本章從介紹國內外綠建築推展的研究概況開始,而後帶入引進及開發無污染的健康建材觀念,藉此喚起從事營建相關人員的重視,據此發揚光大,讓國人的每一天都能在健康的環境中快樂生活。

一、國外研究概況

綠色建料概念是在1988年第一屆國際材料科學研究會上首次提出,而在1992年間國際學術界給綠色建料定義為:在原料採取、產品製造、應用過程和使用後的再生循環利用等環節中,以最環保及對人類身體健康無害的材料。環保建材又分為生態建材、綠色建材、健康

建材等，是指採用清潔生產技術，少用天然資源和能源，大量使用工業或城市固態廢棄物生產的無毒無害、無污染、無放射性、有利於環境保護和人體健康的建築材料。

與傳統建材相比，環保建材採用低耗能製造工藝和無環境污染的生產技術，在產品配置或生產過程中，不得使用甲醛、鹵化物溶劑或芳香族碳氫化合物，產品中不得含有汞及其化合物，不得用含有鉛、鎘、鉻及其化合物的顏料和添加劑。

美國喬治亞理工學院 Anne Steinemann 教授在 2004 年發表一篇題目為 "Human exposure, health hazards, and environmental regulations" 的論文。其主要闡述美國環境規章預期保護居民的健康，但卻未改善危及居民健康的主要污染源。這些污染源出人意外地在我們附近且在我們的環境範圍內出現，例如我們家中、工作場所、學校和其他室內環境所使用的民生用品和建材。即使在現有法律規範下，這些污染源仍是紊亂的存在。[Anne Steinemann，2004]

在我們居住的房屋內外，其污染的標準經常違反美國聯邦環保標準，這個議題檢示人們暴露於污染源的嚴重性，此議題是瞭解和降低影響人體健康污染源的一個重要管道，暴露於污染源的研究結果挑戰傳統有關污染危害的思考，且顯示其法規的缺失及人們的忽略。

從流行病學的研究結果顯示，暴露於污染源下，造成人體疾病增加，並強調需要新的保護措施。因為我們不能僅依靠法律規章來保護我們，因污染源的潛在，健康不知不覺地受到暗中危害。我們需要更多的努力，在污染源發生前去減低和防止顯著的暴露。

其論文結論建議包括更安全的民生用品的替代產品的研發與使用，減少污染暴露的大眾教育，系統化的居民污染源暴露監測方法，

和預警的決策方式。此文為新近發表的期刊論文，對於健康建材有良好的參考依據。

　　國立成功大學建築研究所「國內綠建築材料驗證制度之探討」碩士論文中指出，自1977年德國率先提出藍天使標章後，三十年來世界各先進國家的建材與環保標章評估日臻完善，除藍天使標章外，目前世界上亦有許多綠建材相關標章如丹麥的室內氣候標章、芬蘭建材逸散等級(Finnish Classification of Finishing Materials)、挪威的健康建材標準、德國環保與建材的標章評估(German Systems for Labeling Products)、加拿大環保標章、歐盟生態標章、北歐環保標章、美國綠建材相關評估制度、日本健康住宅對建材甲醛的濃度之逸散量規定、中國的環境標誌等。這些制度所列出之建材評估項目其實都能作為建材管制規範的參考，世界各國推動健康建築的努力如下所述：[蔡明璋，2003]

1. 德國建材標章制度：

　　　德國推動藍天使標章是各國中最完備的認證，也是世界上最早建立的制度，至今已制定86種分類標準，其中更規定禁用有害物質逸散。在建材污染物的管制方面則是分別針對其毒性、水溶性有害物質、致癌物質等。評估考慮的因素包括低污染、低廢料、再循環使用、高隔熱、噪音的降低等。此標章在於增加市場中符合環境、安全、健康的建築材料，由於德國人民對於居家健康的觀念已有深切的認知，所以能夠獲此標章的產品市場銷售量也逐步增加。

2. 芬蘭建材逸散分級：

　　　芬蘭「建材逸散分級」制定目的是為了在建造或設計階段

採用低逸散的建材或設備，以提供健康建材逸散分級。

3. 丹麥室內氣候標章：

自1992年起丹麥制定室內氣候標章「ICL」(Indoor Climate Label)來對建築建行評估。

4、挪威健康建材標準：

挪威制定了"健康建材"標準，規定塗料產品須標明健康指標及性能指標。

5、瑞典安全標籤制：

瑞典對室內建築材料實行安全標籤制來維護瑞典人民的健康。

6、北歐環境標誌：

1989年，瑞典、丹麥、芬蘭、冰島、挪威等北歐五國對於建材方面制定嚴格的標準而實施統一的北歐環境標誌認證。

7、日本健康住宅：

日本90年間就推行了健康住宅，如日本建設省出版了《健康住宅宣言》和《環境共生住宅》來指導住宅的建設與技術開發。原因是醫學界報告發現，室內裝修材料如甲醛以及一些致癌物將直接導致人們生病，空氣品質受污染引發感冒、呼吸道感染等疾病，都牽涉到人們的健康。[日本環境協會，2006]

1998年日本政府的一個調查小組經過檢測後宣佈，日本大約有30%的住宅因為使用有害的化學物質而易引發「新居症候群」。這個名為室內空氣對策研究會的調查小組由日本國土交通省官員、有關團體負責人以及一些專家學者等組成。調查內容是以甲醛、甲苯、二甲苯和乙苯等4種化學物質為對象，使用

簡易檢測儀器對 4500 戶住宅進行檢測並取得上述有害氣體在室內空氣中的 24 小時平均濃度，結果顯示都明顯超過標準。而根據此調查結果和研究，日本更制定了相應對策並修改了相應的規範。[日本環境協會，2006]

8、美國國家健康住宅中心：

　　美國於 1992 年設立了國家健康住宅中心，以解決居住健康問題保護人們免受居住環境惡劣所害。

9、中國環境標誌：

　　中國《建築材料放射性核素限量》國家標準按建築裝飾材料放射性物質含量，標準規定建築裝飾材料必須在其產品外包裝或產品說明書中明確標明放射性水準類別。根據《建築材料放射衛生防護標準》的規定，對於天然建材，根據其放射性水準分為 A、B、C 三類，進行分類管理。

　　從 2002 年 7 月 1 日起，中國大陸禁止有害的建築材料在市場上銷售，另根據中國大陸國家質檢總局頒佈的《室內裝飾裝修材料 10 項有害物質限量》規定，凡是建築材料中甲醛、苯等含量不過關的建築材料都不能在市場上出現。[徐東群，2005]

二、國內研究概況

　　近年來，世界各國積極研擬、制定確保住宅品質的相關法規，目的都在保障居住者住的安全、健康及舒適，現在的我們也需跟上先進國家的腳步，從推動「綠建材標章」制度開始來確保國人住的品質。

　　過去建築的多半數都講求美觀、風格，對於室內裝潢部分，普遍缺乏永續健康的概念，過度的裝修行為、不當的施工方式及危害人體健康材料的選用，額外增加了健康危害的風險，特別是建材和傢俱所

含的有毒物質，長期以來都悄悄地瀰漫在我們的居家環境之中。由內政部建築研究所、財團法人台灣建築中心共同推動的綠建材標章制度，可以介入居家建材的檢驗和認證，爲居家的品質和健康做把關。

　　台灣建築中心的「綠建材標章」(圖 7-1)專題文章中指出，我國行政院於 1996 年成立「永續發展委員會」，行政院經建會也特別將「綠建築」列爲「城鄉永續發展政策」的執行重點。內政部營建署也透過「營建白皮書」全面推動綠建築政策，內政部建築研究所爲發展以「舒適性」、「自然調和健康」、「環保」等三大設計理念，更進一步爲鼓勵興建省能源、低污染、省資源之綠建築建立舒適、健康、環保之居住環境，特委請財團法人台灣建築中心於 1999 年公告受理「綠建築標章」申請。已受理申請的健康綠建材項目如(表 7-1)所示，其中木質地板或木材構件如圖 7-2 所示，建議施工前要申請檢驗，而且期望研發更健康無污染的木質建材。[台灣建築中心，2007]

圖 7-1　健康綠建材標章

表 7-1 已受理申請的健康綠建材項目 [綠建材標章網，2006]

健康綠建材接受評定項目	
1	地板類	地毯、PVC 地磚、木質地板、架高地板。
2	牆壁類	合板、夾板、纖維板、石膏板、壁紙、防音材。
3	天花板	礦纖天花板、玻纖天花板、夾板。
4	填縫劑與油灰類	矽利康、環氧樹脂。
5	塗料類	油漆等各式水性、油性粉刷塗料。
6	接著(合)劑	油氈、合成纖維、聚氯乙烯。
7	門窗類	木製門窗。(單一均質材料)。

圖 7-2 木質地板或木材構件建材

　　綠建築標章須進行七大指標評估系統之評估，包括基地綠化指標、基地保水指標、水資源指標、日常節能指標、二氧化碳減量指標、廢棄物減量指標、污水垃圾改善指標。[台灣建築中心，2007]

　　評定為綠建築須經綠建築標章審查委員會審查通過始可發給標章。然而隨著「綠建築解說與評估手冊」(2003)的檢討更新，加入生物多樣性指標與室內環境指標，成為九大指標。藉此將使綠建築擴大

定義為「生態、節能、減廢、健康的建築物」的積極定義。[台灣建築中心，2007]

　　藉由綠建材標章的推廣，綠建築材料日益受到國人重視及使用，目前綠建材標章就是我國專門針對綠建築材料性能驗證之制度，該制度的實施具有確保建材品質、國家發展永續及國人居住健康等指標性意義。[台灣建築中心，2007]

　　除了滿足綠建築基本性能需求後，健康的建築物更是本書標榜與追求的目標，其建材於生命週期的每一階段，應考量對大眾健康安全具有的重大影響項目，即建材不應被置入有毒或有害物質，如含鉛塗料、甲醛逸散及石綿纖維等。而除了大眾健康安全外，其他居住生物和環境也應一併考量健康安全，如居家排放物質及有害廢棄物排放等，經由食物鏈循環和污染物傳播擴散，相對地也是對大眾健康有害。

　　成功大學建築系江哲銘系主任也指出，室內裝潢建材在製造過程中，常常為了性能考量，經常添加各種化學物質以達到作用，以致房屋裝修完成後，這些化學物質會隨著時間和溫度變化，大量地逸散在空氣中，造成室內空氣品質不好的污染源。[江哲銘，2000]

　　中國文化大學建築及都市計劃研究所碩士在職專班論文"集合住宅現行綠建材之分析研究"表示，我們依賴水源、土地和礦物而生存，錯誤使用方式給自然生態帶來危機進而影響人類健康。對於高污染、高耗能的建材產業而言，安全、舒適、健康、環保的綠建材，將是未來營建工程主要趨勢。[施素媛，2003]

　　國立臺灣大學土木工程學研究所論文"綠建築標章應用在住宅類建築接受態度之研究--以綠色消費觀點探討"表示，綠建築標章之推動於民國 90 年開始實施，擬定綠建築標章審議制度，至 91 年已有

156 個案件通過此標章認證，但通過認證之住宅類建築卻只有 12 件，如何將綠建築落實於一般民眾日常生活之住宅，實爲必須關注之議題。

　　此研究主要探討我國消費者對於綠建築標章認證制度應用於住宅建築之態度，並從經濟學上研究消費者行爲。再藉由量化之分析研究來瞭解消費者對於綠建築標章之態度與購買意願。研究結果顯示，有高達 85.06％的消費者支持綠建築標章制度，62.99％的消費者願意接受因標章而產生 4.76％的平均價格漲幅。因此得知社會大眾對綠建築的重視，而此研究藉由分析結果探討消費者對於綠建築標章住宅之態度，並提出建議供審議單位相關制度修訂與業界行銷之參考。[溫雅貴，2002]

　　國立成功大學建築學系碩士班論文"國內綠建築材料驗證制度之探討"表示，近年來由於溫室效應等環境議題逐漸爲國人所重視，具有環境友善性能表現的「綠建築材料」成爲建築材料發展的新趨勢。且爲確保綠建築材料應有的性能表現，及幫助消費者辨識使用，建置完善驗證制度成爲不可或缺的重要措施。有鑑於此政府於民國 93 年推行「綠建材標章」，以達到地球永續及居住健康願景。

　　爲避免綠建材標章與產業脫節，以增進該制度健全性，其研究擬從廠商申請驗證角度，參考驗證制度實施架構、國內外發展現況及檢視廠商需求及看法，針對國內綠建材標章制度實施架構相關議題進行探討，並研擬對策。此論文內容詳實新穎並整合前三項研究成果，對於本國綠建築材料驗證制度作深入探討，建立綠建材標章制度未來推動機制模型，可供主管機關參考。其研究成果如下 [蔡明璋，2003]

1. 綠建材標章制度修正改善建議：

    (1) 作業要點內容合理化。

    (2) 檢驗認證項目具體化。

    (3) 檢驗認證標準整合化。

    (4) 檢驗認證流程實用化。

    (5) 認證使用標示正確化。

2. 綠建材標章推廣使用建議：

    (1) 積極推行政府綠色採購。

    (2) 推動綠建築材料之教育。

    (3) 整合綠建築標章、綠建材標章及環保標章。

3. 建置綠建材標章制度行為人權責。

　　除了綠建築標章制度外，目前我國也已開始推行家具生產的綠色建材標誌認證工作，綠色建材標誌的目的在於減少產品在使用過程中對環境及人體健康的危害，鼓勵製造商在生產、開發時關注環境與健康。

　　中國文化大學建築及都市計劃研究所論文"集合住宅現行綠建材之分析研究"表示，現行建材生產情形分析發現，目前市面上之建材不論其特性如何，對綠色環保建材標章之環保標章或是綠建材標章申請的比例不高，因此無法從綠色環保標章得知目前國內建材符合安全、健康、環保等要求，因此針對國內的建材性質依照綠建材標章的評估因子評估後，發覺現行建材與綠建材標章之差異點如下：[施素媛，2003]

1. 建材類別之差異點：

    (1) 常用的建材尚未列入綠建材標章認證種類中。

　　(2) 綠建材的標章所評估之建材種類屬於市面上少見之建材種
　　　　類，故普遍性不高。

2. 檢驗項目之差異：

　建材的現行檢驗項目與綠建材標章的認證項目差異大。

3. 目前市售綠建材標示只對其建材的特性介紹，而無檢驗數據做
　佐證。

　　此論文也發現許多重要的尚待改進缺失，顯示尚有很多需要努力
的工作，等待我們去完成，最後該文也建議如下三點：

1. 綠建材標章認證類別，應以常用建材類別進行檢測，可增加綠
　建材標章之實用性。

2. 普遍建立綠建材認證實驗室，加強綠建材標章認證之推廣。

3. 立法強制規定市售建材應標示成份及性能，減低消費者誤用。

　　國立成功大學建築學系碩士專班論文 "以健康觀點探討室內空
氣品質改善可行性之研究" 表示，我國的室內裝修行為模式，由於
消費者、設計者、施工者對於室內空氣品質相關認知尚淺，因此，
裝修動機、行為、目的等皆未以健康觀點進行運作。致使「健康建
築」的實現，在產、學之間尚有一段落差。

　　因此其研究透過健康觀點診斷及改善實際案例，分析整理出一套
標準操作流程(Standard Operation Procedures，簡稱 S.O.P.)，並期待
成功連結產業界與學術界，提供國內建築相關產業從業者，能更有效
掌握既有建築物室內環境改善之重點，藉由「性能式驗收」制度的建
立，使「健康建築」的得以普及應用於生活。

　　其研究以會議討論室為例，完整呈現初期檢測、診斷、擬定改善
對策之過程。國內綠建材制度尚在起步階段、市面上可供運用資源相

當匱乏時,藉由改變室內裝修工法及材料選用之模式,在同時照顧到空氣環境及各環境因子、預算、工期都可有效控制的前提下,如何達到室內空氣品質的健康需求。[黃琳琳,2003]

　　健康才是時尚,而健康建築也並不是如童話中那樣不能達成的神話,簡單來說,可利用對環境和健康有益的建築材料和選用及引進並開發無污染的健康建材建成,對於城市、郊區和農村的每家和每個單位都是可以逐步實現。

7-1　引進新的無污染健康建材

　　由於我國建築和裝飾材料的生產技術落後,環保標準較低,易導致室內污染,對人體的危害較為嚴重。為了減少這種危害,必須加強投入心力,一方面引進國外新型無污染的環保建材生產技術,或與國外企業合作製造,或其配套生產,另一方面則吸收國外最先進技術,研製和開發新型無污染的環保建築及裝飾材料。[行政院環境保護署,2002]

　　如在 1984 年底的丹麥,建成了非過敏住宅建築示範工程,這是有 111 個單元的兩層建築,其建築材料是經過精心挑選的綠色建材,主要結構選用混凝土以及層壓的木材製成,飾面塗料是以無機矽酸鹽為主要成分的建築塗料,採用機械裝置通風,每小時換氣 1 次,是普通住宅的 2 倍,對於我國海島潮溼型的氣候而言,此種非過敏住宅建築是相當適合引進國內並推廣之。[行政院環境保護署,2002]

　　新型材料和建材,不僅要求有高強度、持久強度和裝飾作用外,還應達到淨化空氣、抗菌防黴等效果,再進一步則要求必須具備有益於健康的功能,像摻有紅外線陶瓷粉的內牆塗料對人體具有保健作

用,在快樂生活的現代裏亦是相當適合的,而爲了能在室內呼吸到像在森林、草原一樣的新鮮空氣,未來應該加強引進"樹葉功能陶瓷"材料或將技術引進國內自行開發等。

另外像是防輻射的屏蔽塗料不僅具有遮罩室內建材氡析出率、降低室內氡濃度的功能,而且具有裝飾功能,因而它是淨化、美化室內環境的新型塗料,此種新型材料已引進台灣,實在值得大家推廣選用之。[行政院環境保護署,2002]

21 世紀發展出的綠色塗料除強調無毒無害外,用途更廣性能更加優良,值得專家學者或建材商的發掘並引進選用,其發展的重點更可在下列幾個方面如乳膠漆、無機礦物塗料和綠色粘合劑等都是可供考慮的方向。

乳膠漆是一種以合成乳液爲粘結劑,加入填料和少量助劑,以水作溶劑的低毒無害、沒有污染、無火災危險的無機礦物塗料,除了可保護及裝飾機能之外,另有特別機能的塗料,兼具加強機能、省資源、經濟性、提升安全性及維護環境等功能。[綠建材標章,2006]

7-2 開發無污染的健康建材

雖然含汞日光燈仍在大多數的居家中使用,但在科技的日益發展下,不含汞而利用二極體發光的白熾燈也開始量產問市,隨著健康概念慢慢深植人心,跟著 LED 燈的發明,相信也可取代舊式含汞的日光燈。

在環保團體與醫學團體的積極提倡下,遠離輻射非核家園的理念也開始化爲國家執政者的選票助力,於是新替代能源的尋求也成了執政者的挑戰,幸運地,台灣沿海地區的大自然風力取之不竭,風力發

電(圖 7-3)成了核能發電後的主力。

　　太陽能發電(圖 7-4)的技術若還能再繼續研究發展，讓每個家庭的用電都可利用太陽能的發電來自給自足的話，便可以不需高壓電線的傳輸及變電站和配電箱的設置，如此對人體有影響的電磁波污染將可以降到最低。

圖 7-3　　風力發電

圖 7-4　　太陽能發電

除了上述的建材的開發外，關於塗料方面也由於技術的多樣化及成熟發展，國內外更陸續開發出新材料與具普及性之新機能塗料如下：[綠建材標章，2006]

1. 電磁波吸收塗料－電磁波吸收塗料可以防止電磁波危害，藉由電磁波吸收之塗料特性而消除電波散佈。

2. 防結霧、防冰固著塗料－防結霧、防冰固著塗料適用於船舶、飛機、建築物、冷凍庫等，可以減輕冰雪去除作業。

3. 光纖維塗料－光纖維塗料有助於光通訊特性、提升強度、導電、耐熱、吸收太陽熱、防變色、抗震、防音、潤滑、防塵、防玻璃飛散、水中防污、及選擇性吸收氣體等。

開發無污染的油漆(圖 7-5)是目前極需解決的問題之一，因為彩色油漆的艷麗不能隱含有害健康的毒素。美國某全球知名油漆品牌 2008 年推出更具環保概念的新產品。這一系列油漆除了完全不含有可致癌的揮發性有機物(VOCs)，臭味非常低，純潔的性能並榮獲公認的 A 級綠色標章(Green Seal Certified)。

圖 7-5　開發無污染的油漆

　　而綠建材標章評定內容有生態綠建材、健康綠建材、高性能綠建材、再生綠建材，這也表示國內對於綠建材有一定的發展，在此針對綠建材標章評定的各式建材做一簡述如下。

1. 生態綠建材

　　生態綠建材是指「在建材從生產至回收的生命週期中，除了滿足基本性能要求之外，對於宇宙環境而言，它是最自然的，消耗最少的能源與資源，且人為加工最少的建材。」

　　生態綠建材大致可分為以下三個階段說明。第一階段是指建材產品或材料在製造階段時，應具有減少產生有害或有毒等物質的功能；第二階段是使用時應具有減少能源消耗的功能，和降低資源的依賴、進而開發新資源增加效益；第三階段是在生命週期的最後階段，建材報廢後也可經由回收、處理而轉變為原物料或產品，或者是延長原有建材之使用年限，以減少廢棄垃圾。符合上述條件之建材大致可稱為生態綠建材。

　　為達此目的就是儘量選用天然材料製成之建材，遵從「取之於自然、用之於自然」的原則，創造與自然循環息息相關的營建新構思，這才是宇宙永續發展的治本之道。

　　由於生態綠建材之評估指標在數量化的評估較不容易，所以目前用定性的評定為主，依據比較沒有匱乏危機之建材以及建材的人為加工度、低耗能源、低二氧化碳(CO_2)排放、低污染排放、容易天然分解、可重複再使用、符合區域當地產業生態等方面綜合性評定，為生態建材做衡量的判定。例如圖 7-6 鋼筋混凝土與鋼構材料皆非生態綠建材，這些材料需要高度的人為加工，消耗大量能源，材料製造過程排放大量二氧化碳，促使地球暖化，加

速冰山融解，迫害北極熊可能滅絕。因此我們需要研發可以取代鋼筋混凝土與鋼構件的生態綠建材。

圖 7-6　非生態的鋼筋混凝土與鋼構材料

2.　健康綠建材

　　健康綠建材意指對人體健康不會造成傷害的建材。所以健康的綠建材應為低逸散、低污染、低臭氣、低身心危害之營建材料。對健康綠建材的採用，即在避免有害健康建材進入建築物及公共工程，以免短期內造成生態界的生物傷害，長期間危害生態界的生物性命。

　　為妥善處理肇因於道路路面所含非天然砂石中之天然放射性物質所產生之「輻射異常道路」及其廢棄物，中華民國八十八年四月二十日行政院原子能委員會（八八）會輻字第七二五九號函發布輻射異常道路處理要點。2004 年 12 月 31 日聯合報 C2 版記者孟祥傑報導桃園縣新聞「逕行刨除輻射路　原能會：確有疏失」。原子能委員會主委歐陽敏盛當時表示，原能會前一年 9 月

未先通報桃園縣龍潭鄉公所,即逕自利用深夜刨除聖亭路一處輻射道路作法,確有行政疏失,將儘速建立通報機制,並在最快時間內全面偵測當地周遭道路,避免再有漏網之魚。

　　道路若有輻射污染不只造成用路人的健康受傷害,其周邊的蟲鳥花草均可能受害。於民國八十年初,行政院原子能委員會輻射偵測中心引進國內第一輛環境輻射偵測車(圖 7-7),車內配備各項精密的儀器,與歐美先進國家移動式實驗室相比,毫不遜色,除不定期至核能電廠周圍進行機動偵測以外,若有意外事故發生,也能擔任緊急偵測的任務。它的任務之一就是巡迴全省各地,偵測環境有無異常劑量的產生,例如輻射道路就逃不過他的「法眼」。因除了研發新的健康綠建材,我們也要引進或自行研製相關的新型檢驗設備,以確保營建材料的健康要求。

圖7-7　　環境輻射偵測車[輻射偵測中心,2008]

3.　高性能綠建材

　　高性能綠建材是指性能有高度表現之建材,能克服傳統建材性能缺陷,以提升品質效能。生活中常見如噪音防制、基地保水能力不佳等問題,可藉由採用性能較佳建材產品,獲得相當程度

的改善。目前綠建材標章評估的性能包含防音、透水兩個項目簡述如下，這些產品以及各種高性能綠建材都值得我們去研究開發。

(1) 高性能防音綠建材：

能有效防止噪音，不影響生活品質的建材，例如可以防止噪音的門窗、隔間牆、樓地版、屋頂等綠建材。

(2) 高性能透水綠建材：

對地表逕流具良好透水性之產品，符合基地保水指標之要求。如圖 7-8 所示一般道路或人行道使用沒有透水的瀝青混凝土及地磚作鋪面，所以容易造成熱島效應。

圖 7-8　不透水的瀝青混凝土及地磚路面

4. 再生綠建材

國內營建廢棄物(圖 7-9)每年約 1100 萬公噸，因為缺乏回收再利用機制，到處污染河川地、山谷、坡地。再生綠建材就是利用回收之報廢材料經由再製造的過程，所製成的建材產品，且符

合廢棄物減量(Reduce)，再利用(Reuse)及再循環(Recycle)的原則。選用廢棄的建築材料直接進行二次使用者，如拆卸下來的鋼筋、混凝土碎塊、木材、磚石等，或使用其他廢棄物資再製成建材。例如粒片板、中密度纖維板、纖維水泥板及纖維強化水泥板(矽酸鈣板)、高壓混凝土地磚、混凝土空心磚(植草磚、圍牆磚等)、碎石級配料、陶瓷面磚(圖 7-10)。

圖 7-9　營建拆除廢棄物

圖 7-10　粒片板、纖維板、高壓混凝土地磚、混凝土空心磚

　　爲健康考量，現今科技也發展出建材可利用氧化、光催化等多項技術對揮發性有機物質進行中和消毒，使得有危害人體健康的污染建材變成低污染、甚或無污染的健康建材。而現今的建材消毒技術，也發展出多種淨化材料，淨化材料按特性還可分類爲物理吸著型淨化材料、化學吸著型淨化材料、離子交換型淨化材料、光催化材料和稀土

啓動無機淨化材料。[綠建材標章，2006]

　　建築材料造成污染的高低及其對人體的危害，經科學的研究檢測，其影響健康的程度雖然有所不同，但必須引發重視。同時也希望政府多舉辦一些聚會，如研討會、講習、說明會等，或在一些重要時段播放廣告以加強人民的宣導。隨著科學技術的發展，人們對於建材污染的危害問題，逐漸有了更加深刻、更加全面的認識，不斷提高人們的健康意識和自我保護能力,引進新的健康建材以及開發和生產更多的新型健康建築、新型的綠色建築，爲營建相關人員持續努力的目標。

參考文獻

〔1〕 Anne Steinemann, "Human exposure, health hazards, and environmental regulations", Environmental Impact Assessment Review, Vol: 24 Issue: 7-8, October-November, 2004, pp. 695-710.

〔2〕 蔡明璋，「國內綠建築材料驗證制度之探討」，碩士論文，國立成功大學建築研究所，台北，2003。

〔3〕 日本環境共生住宅推進協議會，「關於日本環境共生住宅」，首頁，2006.11.06 下載，取自：http://www.kkj.or.jp/。

〔4〕 徐東群，「室內空氣污染衛生監督管理研究發展」，中國預防醫學科學院環境衛生監測所研究報告，中國北京，2005。

〔5〕 台灣建築中心，「綠建材標章」，專題文章，2007.04.16 下載，取自：http://www.cabc.org.tw/。

〔6〕 江哲銘，「材料的健康性-二十一世紀空間設計的省思」，土木技術月刊，第九期，第四卷，2000。

〔7〕 蘇慧貞，「高雄市辦公大樓室內空氣品質調查與健康危害之評估」，高雄市環保局研究報告，高雄，2001。

〔8〕 施素媛，「集合住宅現行綠建材之分析研究」，碩士論文，中國文化大學建築及都市計劃研究所，台北，2003。

〔9〕 溫雅貴，「綠建築標章應用在住宅類建築接受態度之研究--以綠色消費觀點探討」，碩士論文，國立臺灣大學土木工程學研究所，台北，2002。

〔10〕 黃琳琳，「以健康觀點探討室內空氣品質改善可行性之研究」，碩士論文，國立成功大學建築學研究所，台南，2004。

〔11〕 行政院環境保護署，「環保標章政策白皮書」，財團法人環境與發展

基金會研究報告，台北，2002。

〔12〕綠建材標章網，「認識綠建材」，專題報導，2006.12.28 下載，取自：http://www.cabc.org.tw/gbm/HTML/website/about01_101.asp。

〔13〕台灣地方新聞，「市府大樓率先成為綠建築示範」，2008.04.17 下載，取自：http://news.epochtimes.com/b5/7/3/23/n1655738.htm。

〔14〕輻射偵測中心，行政院原子能委員會「環境輻射偵測車」簡介，2008.05.04 下載，取自：

http://www.trmc.aec.gov.tw/big5/introduce/ind_monitor.htm。

第七章 習題

1. 國外研究的概況有那些？

2. 國內研究的概況有那些？

3. 綠建材標章制度的修正改善建議有那些？

4. 如何引進新的無污染健康建材？

5. 如何開發無污染的健康建材？

附　錄

附錄 1　游離輻射防護法

民國 91 年 01 月 04 日　制定 57 條

民國 91 年 01 月 30 日　公布

民國 92 年 02 月 01 日　施行

全國法規資料庫(民國 96 年 06 月 25 日下載)

第一章　總則

第 1 條　為防制游離輻射之危害，維護人民健康及安全，特依輻射作業必
　　　　須合理抑低其輻射劑量之精神制定本法；本法未規定者，適用其
　　　　他有關法律之規定。

第 2 條　本法用詞定義如下：

　　一、游離輻射：指直接或間接使物質產生游離作用之電磁輻射或
　　　　粒子輻射。

　　二、放射性：指核種自發衰變時釋出游離輻射之現象。

　　三、放射性物質：指可經由自發性核變化釋出游離輻射之物質。

　　四、可發生游離輻射設備：指核子反應器設施以外，用電磁場、
　　　　原子核反應等方法，產生游離輻射之設備。

　　五、放射性廢棄物：指具有放射性或受放射性物質污染之廢棄物，包括
　　　　備供最終處置之用過核子燃料。

　　六、輻射源：指產生或可產生游離輻射之來源，包括放射性物質、可發
　　　　生游離輻射設備或核子反應器及其他經主管機關指定或公告之物料
　　　　或機具。

七、背景輻射：指下列之游離輻射：

(一) 宇宙射線。

(二) 天然存在於地殼或大氣中之天然放射性物質釋出之游離輻射。

(三) 一般人體組織中所含天然放射性物質釋出之游離輻射。

(四) 因核子試爆或其他原因而造成含放射性物質之全球落塵釋出之游離輻射。

八、曝露：指人體受游離輻射照射或接觸、攝入放射性物質之過程。

九、職業曝露：指從事輻射作業所受之曝露。

一○、醫療曝露：指在醫療過程中病人及其協助者所接受之曝露。

一一、緊急曝露：指發生事故之時或之後，為搶救遇險人員，阻止事態擴大或其他緊急情況，而有組織且自願接受之曝露。

一二、輻射作業：指任何引入新輻射源或曝露途徑、或擴大受照人員範圍、或改變現有輻射源之曝露途徑，從而使人們受到之曝露，或受到曝露之人數增加而獲得淨利益之人類活動。包括對輻射源進行持有、製造、生產、安裝、改裝、使用、運轉、維修、拆除、檢查、處理、輸入、輸出、銷售、運送、貯存、轉讓、租借、過境、轉口、廢棄或處置之作業及其他經主管機關指定或公告者。

一三、干預：指影響既存輻射源與受曝露人間之曝露途徑，以減少個人或集體曝露所採取之措施。

一四、設施經營者：指經主管機關許可、發給許可證或登記備查，經營輻射作業相關業務者。

一五、雇主：指僱用人員從事輻射作業相關業務者。

一六、輻射工作人員：指受僱或自僱經常從事輻射作業，並認知會接受曝露之人員。

一七、西弗：指國際單位制之人員劑量單位。

一八、劑量限度：指人員因輻射作業所受之曝露，不應超過之劑量值。

一九、污染環境：指因輻射作業而改變空氣、水或土壤原有之放射性物質含量，致影響其正常用途，破壞自然生態或損害財物。

第 3 條　本法之主管機關，為行政院原子能委員會。

第 4 條　天然放射性物質、背景輻射及其所造成之曝露，不適用本法之規定。但有影響公眾安全之虞者，主管機關得經公告之程序，將其納入管理；其辦法，由主管機關定之。

第二章　輻射安全防護

第 5 條　為限制輻射源或輻射作業之輻射曝露，主管機關應參考國際放射防護委員會最新標準訂定游離輻射防護安全標準，並應視實際需要訂定相關導則，規範輻射防護作業基準及人員劑量限度等游離輻射防護事項。

第 6 條　為確保放射性物質運送之安全，主管機關應訂定放射性物質安全運送規則，規範放射性物質之包裝、包件、交運、運送、貯存作業及核准等事項。

第 7 條　設施經營者應依其輻射作業之規模及性質，依主管機關之規定，設輻射防護管理組織或置輻射防護人員，實施輻射防護作業。

前項輻射防護作業，設施經營者應先擬訂輻射防護計畫，報請主管機關核准後實施。未經核准前，不得進行輻射作業。

第一項輻射防護管理組織及人員之設置標準、輻射防護人員應具備之資格、證書之核發、有效期限、換發、補發、廢止及其他應遵行事項之管理辦法，由主管機關會商有關機關定之。

第 8 條　設施經營者應確保其輻射作業對輻射工作場所以外地區造成之輻射強度與水中、空氣中及污水下水道中所含放射性物質之濃度，不超過游離輻射防護安全標準之規定。

前項污水下水道不包括設施經營者擁有或營運之污水處理設施、腐化槽及過濾池。

第 9 條　輻射工作場所排放含放射性物質之廢氣或廢水者，設施經營者應實施輻射安全評估，並報請主管機關核准後，始得為之。

前項排放，應依主管機關之規定記錄及申報並保存之。

第 10 條 設施經營者應依主管機關規定，依其輻射工作場所之設施、輻射作業特性及輻射曝露程度，劃分輻射工作場所為管制區及監測區。管制區內應採取管制措施；監測區內應為必要之輻射監測，輻射工作場所外應實施環境輻射監測。

前項場所劃分、管制、輻射監測及場所外環境輻射監測，應擬訂計畫，報請主管機關核准後實施。未經核准前，不得進行輻射作業。

第一項環境輻射監測結果，應依主管機關之規定記錄及申報並保存之。

第二項計畫擬訂及其作業之準則，由主管機關定之。

第 11 條 主管機關得隨時派員檢查輻射作業及其場所；不合規定者，應令

其限期改善；未於期限內改善者，得令其停止全部或一部之作業；情節重大者，並得逕予廢止其許可證。

主管機關為前項處分時，應以書面敘明理由。但情況急迫時，得先以口頭為之，並於處分後七日內補行送達處分書。

第 12 條 輻射工作場所發生重大輻射意外事故且情況急迫時，為防止災害發生或繼續擴大，以維護公眾健康及安全，設施經營者得依主管機關之規定採行緊急曝露。

第 13 條 設施經營者於下列事故發生時，應採取必要之防護措施，並立即通知主管機關：

一、人員接受之劑量超過游離輻射防護安全標準之規定者。

二、輻射工作場所以外地區之輻射強度或其水中、空氣中或污水下水道中所含放射性物質之濃度超過游離輻射防護安全標準之規定者。本款污水下水道不包括設施經營者擁有或營運之污水處理設施、腐化槽及過濾池。

三、放射性物質遺失或遭竊者。

四、其他經主管機關指定之重大輻射事故。

主管機關於接獲前項通知後，應派員檢查，並得命其停止與該事故有關之全部或一部之作業。

第一項事故發生後，設施經營者除應依相關規定負責清理外，並應依規定實施調查、分析、記錄及於期限內向主管機關提出報告。

設施經營者於第一項之事故發生時，除採取必要之防護措施外，非經主管機關核准，不得移動或破壞現場。

第 14 條 從事或參與輻射作業之人員，以年滿十八歲者為限。但基於教學

或工作訓練需要，於符合特別限制情形下，得使十六歲以上未滿十八歲者參與輻射作業。

任何人不得令未滿十六歲者從事或參與輻射作業。

雇主對告知懷孕之女性輻射工作人員，應即檢討其工作條件，以確保妊娠期間胚胎或胎兒所受之曝露不超過游離輻射防護安全標準之規定；其有超過之虞者，雇主應改善其工作條件或對其工作為適當之調整。

雇主對在職之輻射工作人員應定期實施從事輻射作業之防護及預防輻射意外事故所必要之教育訓練，並保存紀錄。

輻射工作人員對於前項教育訓練，有接受之義務。

第一項但書規定之特別限制情形與第四項教育訓練之實施及其紀錄保存等事項，由主管機關會商有關機關定之。

第 15 條 為確保輻射工作人員所受職業曝露不超過劑量限度並合理抑低，雇主應對輻射工作人員實施個別劑量監測。但經評估輻射作業對輻射工作人員一年之曝露不可能超過劑量限度之一定比例者，得以作業環境監測或個別劑量抽樣監測代之。

前項但書規定之一定比例，由主管機關定之。

第一項監測之度量及評定，應由主管機關認可之人員劑量評定機構辦理；

人員劑量評定機構認可及管理之辦法，由主管機關定之。

雇主對輻射工作人員實施劑量監測結果，應依主管機關之規定記錄、保存、告知當事人。主管機關為統計、分析輻射工作人員劑量，得自行或委託有關機關 (構)、學校或團體設置人員劑量資料庫。

第 16 條 雇主僱用輻射工作人員時，應要求其實施體格檢查；對在職之輻射工作人員應實施定期健康檢查，並依檢查結果爲適當之處理。

輻射工作人員因一次意外曝露或緊急曝露所接受之劑量超過五十毫西弗以上時，雇主應即予以包括特別健康檢查、劑量評估、放射性污染清除、必要治療及其他適當措施之特別醫務監護。

前項輻射工作人員經特別健康檢查後，雇主應就其特別健康檢查結果、曝露歷史及健康狀況等徵詢醫師、輻射防護人員或專家之建議後，爲適當之工作安排。

第一項健康檢查及第二項特別醫務監護之費用，由雇主負擔。

第一項體格檢查、健康檢查及第二項特別醫務監護之紀錄，雇主應依主管機關之規定保存。

第二項所定特別健康檢查，其檢查項目由主管機關會同中央衛生主管機關定之。輻射工作人員對於第一項之檢查及第二項之特別醫務監護，有接受之義務。

第 17 條 爲提昇輻射醫療之品質，減少病人可能接受之曝露，醫療機構使用經主管機關公告應實施醫療曝露品質保證之放射性物質、可發生游離輻射設備或相關設施，應依醫療曝露品質保證標準擬訂醫療曝露品質保證計畫，報請主管機關核准後始得爲之。

醫療機構應就其規模及性質，依規定設醫療曝露品質保證組織、專業人員或委託相關機構，辦理前項醫療曝露品質保證計畫相關事項。

第一項醫療曝露品質保證標準與前項醫療曝露品質保證組織、專業人員設置及委託相關機構之管理辦法，由主管機關會同中央衛生主管機關定之。

第 18 條 醫療機構對於協助病人接受輻射醫療者，其有遭受曝露之虞時，
　　　　應事前告知及施以適當之輻射防護。

第 19 條 主管機關應選定適當場所，設置輻射監測設施及採樣，從事環境
　　　　輻射監測，並公開監測結果。

第 20 條 主管機關發現公私場所有遭受輻射曝露之虞時，得派員攜帶證明
　　　　文件進入檢查或偵測其游離輻射狀況，並得要求該場所之所有
　　　　人、使用人、管理人或其他代表人提供有關資料。前項之檢查或
　　　　偵測，主管機關得會同有關機關為之。

第 21 條 商品非經主管機關許可，不得添加放射性物質。
　　　　前項放射性物質之添加量，不得逾越主管機關核准之許可量。

第 22 條 商品對人體造成之輻射劑量，於有影響公眾健康之虞時，主管機
　　　　關應會同有關機關實施輻射檢查或偵測。
　　　　前項商品經檢查或偵測結果，如有違反標準或有危害公眾健康
　　　　者，主管機關應公告各該商品品名及其相關資料，並命該商品之
　　　　製造者、經銷者或持有者為一定之處理。
　　　　前項標準，由主管機關會商有關機關定之。

第 23 條 為防止建築材料遭受放射性污染，主管機關於必要時，得要求相
　　　　關廠商實施原料及產品之輻射檢查、偵測或出具無放射性污染證
　　　　明。其管理辦法，由主管機關定之。
　　　　前項原料、產品之輻射檢查、偵測及無放射性污染證明之出具，
　　　　應依主管機關之規定或委託主管機關認可之機關（構）、學校或團
　　　　體為之。
　　　　第一項建築材料經檢查或偵測結果，如有違反前條第三項規定之

標準者，依前條第二項規定處理。

第二項之機關（構）、學校或團體執行第一項所訂業務，應以善良管理人之注意爲之，並負忠實義務。

第 24 條 直轄市、縣（市）主管建築機關對於施工中之建築物所使用之鋼筋或鋼骨，得指定承造人會同監造人提出無放射性污染證明。

主管機關發現建築物遭受放射性污染時，應立即通知該建築物之居民及所有人。

前項建築物之輻射劑量達一定劑量者，主管機關應造冊函送該管直轄市、縣（市）地政主管機關將相關資料建檔，並開放民眾查詢。

放射性污染建築物事件防範及處理之辦法，由主管機關定之。

第 25 條 爲保障民眾生命財產安全，建築物有遭受放射性污染之虞者，其移轉應出示輻射偵測證明。前項有遭受放射性污染之虞之建築物，主管機關應每年及視實際狀況公告之。

第一項之輻射偵測證明，應由主管機關或經主管機關認可之機關（構）或團體開立之。其辦法，由主管機關定之。前項之機關（構）或團體執行第三項所訂業務，應以善良管理人之注意爲之，並負忠實義務。

第 26 條 從事輻射防護服務相關業務者，應報請主管機關認可後始得爲之。

前項輻射防護服務相關業務之項目、應具備之條件、認可之程序、認可證之核發、換發、補發、廢止及其他應遵行事項之管理辦法，由主管機關定之。

從事第一項業務者執行業務時，應以善良管理人之注意爲之，並負忠實義務。

第 27 條 發生核子事故以外之輻射公害事件，而有危害公眾健康及安全或

有危害之虞者，主管機關得會同有關機關採行干預措施；必要時，並得限制人車進出或強制疏散區域內人車。

主管機關對前項輻射公害事件，得訂定干預標準及處理辦法。

主管機關採行第一項干預措施所支出之各項費用，於知有負賠償義務之人時，應向其求償。對於第一項之干預措施，不得規避、妨礙或拒絕。

第 28 條 主管機關為達成本法管制目的，得就有關輻射防護事項要求設施經營者、雇主或輻射防護服務業者定期提出報告。前項報告之項目、內容及提出期限，由主管機關定之。

第三章　放射性物質、可發生游離輻射設備或輻射作業之管理

第 29 條 除本法另有規定者外，放射性物質、可發生游離輻射設備或輻射作業，應依主管機關之指定申請許可或登記備查。

經指定應申請許可者，應向主管機關申請審查，經許可或發給許可證後，始得進行輻射作業。

經指定應申請登記備查者，應報請主管機關同意登記後，始得進行輻射作業。

置有高活度放射性物質或高能量可發生游離輻射設備之高強度輻射設施之運轉，應由合格之運轉人員負責操作。

第二項及第三項申請許可、登記備查之資格、條件、前項設施之種類與運轉人員資格、證書或執照之核發、有效期限、換發、補發、廢止及其他應遵行事項之辦法，由主管機關定之。

第二項及第三項之物質、設備或作業涉及醫用者，並應符合中央衛生法規之規定。

第 30 條 放射性物質之生產與其設施之建造及可發生游離輻射設備之製

造，非經向主管機關申請審查，發給許可證，不得爲之。

放射性物質生產設施之運轉，應由合格之運轉人員負責操作；其資格、證書或執照之核發、有效期限、換發、補發、廢止及其他應遵行事項之辦法，由主管機關定之。

第一項生產或製造，應於開始之日起十五日內，報請主管機關備查；其生產紀錄或製造紀錄與庫存及銷售紀錄，應定期報送主管機關；主管機關得隨時派員檢查之。

第一項放射性物質之生產或可發生游離輻射設備之製造，屬於醫療用途者，並應符合中央衛生法規之規定。

第 31 條 操作放射性物質或可發生游離輻射設備之人員，應受主管機關指定之訓練，並領有輻射安全證書或執照。但領有輻射相關執業執照經主管機關認可者或基於教學需要在合格人員指導下從事操作訓練者，不在此限。

前項證書或執照，於操作一定活度以下之放射性物質或一定能量以下之可發生游離輻射設備者，得以訓練代之；其一定活度或一定能量之限值，由主管機關定之。

第一項人員之資格、訓練、證書或執照之核發、有效期限、換發、補發、廢止與前項訓練取代證書或執照之條件及其他應遵行事項之管理辦法，由主管機關會商有關機關定之。

第 32 條 依第二十九條第二項規定核發之許可證，其有效期間最長爲五年。期滿需繼續輻射作業者，應於屆滿前，依主管機關規定期限申請換發。

依第三十條第一項規定核發之許可證，其有效期間最長爲十年。期滿需繼續生產或製造者，應於屆滿前，依主管機關規定期限申

請換發。

前二項許可證有效期間內，設施經營者應對放射性物質、可發生游離輻射設備或其設施，每年至少偵測一次，提報主管機關偵測證明備查，偵測項目由主管機關定之。

第 33 條 許可、許可證或登記備查之記載事項有變更者，設施經營者應自事實發生之日起三十日內，向主管機關申請變更登記。

第 34 條 放射性物質、可發生游離輻射設備之使用或其生產製造設施之運轉，其所需具備之安全條件與原核准內容不符者，設施經營者應向主管機關申請核准停止使用或運轉，並依核准之方式封存或保管。

前項停止使用之放射性物質、可發生游離輻射設備或停止運轉之生產製造設施，其再使用或再運轉，應先報請主管機關核准，始得為之。

第 35 條 放射性物質、可發生游離輻射設備之永久停止使用或其生產製造設施之永久停止運轉，設施經營者應將其放射性物質或可發生游離輻射設備列冊陳報主管機關，並退回原製造或銷售者、轉讓、以放射性廢棄物處理或依主管機關規定之方式處理，其處理期間不得超過三個月。但經主管機關核准者，得延長之。

前項之生產製造設施或第二十九條第四項之高強度輻射設施永久停止運轉後六個月內，設施經營者應擬訂設施廢棄之清理計畫，報請主管機關核准後實施，應於永久停止運轉後三年內完成。

前項清理計畫實施期間，主管機關得隨時派員檢查；實施完畢後，設施經營者應報請主管機關檢查。

第 36 條 放射性物質、可發生游離輻射設備或其生產製造設施有下列情形

之一者,視為永久停止使用或運轉,應依前條之規定辦理:

一、未依第三十四條第一項規定,報請主管機關核准停止使用或運轉,持續達一年以上。

二、核准停止使用或運轉期間,經主管機關認定有污染環境、危害人體健康且無法改善或已不堪使用。

三、經主管機關廢止其許可證。

第 37 條 本章有關放射性物質之規定,於核子原料、核子燃料或放射性廢棄物不適用之。

第四章 罰則

第 38 條 有下列情形之一者,處三年以下有期徒刑、拘役或科或併科新臺幣三百萬元以下罰金:

一、違反第七條第二項規定,擅自或未依核准之輻射防護計畫進行輻射作業,致嚴重污染環境。

二、違反第九條第一項規定,擅自排放含放射性物質之廢氣或廢水,致嚴重污染環境。

三、未依第二十九條第二項、第三項規定取得許可、許可證或經同意登記,擅自進行輻射作業,致嚴重污染環境。

四 未依第三十條第一項規定取得許可證,擅自進行生產或製造,致嚴重污染環境。

五、棄置放射性物質。

六、依本法規定有申報義務,明知為不實事項而申報或於業務上作成之文書為不實記載。

前項第一款至第四款所定嚴重污染環境之標準,由主管機關會同有關機關定之。

第 39 條 有下列情形之一者，處一年以下有期徒刑、拘役或科或併科新臺
幣一百萬元以下罰金：

一、不遵行主管機關依第十一條第一項或第十三條第二項規定所
為之停止作業命令。

二、未依第二十一條第一項規定，經主管機關許可，擅自於商品
中添加放射性物質，經令其停止添加或回收而不從。

三、違反第二十二條第二項或第二十三條第三項規定，未依主管
機關命令為一定之處理。

四、未依第三十五條第二項規定提出設施清理計畫或未依期限完
成清理，經主管機關通知限期提出計畫或完成清理，屆期仍
未遵行。

第 40 條 法人之負責人、法人或自然人之代理人、受雇人或其他從業人員，
因執行業務犯第三十八條或前條之罪者，除處罰其行為人外，對
該法人或自然人亦科以各該條之罰金。

第 41 條 有下列情形之一者，處新臺幣六十萬元以上三百萬元以下罰鍰，
並令其限期改善；屆期未改善者，按次連續處罰，並得令其停止
作業；必要時，廢止其許可、許可證或登記：

一、違反第七條第二項規定，擅自或未依核准之輻射防護計畫進
行輻射作業。

二、違反第九條第一項規定，擅自排放含放射性物質之廢氣或廢
水。

三、違反第十條第二項規定，擅自進行輻射作業。

四、違反第二十一條第一項規定，擅自於商品中添加放射性物質。

五、未依第二十九條第二項規定取得許可或許可證，擅自進行輻

射作業。

六、未依第三十條第一項規定取得許可證，擅自進行生產、建造或製造。

七、違反第三十五條第二項規定，未於三年內完成清理。

第 42 條 有下列情形之一者，處新臺幣四十萬元以上二百萬元以下罰鍰，並令其限期改善；屆期未改善者，按次連續處罰，並得令其停止作業；必要時，廢止其許可、許可證或登記：

一、違反主管機關依第五條規定所定之游離輻射防護安全標準且情節重大。

二、違反主管機關依第六條規定所定之放射性物質安全運送規則且情節重大。

三、違反第八條、第十條第一項、第十三條第四項或第三十四條規定。

四、規避、妨礙或拒絕依第十一條第一項、第十三條第二項、第三十條第三項或第三十五條第三項規定之檢查。

五、未依第十三條第一項規定通知主管機關。

六、未依第十三條第三項規定清理。

七、違反第十八條規定，未對協助者施以輻射防護。

八、商品中添加之放射性物質逾越主管機關依第二十一條第二項規定核准之許可量。

九、規避、妨礙或拒絕主管機關依第二十二條第一項規定實施之商品輻射檢查或偵測。

一○、違反第二十九條第四項或第三十條第二項規定，僱用無證書（或執照）人員操作或無證書（或執照）人員擅自操作。

一一、未依第三十五條第二項規定提出清理計畫。

第 43 條 有下列情形之一者,處新臺幣十萬元以上五十萬元以下罰鍰,並令其限期改善;屆期未改善者,按次連續處罰,並得令其停止作業:

一、違反第七條第一項、第十四條第一項、第二項、第三項、第十七條第一項或第二項規定。

二、未依第十三條第三項規定實施調查、分析。

三、未依第十五條第一項規定實施人員劑量監測。

四、未依第二十九條第三項規定經同意登記,擅自進行輻射作業。

五、違反第三十一條第一項規定,僱用無證書(或執照)人員操作或無證書(或執照)人員擅自操作。

六未依第三十五條第一項規定處理放射性物質或可發生游離輻射設備。

第 44 條 有下列情形之一者,處新臺幣五萬元以上二十五萬元以下罰鍰,並令其限期改善;屆期未改善者,按次連續處罰,並得令其停止作業:

一、違反主管機關依第五條規定所定之游離輻射防護安全標準。

二、違反主管機關依第六條規定所定之放射性物質安全運送規則。

三、未依第十四條第四項規定實施教育訓練。

四、違反主管機關依第十五條第三項規定所定之認可及管理辦法。

五、違反第十六條第二項、第三項或第二十七條第四項規定。

六、違反第二十三條第一項或第二十四條第一項規定,未依主管機關或主

管建築機關要求實施輻射檢查、偵測或出具無放射性污染證

明。

七、違反第二十五條第三項開立辦法者。

八、違反第二十六條第一項規定或主管機關依同條第二項規定所定之管理辦法規定。

九、依本法規定有記錄、保存、申報或報告義務，未依規定辦理。

第 45 條 有下列情形之一者，處新臺幣四萬元以上二十萬元以下罰鍰，並令其限期改善；屆期未改善者，按次連續處罰，並得令其停止作業：

一、依第十五條第四項或第十八條規定有告知義務，未依規定告知。

二、違反第十六條第一項、第四項或第三十三條規定。

三、規避、妨礙或拒絕主管機關依第二十條第一項規定實施之檢查、偵測或要求提供有關資料。

四、違反第三十一條第一項規定，僱用未經訓練之人員操作或未經訓練而擅自操作。

第 46 條 輻射工作人員有下列情形之一者，處新臺幣二萬元以下罰鍰：

一、違反第十四條第五項規定，拒不接受教育訓練。

二、違反第十六條第七項規定，拒不接受檢查或特別醫務監護。

第 47 條 依本法通知限期改善或申報者，其改善或申報期間，除主管機關另有規定者外，為三十日。但有正當理由，經主管機關同意延長者，不在此限。

第 48 條 依本法所處之罰鍰，經主管機關限期繳納，屆期未繳納者，依法移送強制執行。

第 49 條　經依本法規定廢止許可證或登記者，自廢止之日起，一年內不得
申請同類許可證或登記備查。

第 50 條　依本法處以罰鍰之案件，並得沒入放射性物質、可發生游離輻射
設備、商品或建築材料。

違反本法經沒收或沒入之物，由主管機關處理或監管者，所需費
用，由受處罰人或物之所有人負擔。

前項費用，經主管機關限期繳納，屆期未繳納者，依法移送強制
執行。

第五章　附則

第 51 條　本法規定由主管機關辦理之各項認可、訓練、檢查、偵測或監測，
主管機關得委託有關機關（構）、學校或團體辦理。

前項認可、訓練、檢查、偵測或監測之項目及其實施辦法，由主
管機關會商有關機關定之。

第 52 條　主管機關依本法規定實施管制、核發證書、執照及受理各項申請，
得分別收取審查費、檢查費、證書費及執照費；其費額，由主管
機關定之。

第 53 條　輻射源所產生之輻射無安全顧慮者，免依本法規定管制。

前項豁免管制標準，由主管機關定之。

第 54 條　軍事機關之放射性物質、可發生游離輻射設備及其輻射作業之輻
射防護及管制，應依本法由主管機關會同國防部另以辦法定之。

第 55 條　本法施行前已設置之放射性物質、可發生游離輻射設備之生產、
製造與其設施、輻射工作場所、已許可之輻射作業及已核發之人
員執照、證明書，不符合本法規定者，應自本法施行之日起二年

　　內完成改善、辦理補正或換發。但經主管機關同意者得延長之，

　　延長以一年爲限。

第 56 條 本法施行細則，由主管機關定之。

第 57 條 本法施行日期，由行政院定之。

附錄 2 勞工安全衛生法

民國 63 年 04 月 02 日　　制定 34 條

民國 63 年 04 月 16 日公布

民國 80 年 04 月 30 日　　修正全文 40 條

民國 80 年 05 月 17 日公布

民國 91 年 05 月 14 日　　修正第 6, 8, 10, 23, 32 條,增訂第 36 之 1 條

民國 91 年 06 月 12 日公布

全國法規資料庫(民國 96 年 06 月 25 日下載)

第一章　　總則

第 1 條　為防止職業災害,保障勞工安全與健康,特制定本法;本法未規定者,適用其他有關法律之規定。

第 2 條　本法所稱勞工,謂受僱從事工作獲致工資者。

本法所稱雇主,謂事業主或事業之經營負責人。

本法所稱事業單位,謂本法適用範圍內僱用勞工從事工作之機構。

本法所稱職業災害,謂勞工就業場所之建築物、設備、原料、材料、化學物品、氣體、蒸氣、粉塵等或作業活動及其他職業上原因引起之勞工疾病、傷害、殘廢或死亡。

第 3 條　本法所稱主管機關:在中央為行政院勞工委員會;在直轄市為直轄市政府;在縣 (市) 為縣 (市) 政府。

本法有關衛生事項,中央主管機關應會同中央衛生主管機關辦理。

第 4 條　本法適用於左列各業:

一、農、林、漁、牧業。

二、礦業及土石採取業。

三、製造業。

四、營造業。

五、水電燃氣業。

六、運輸、倉儲及通信業。

七、餐旅業。

八、機械設備租賃業。

九、環境衛生服務業。

十、大眾傳播業。

十一、醫療保健服務業。

十二、修理服務業。

十三、洗染業。

十四、國防事業。

十五、其他經中央主管機關指定之事業。

前項第十五款之事業,中央主管機關得就事業之部分工作場所或特殊機械、設備指定適用本法。

第二章　安全衛生設施

第 5 條　雇主對左列事項應有符合標準之必要安全衛生設備:

一、防止機械、器具、設備等引起之危害。

二、防止爆炸性、發火性等物質引起之危害。

三、防止電、熱及其他之能引起之危害。

四、防止採石、採掘、裝卸、搬運、堆積及採伐等作業中引起之危害。

五、防止有墜落、崩塌等之虞之作業場所引起之危害。

六、防止高壓氣體引起之危害。

七、防止原料、材料、氣體、蒸氣、粉塵、溶劑、化學物品、含毒性物質、缺氧空氣、生物病原體等引起之危害。

八、防止輻射線、高溫、低溫、超音波、噪音、振動、異常氣壓等引起之危害。

九、防止監視儀表、精密作業等引起之危害。

十、防止廢氣、廢液、殘渣等廢棄物引起之危害。

十一、防止水患、火災等引起之危害。

雇主對於勞工就業場所之通道、地板、階梯或通風、採光、照明、保溫、防濕、休息、避難、急救、醫療及其他為保護勞工健康及安全設備應妥為規劃，並採取必要之措施。

前二項必要之設備及措施等標準，由中央主管機關定之。

第 6 條　雇主不得設置不符中央主管機關所定防護標準之機械、器具，供勞工使用。

經中央主管機關定有防護標準之機械、器具，於使用前，中央主管機關得委託適當機構實施型式檢定；型式檢定實施之程序、檢定機構應具備之資格條件與管理及其他應遵行事項之辦法，由中央主管機關定之。

第 7 條　雇主對於經中央主管機關指定之作業場所應依規定實施作業環境測定；對危險物及有害物應予標示，並註明必要之安全衛生注意事項。

前項作業環境測定之標準及測定人員資格、危險物與有害物之標示及必要之安全衛生注意事項，由中央主管機關定之。

第 8 條　雇主對於經中央主管機關指定具有危險性之機械或設備，非經檢查機構或中央主管機關指定之代行檢查機構檢查合格，不得使用；其使用超過規定期間者，非經再檢查合格，不得繼續使用。

前項具有危險性之機械或設備之檢查，得收檢查費。

代行檢查機構應依本法及本法所發布之命令執行職務。

檢查費收費標準及代行檢查機構之資格條件與所負責任，由中央主管機關定之。

第一項所稱危險性機械或設備之種類、應具之容量與其實施檢查之程序、項目、標準及檢查合格許可有效使用期限等事項之規則，由中央主管機關定之。

第 9 條　勞工工作場所之建築物，應由依法登記開業之建築師依建築法規及本法有關安全衛生之規定設計。

第 10 條　工作場所有立即發生危險之虞時，雇主或工作場所負責人應即令停止作業，並使勞工退避至安全場所。

前項有立即發生危險之虞之情事，由中央主管機關定之。

第 11 條　在高溫場所工作之勞工，雇主不得使其每日工作時間超過六小時；異常氣壓作業、高架作業、精密作業、重體力勞動或其他對於勞工具有特殊危害之作業，亦應規定減少勞工工作時間，並在工作時間中予以適當之休息。

前項高溫度、異常氣壓、高架、精密、重體力勞動及對於勞工具有特殊危害等作業之減少工作時間與休息時間之標準，由中央主管機關會同有關機關定之。

第 12 條　雇主於僱用勞工時，應施行體格檢查；對在職勞工應施行定期健康檢查；

對於從事特別危害健康之作業者，應定期施行特定項目之健康檢查；並建立健康檢查手冊，發給勞工。

前項檢查應由醫療機構或本事業單位設置之醫療衛生單位之醫師為之；檢查紀錄應予保存；健康檢查費用由雇主負擔。

前二項有關體格檢查、健康檢查之項目、期限、紀錄保存及健康檢查手冊與醫療機構條件等，由中央主管機關定之。

勞工對於第一項之檢查，有接受之義務。

第 13 條　體格檢查發現應僱勞工不適於從事某種工作時，不得僱用其從事該項工作。健康檢查發現勞工因職業原因致不能適應原有工作時，除予醫療外，並應變更其作業場所，更換其工作，縮短其工作時間及為其他適當措施。

第三章　安全衛生管理

第 14 條 雇主應依其事業之規模、性質,實施安全衛生管理

並應依中央主管機關之規定,設置勞工安全衛生組織、人員。

雇主對於第五條第一項之設備及作業,應訂定自動檢查計畫實施自動檢查。

前二項勞工安全衛生組織、人員、管理及自動檢查之辦法,由中央主管機關定之。

第 15 條 經中央主管機關指定具有危險性機械或設備之操作人員,雇主應僱用經中央主管機關認可之訓練或經技能檢定之合格人員充任之。

第 16 條 事業單位以其事業招人承攬時,其承攬人就承攬部分負本法所定僱主之責任;原事業單位就職業災害補償仍應與承攬人員負連帶責任。再承攬者亦同。

第 17 條 事業單位以其事業之全部或一部分交付承攬時,應於事前告知該承攬人有關其事業工作環境、危害因素暨本法及有關安全衛生規定應採取之措施。

承攬人就其承攬之全部或一部分交付再承攬時,承攬人亦應依前項規定告知再承攬人。

第 18 條 事業單位與承攬人、再承攬人分別僱用勞工共同作業時,為防止職業災害,原事業單位應採取左列必要措施:

一、設置協議組織,並指定工作場所負責人,擔任指揮及協調之工作。

二、工作之連繫與調整。

三、工作場所之巡視。

四、相關承攬事業間之安全衛生教育之指導及協助。

五、其他為防止職業災害之必要事項。

事業單位分別交付二個以上承攬人共同作業而未參與共同作業時,應指定承攬人之一負前項原事業單位之責任。

第 19 條 二個以上之事業單位分別出資共同承攬工程時，應互推一人爲代表人；該代表人視爲該工程之事業雇主，負本法雇主防止職業災害之責任。

第 20 條 雇主不得使童工從事左列危險性或有害性工作：

一、坑內工作。

二、處理爆炸性、引火性等物質之工作。

三、從事鉛、汞、鉻、砷、黃磷、氯氣、氰化氫、苯胺等有害物散布場所之工作。

四、散布有害輻射線場所之工作。

五、有害粉塵散布場所之工作。

六、運轉中機器或動力傳導裝置危險部分之掃除、上油、檢查、修理或上卸皮帶、繩索等工作。

七、超過二百二十伏特電力線之銜接。

八、已熔礦物或礦渣之處理。

九、鍋爐之燒火及操作。

十、鑿岩機及其他有顯著振動之工作。

十一、一定重量以上之重物處理工作。

十二、起重機、人字臂起重桿之運轉工作。

十三、動力捲揚機、動力運搬機及索道之運轉工作。

十四、橡膠化合物及合成樹脂之滾輾工作。

十五、其他經中央主管機關規定之危險性或有害性之工作。

前項危險性或有害性工作之認定標準，由中央主管機關定之。

第 21 條 雇主不得使女工從事左列危險性或有害性工作：

一、坑內工作。

二、從事鉛、汞、鉻、砷、黃磷、氯氣、氰化氫、苯胺等有害物散布場所之工作。

三、鑿岩機及其他有顯著振動之工作。

四、一定重量以上之重物處理工作。

五、散布有害輻射線場所之工作。

六、其他經中央主管機關規定之危險性或有害性之工作。

前項第五款之工作對不具生育能力之女工不適用之。

第一項危險性或有害性工作之認定標準，由中央主管機關定之。

第一項第一款之工作，於女工從事管理、研究或搶救災害者，不適用之。

第 22 條 雇主不得使妊娠中或產後未滿一年之女工從事左列危險性或有害性工作：

一、已熔礦物或礦渣之處理。

二、起重機、人字臂起重桿之運轉工作。

三、動力捲揚機、動力運搬機及索道之運轉工作。

四、橡膠化合物及合成樹脂之滾輾工作。

五、其他經中央主管機關規定之危險性或有害性之工作。

前項危險性或有害性工作之認定標準，由中央主管機關定之。

第一項各款之工作，於產後滿六個月之女工，經檢附醫師證明無礙健康之文件，向雇主提出申請自願從事工作者，不適用之。

第 23 條 雇主對勞工應施以從事工作及預防災變所必要之安全衛生教育、訓練。

前項必要之教育、訓練事項及訓練單位管理等之規則，由中央主管機關定之。

勞工對於第一項之安全衛生教育、訓練，有接受之義務。

第 24 條 雇主應負責宣導本法及有關安全衛生之規定，使勞工周知。

第 25 條 雇主應依本法及有關規定會同勞工代表訂定適合其需要之安全衛生工作守則，報經檢查機構備查後，公告實施。

勞工對於前項安全衛生工作守則，應切實遵行。

第四章　監督與檢查

第 26 條　主管機關得聘請有關單位代表及學者專家,組織勞工安全衛生諮詢委員會,研議有關加強勞工安全衛生事項,並提出建議。

第 27 條　主管機關及檢查機構對於各事業單位工作場所得實施檢查。其有不合規定者,應告知違反法令條款並通知限期改善;其不如期改善或已發生職業災害或有發生職業災害之虞時,得通知其部分或全部停工。勞工於停工期間,由雇主照給工資。

第 28 條　事業單位工作場所如發生職業災害,雇主應即採取必要之急救、搶救等措施,並實施調查、分析及作成紀錄。事業單位工作場所發生左列職業災害之一時,雇主應於二十四小時內報告檢查機構:

一、發生死亡災害者。

二、發生災害之罹災人數在三人以上者。

三、其他經中央主管機關指定公告之災害。

檢查機構接獲前項報告後,應即派員檢查。

事業單位發生第二項之職業災害,除必要之急救,搶救外,雇主非經司法機關或檢查機構許可,不得移動或破壞現場。

第 29 條　中央主管機關指定之事業,雇主應按月依規定填載職業災害統計,報請檢查機構備查。

第 30 條　勞工如發現事業單位違反本法或有關安全衛生之規定時,得向雇主、主管機關或檢查機構申訴。

雇主於六個月內若無充分之理由,不得對前項申訴之勞工予以解僱、調職或其他不利之處分。

第五章　罰則

第 31 條　違反第五條第一項或第八條第一項之規定,致發生第二十八條第二項第一款之職業災害者,處三年以下有期徒刑、拘役或科或併科新台幣十五萬元以下罰金。

法人犯前項之罪者，除處罰其負責人外，對該法人亦科以前項之罰金。

第 32 條　有左列情形之一者，處一年以下有期徒刑、拘役或科或併科新臺幣九萬元以下罰金：

一、違反第五條第一項或第八條第一項之規定，致發生第二十八條第二項第二款之職業災害。

二、違反第十條第一項、第二十條第一項、第二十一條第一項、第二十二條第一項或第二十八條第二項、第四項之規定。

三、違反主管機關或檢查機構依第二十七條所發停工之通知。

法人犯前項之罪者，除處罰其負責人外，對該法人亦科以前項之罰金。

第 33 條　有左列情形之一者，處新台幣三萬元以上十五萬元以下罰鍰：

一、違反第五條第一項或第六條之規定，經通知限期改善而不如期改善。

二、違反第八條第一項、第十一條第一項、第十五條或第二十八條第一項之規定。

三、拒絕、規避或阻撓依本法規定之檢查。

第 34 條　有左列情形之一者，處新台幣三萬元以上六萬元以下罰鍰：

一、違反第五條第二項、第七條第一項、第十二條第一項、第二項、第十四條第一項、第二項、第二十三條第一項、第二十五條第一項或第二十九條之規定，經通知限期改善而不如期改善。

二、違反第九條、第十三條、第十七條、第十八條、第十九條、第二十四條或第三十條第二項之規定。

三、依第二十七條之規定，應給付工資而不給付。

第 35 條　違反第十二條第四項、第二十三條第三項或第二十五條第二項之規定者，處新台幣三千元以下罰鍰。

第 36 條　代行檢查機構執行職務，違反本法或依本法所發布之命令者，處新台幣三萬元以上十五萬元以下罰鍰；其情節重大者，中央主管機關並得予以暫停代行檢查職務或撤銷指定代行檢查職務之處分。

第 36-1 條　訓練單位之設立、業務執行、人員配置、費用收取及其他應遵行事項，違反中央主管機關依第二十三條第二項所定之規則者，予以警告或處新臺幣三萬元以上十五萬元以下罰鍰，並得限期令其改正；屆期未改正者，定期停止其業務之全部或一部。

第 37 條　依本法所處之罰鍰，經通知而逾期不繳納者，移送法院強制執行。

第六章　附則

第 38 條　為有效防止職業災害，促進勞工安全衛生，培育勞工安全衛生人才，中央主管機關得訂定獎助辦法，輔導事業單位及有關團體辦理之。

第 39 條　本法施行細則，由中央主管機關定之。

第 40 條　本法自公布日施行。

附錄 3 空氣污染防制法

民國 64 年 05 月 13 日　　制定 21 條　　（民國 64 年 5 月 23 日公布）

民國 71 年 04 月 27 日　　修正全文 27 條　　（民國 71 年 5 月 7 日公布）

民國 81 年 01 月 16 日　　修正全文 55 條　　（民國 81 年 2 月 1 日公布）

民國 91 年 05 月 21 日　　修正全文 86 條　（民國 91 年 6 月 19 日公布）

民國 94 年 04 月 29 日　　修正第 18 條　　（民國 94 年 5 月 18 日公布）

民國 95 年 05 月 05 日　　修正第 59, 86 條（民國 95 年 5 月 30 日公布）

全國法規資料庫(民國 96 年 06 月 25 日下載)

第一章　總則

第 1 條　為防制空氣污染，維護國民健康、生活環境，以提高生活品質，特制定本法。本法未規定者，適用其他法律之規定。

第 2 條　本法專用名詞定義如下：

一、空氣污染物：指空氣中足以直接或間接妨害國民健康或生活環境之物質。

二、污染源：指排放空氣污染物之物理或化學操作單元。

三、汽車：指在道路上不依軌道或電力架設，而以原動機行駛之車輛。

四、生活環境：指與人之生活有密切關係之財產、動、植物及其生育環境。

五、排放標準：指排放廢氣所容許混存各種空氣污染物之最高濃度、總量或單位原 (物) 料、燃料、產品之排放量。

六、空氣品質標準：指室外空氣中空氣污染物濃度限值。

七、空氣污染防制區 (以下簡稱防制區) ：指視地區土地利用對於空氣品質之需求，或依空氣品質現況，劃定之各級防制區。

八、自然保護 (育) 區：指生態保育區、自然保留區、野生動物保護區及國有林自然保護區。

九、總量管制：指在一定區域內，為有效改善空氣品質，對於該區域空氣污染物總容許排放數量所作之限制措施。

一〇、總量管制區：指依地形及氣象條件，按總量管制需求劃定之區域。

一一、最佳可行控制技術：指考量能源、環境、經濟之衝擊後，污染源應採取之已商業化並可行污染排放最大減量技術。

第 3 條　本法所稱主管機關：在中央為行政院環境保護署；在直轄市為直轄市政府；在縣（市）為縣（市）政府。

第 4 條　各級主管機關得指定或委託專責機構，辦理空氣污染研究、訓練及防制之有關事宜。

第二章　空氣品質維護

第 5 條　中央主管機關應視土地用途對於空氣品質之需求或空氣品質狀況劃定直轄市、縣（市）各級防制區並公告之。

前項防制區分為下列三級：

一、一級防制區，指國家公園及自然保護（育）區等依法劃定之區域。

二、二級防制區，指一級防制區外，符合空氣品質標準區域。

三、三級防制區，指一級防制區外，未符合空氣品質標準區域。

前項空氣品質標準，由中央主管機關會商有關機關定之。

第 6 條　一級防制區內，除維繫區內住戶民生需要之設施、國家公園經營管理必要設施或國防設施外，不得新增或變更固定污染源。

二級防制區內，新增或變更之固定污染源污染物排放量達一定規模者，其污染物排放量須經模式模擬證明不超過污染源所在地之防制區及空氣品質同受影響之鄰近防制區污染物容許增量限值。

三級防制區內，既存之固定污染源應削減污染物排放量；新增或變更之固定污染源污染物排放量達一定規模者，應採用最佳可行控制

技術，且其污染物排放量經模式模擬證明不超過污染源所在地之防制區及空氣品質同受影響之鄰近防制區污染物容許增量限值。

前二項污染物排放量規模、二、三級防制區污染物容許增量限值、空氣品質模式模擬規範及最佳可行控制技術，由中央主管機關定之。

第7條 直轄市、縣 (市) 主管機關應依前條規定訂定公告空氣污染防制計畫，並應每二年檢討修正改善，報中央主管機關核備之。

第8條 中央主管機關得依地形、氣象條件，將空氣污染物可能互相流通之一個或多個直轄市、縣 (市) 指定為總量管制區，訂定總量管制計畫，公告實施總量管制。

符合空氣品質標準之總量管制區，新設或變更之固定污染源污染物排放量達一定規模者，須經模式模擬證明不超過該區之污染物容許增量限值。

未符合空氣品質標準之總量管制區，既存之固定污染源應向當地主管機關申請認可其污染物排放量，並依主管機關按空氣品質需求指定之目標與期限削減；新設或變更之固定污染源污染物排放量達一定規模者，應採用最佳可行控制技術，並取得足供抵換污染物增量之排放量。

既存之固定污染源因採行防制措施致實際削減量較指定為多者，其差額經當地主管機關認可後，得保留、抵換或交易。

第二項污染物容許增量限值、第二項、第三項污染物排放量規模、第三項既存固定污染源污染物排放量認可準則、前項削減量差額認可、保留抵換及交易辦法，由中央主管機關會商有關機關定之。

第9條 前條第三項新設或變更之固定污染源，應自下列來源取得供抵換污染物增量之排放量：

一、固定污染源依規定保留之差額排放量。

二、主管機關保留經拍賣釋出之排放量。

三、改善交通工具使用方式、收購舊車或其他方式自移動污染源減
　　少之排放量。

四、洗掃街道減少之排放量。

五、其他經中央主管機關認可之排放量。

第 10 條　符合空氣品質標準之總量管制區，其總量管制計畫應包括污染物容
　　　　　許增量限值、避免空氣品質惡化措施、新增或變更固定污染源審核
　　　　　規則、組織運作方式及其他事項。

　　　　　未符合空氣品質標準之總量管制區，其總量管制計畫應包括污染物
　　　　　種類、減量目標、減量期程、區內各直轄市、縣 (市) 主管機關須
　　　　　執行污染物削減量與期程、新增或變更固定污染源審核規則、組織
　　　　　運作方式及其他事項。

第 11 條　總量管制區內之直轄市、縣 (市) ，應依前條總量管制計畫訂 (修)
　　　　　定空氣污染防制計畫。

　　　　　前項空氣污染防制計畫於未符合空氣品質標準之總量管制區者，主
　　　　　管機關應依前條須執行污染物削減量與期程之規定，指定削減污染
　　　　　物排放量之固定污染源、削減量與期程。

第 12 條　第八條至前條關於總量管制之規定，應於建立污染源排放量查核系
　　　　　統及排放交易制度後，由中央主管機關會同經濟部分期分區公告實
　　　　　施。

第 13 條　各級主管機關應選定適當地點，設置空氣品質監測站，定期公布空
　　　　　氣品質狀況。

第 14 條　因氣象變異或其他原因，致空氣品質有嚴重惡化之虞時，各級主管
　　　　　機關及公私場所應即採取緊急防制措施；必要時，各級主管機關得
　　　　　發布空氣品質惡化警告，並禁止或限制交通工具之使用、公私場所
　　　　　空氣污染物之排放及機關、學校之活動。

前項空氣品質嚴重惡化之緊急防制辦法，由中央主管機關會同有關機關定之。

第 15 條 開發特殊性工業區，應於區界內之四周或適當地區分別規劃設置緩衝地帶及空氣品質監測設施。

前項特殊性工業區之類別、緩衝地帶及空氣品質監測設施標準，由中央主管機關定之。

第 16 條 各級主管機關得對排放空氣污染物之固定污染源及移動污染源徵收空氣污染防制費，其徵收對象如下：

一、固定污染源：依其排放空氣污染物之種類及數量，向污染源之所有人徵收，其所有人非使用人或管理人者，向實際使用人或管理人徵收；其為營建工程者，向營建業主徵收；經中央主管機關指定公告之物質，得依該物質之銷售數量，向銷售者或進口者徵收。

二、移動污染源：依其排放空氣污染物之種類及數量，向銷售者或使用者徵收，或依油燃料之種類成分與數量，向銷售者或進口者徵收。

空氣污染防制費徵收方式、計算方式、繳費流程、繳納期限、繳費金額不足之追補繳、污染物排放量之計算方法等及其他應遵行事項之收費辦法，由中央主管機關會商有關機關定之。

第 17 條 前條空氣污染防制費除營建工程由直轄市、縣（市）主管機關徵收外，由中央主管機關徵收。中央主管機關由固定污染源所收款項應以百分之六十比例將其撥交該固定污染源所在直轄市、縣（市）政府運用於空氣污染防制工作。

但直轄市、縣（市）政府執行空氣品質維護或改善計畫成果不佳經中央主管機關認定者或未依第十八條規定使用者，中央主管機關得酌減撥交之款項。

前項收費費率,由中央主管機關會商有關機關依空氣品質現況、污染源、污染物、油 (燃) 料種類及污染防制成本定之。

前項費率施行滿一年後,得定期由總量管制區內之地方主管機關考量該管制區環境空氣品質狀況,依前項費率增減百分之三十範圍內,提出建議收費費率,報請中央主管機關審查核可並公告之。

第 18 條 空氣污染防制費專供空氣污染防制之用,其支用項目如下:

一、關於主管機關執行空氣污染防制工作事項。

二、關於空氣污染源查緝及執行成效之稽核事項。

三、關於補助及獎勵各類污染源辦理空氣污染改善工作事項。

四、關於委託或補助檢驗測定機構辦理汽車排放空氣污染物檢驗事項。

五、關於委託或補助專業機構辦理固定污染源之檢測、輔導及評鑑事項。

六、關於空氣污染防制技術之研發及策略之研訂事項。

七、關於涉及空氣污染之國際環保工作事項。

八、關於空氣品質監測及執行成效之稽核事項。

九、關於徵收空氣污染防制費之相關費用事項。

十、執行空氣污染防制相關工作所需人力之聘僱事項。

十一、關於空氣污染之健康風險評估及管理相關事項。

十二、關於潔淨能源使用推廣及研發之獎勵事項。

十三、其他有關空氣污染防制工作事項。

前項空氣污染防制費,主管機關得成立基金管理運用,並成立基金管理委員會監督運作,其中學者、專家及環保團體代表等,應占委員會名額三分之二以上,且環保團體代表不得低於委員會名額九分之一。

前項基金之收支、保管及運用辦法,由行政院及直轄市、縣 (市) 主管機關分別定之。

第一項空氣污染防制費有關各款獎勵及補助之對象、申請資格、審查程序、獎勵及補助之撤銷、廢止與追償及其他應遵行事項之辦法，由各級主管機關定之。

第 19 條 公私場所固定污染源，因採行污染防制減量措施，能有效減少污染排放量達一定程度者，得向主管機關申請獎勵；其已依第十六條第一項規定繳納空氣污染防制費者，得向主管機關申請減免空氣污染防制費。

前項空氣污染防制費之減免與獎勵之對象、申請資格、審查程序、撤銷、廢止與追償及其他應遵行事項之管理辦法，由中央主管機關會商有關機關定之。

第三章　防制

第 20 條 公私場所固定污染源排放空氣污染物，應符合排放標準。

前項排放標準，由中央主管機關依特定業別、設施、污染物項目或區域會商有關機關定之。直轄市、縣（市）主管機關得因特殊需要，擬訂個別較嚴之排放標準，報請中央主管機關會商有關機關核定之。

第 21 條 公私場所具有經中央主管機關指定公告之固定污染源者，應於每年一月底前，向當地主管機關申報其固定污染源前一年排放空氣污染物之年排放量。

前項固定污染源空氣污染物年排放量之計算、申報內容、程序與方式、查核及其他應遵行事項之辦法，由中央主管機關定之。

第 22 條 公私場所具有經中央主管機關指定公告之固定污染源者，應於規定期限內完成設置自動監測設施，連續監測其操作或空氣污染物排放狀況，並向主管機關申請認可；其經指定公告應連線者，其監測設施應於規定期限內完成與主管機關連線。

前項以外之污染源，主管機關認為必要時，得指定公告其應自行或

委託檢驗測定機構實施定期檢驗測定。

前二項監測或檢驗測定結果，應作成紀錄，並依規定向當地主管機關申報；監測或檢驗測定結果之紀錄、申報、保存、連線作業規範、完成設置或連線期限及其他應遵行事項之管理辦法，由中央主管機關定之。

第 23 條　公私場所應有效收集各種空氣污染物，並維持其空氣污染防制設施或監測設施之正常運作；其固定污染源之最大操作量，不得超過空氣污染防制設施之最大處理容量。

固定污染源及其空氣污染物收集設施、防制設施或監測設施之規格、設置、操作、檢查、保養、紀錄及其他應遵行事項之管理辦法，由中央主管機關定之。

第 24 條　公私場所具有經中央主管機關指定公告之固定污染源，應於設置或變更前，檢具空氣污染防制計畫，向直轄市、縣 (市) 主管機關或中央主管機關委託之政府其他機關申請核發設置許可證，並依許可證內容進行設置或變更。

前項固定污染源設置或變更後，應檢具符合本法相關規定之證明文件，向直轄市、縣 (市) 主管機關或經中央主管機關委託之政府其他機關申請核發操作許可證，並依許可證內容進行操作。

固定污染源設置與操作許可證之申請、審查程序、核發、撤銷、廢止、中央主管機關委託或停止委託及其他應遵行事項之管理辦法，由中央主管機關定之。

第 25 條　公私場所因遷移或變更產業類別，應重新申請核發設置及操作許可證。

已取得操作許可證之公私場所，因中央主管機關公告實施總量管制或主管機關據以核發操作許可證之標準有修正，致其操作許可證內容不符規定者，應於中央主管機關公告之期限內，向直轄市、縣 (市)

主管機關或中央主管機關委託之政府其他機關重新申請核發操作許可證。

第 26 條　第二十四條第一項之空氣污染防制計畫，應經依法登記執業之環境工程技師或其他相關專業技師簽證。

政府機關、公營事業機構或公法人於前項情形，得由其內依法取得前項技師證書者辦理簽證。

第 27 條　同一公私場所，有數排放相同空氣污染物之固定污染源者，得向直轄市、縣（市）主管機關申請改善其排放空氣污染物總量及濃度，經審查核准後，其個別污染源之排放，得不受依第二十條所定排放標準之限制。

前項公私場所應以直轄市、縣（市）主管機關核准之空氣污染物總量及濃度限值為其排放標準。

第一項排放空氣污染物之總量及濃度之申請、審查程序、核准、撤銷、廢止及其他應遵行事項之管理辦法，由中央主管機關定之。

第 28 條　販賣或使用生煤、石油焦或其他易致空氣污染之物質者，應先檢具有關資料，向直轄市、縣（市）主管機關申請，經審查合格核發許可證後，始得為之；其販賣或使用情形，應作成紀錄，並依規定向當地主管機關申報。

前項易致空氣污染之物質，由中央主管機關會商有關機關公告之。

第一項販賣或使用許可證之申請、審查程序、核發、撤銷、廢止、紀錄、申報及其他應遵行事項之管理辦法，由中央主管機關會商有關機關定之。

第 29 條　依第二十四條第一項、第二項及前條第一項核發之許可證，其有效期間為五年；期滿仍繼續使用者，應於屆滿前三至六個月內，向直轄市、縣（市）主管機關或中央主管機關委託之政府其他機關提出許可證之展延申請，每次展延不得超過五年。

公私場所申請許可證展延之文件不符規定或未能補正者，直轄市、縣 (市) 主管機關或中央主管機關委託之政府其他機關應於許可證期限屆滿前駁回其申請；未於許可證期限屆滿前三至六個月內申請展延者，直轄市、縣(市) 主管機關或中央主管機關委託之政府其他機關於其許可證期限屆滿日尚未作成准駁之決定時，應於許可證期限屆滿日起停止設置、變更、操作、販賣或使用；未於許可證期限屆滿前申請展延者，於許可證期限屆滿日起其許可證失其效力，如需繼續設置、變更、操作、販賣或使用者，應重新申請設置、操作、販賣或使用許可證。

固定污染源設置操作未達五年，或位於總量管制區者，其許可證有效期間，由直轄市、縣 (市) 主管機關或中央主管機關委託之政府其他機關依實際需要核定之。

第 30 條 中央主管機關得禁止或限制國際環保公約管制之易致空氣污染物質及利用該物質製造或填充產品之製造、輸入、輸出、販賣或使用。
前項物質及產品，由中央主管機關會商有關機關公告；其製造、輸入、輸出、販賣或使用之許可申請、審查程序、廢止、紀錄、申報及其他應遵行事項之管理辦法，由中央主管機關會商有關機關定之。

第 31 條 在各級防制區及總量管制區內，不得有下列行為：
一、從事燃燒、融化、煉製、研磨、鑄造、輸送或其他操作，致產生明顯之粒狀污染物，散布於空氣或他人財物。
二、從事營建工程、粉粒狀物堆置、運送工程材料、廢棄物或其他工事而無適當防制措施，致引起塵土飛揚或污染空氣。
三、置放、混合、攪拌、加熱、烘烤物質或從事其他操作，致產生惡臭或有毒氣體。
四、使用、輸送或貯放有機溶劑或其他揮發性物質，致產生惡臭或有毒氣體。

五、餐飲業從事烹飪，致散布油煙或惡臭。

六、其他經主管機關公告之空氣污染行為。

前項空氣污染行為，係指未經排放管道排放之空氣污染行為。

第一項行為管制之執行準則，由中央主管機關定之。

第 32 條 公私場所之固定污染源因突發事故，大量排放空氣污染物時，負責人應立即採取緊急應變措施，並於一小時內通知當地主管機關。

前項情形，主管機關除命其採取必要措施外，並得命其停止該固定污染源之操作。

第 33 條 經中央主管機關指定公告之公私場所，應設置空氣污染防制專責單位或人員。

前項專責人員，應符合中央主管機關規定之資格，並經訓練取得合格證書。

專責單位或人員之設置、專責人員之資格、訓練、合格證書之取得、撤銷、廢止及其他應遵行事項之管理辦法，由中央主管機關會商有關機關定之。

第 34 條 交通工具排放空氣污染物，應符合排放標準。

前項排放標準，由中央主管機關會商有關機關定之。

第 35 條 交通工具所有人應維持其空氣污染防制設備之有效運作，並不得拆除或改裝。

前項交通工具空氣污染防制設備種類、規格及其標識，應符合中央主管機關之規定。

第 36 條 製造、進口、販賣或使用供交通工具用之燃料，應符合中央主管機關所定燃料種類之成分標準及性能標準。但專供出口者，不在此限。

前項燃料製造者應取得中央主管機關核發之許可，其生產之燃料始得於國內販賣；進口者應取得中央主管機關核發之許可文件，始得向石油業目的事業主管機關申請輸入同意文件。製造或進口者應對

每批（船）次燃料進行成分及性能之檢驗分析，並作成紀錄，向中央主管機關申報。

第一項燃料種類及其成分標準、性能標準、前項販賣、進口之許可、撤銷、廢止、紀錄申報及其他應遵行事項之管理辦法，由中央主管機關會商有關機關定之。

第 37 條　中央主管機關抽驗使用中汽車空氣污染物排放情形，經研判其無法符合交通工具空氣污染物排放標準，係因設計或裝置不良所致者，應責令製造者或進口商將已出售之汽車限期召回改正；屆期仍不遵行者，應停止其製造、進口及銷售。

汽車之召回改正辦法，由中央主管機關會商有關機關定之。

第 38 條　國內產銷汽車應取得中央主管機關核發之車型排氣審驗合格證明，始得申請牌照；進口汽車應取得中央主管機關核發之車型排氣審驗合格證明，並經中央主管機關驗證核可，始得申請牌照。

前項進口汽車空氣污染物驗證核章辦法，由中央主管機關會商有關機關定之。

第 39 條　汽車車型排氣審驗合格證明之核發、撤銷、廢止及交通工具排放空氣污染物之檢驗、處理辦法，由中央主管機關會同交通部定之。

第 40 條　使用中之汽車應實施排放空氣污染物定期檢驗，檢驗不符合第三十四條排放標準之車輛，應於一個月內修復並申請複驗，未實施定期檢驗或複驗仍不合格者，得禁止其換發行車執照。

前項檢驗實施之對象、區域、頻率及期限，由中央主管機關訂定公告。

使用中汽車排放空氣污染物檢驗站設置之條件、設施、電腦軟體、檢驗人員資格、檢驗站之設置認可、撤銷、廢止、查核及停止檢驗等應遵行事項之管理辦法，由中央主管機關定之。

第 41 條　各級主管機關得於車（機）場、站、道路、港區、水域或其他適當

地點實施使用中交通工具排放空氣污染物不定期檢驗或檢查，或通知有污染之虞交通工具於指定期限至指定地點接受檢驗。

使用中汽車排放空氣污染物不定期檢驗辦法，由中央主管機關會商有關機關定之。

第 42 條 使用中之汽車排放空氣污染物，經主管機關之檢查人員目測、目視或遙測不符合第三十四條排放標準或中央主管機關公告之遙測篩選標準者，應於主管機關通知之期限內修復，並至指定地點接受檢驗。

人民得向主管機關檢舉使用中汽車排放空氣污染物情形，被檢舉之車輛經主管機關通知者，應於指定期限內至指定地點接受檢驗，檢舉及獎勵辦法由中央主管機關定之。

第 43 條 各級主管機關得派員攜帶證明文件，檢查或鑑定公私場所或交通工具空氣污染物排放狀況、空氣污染收集設施、防制設施、監測設施或產製、儲存、使用之油燃料品質，並命提供有關資料。

依前項規定命提供資料時，其涉及軍事機密者，應會同軍事機關為之。

對於前二項之檢查、鑑定及命令，不得規避、妨礙或拒絕。

公私場所應具備便於實施第一項檢查及鑑定之設施；其規格，由中央主管機關公告之。

第 44 條 檢驗測定機構應取得中央主管機關核給之許可證後，始得辦理本法規定之檢驗測定。

前項檢驗測定機構應具備之條件、設施、檢驗測定人員資格限制、許可證之申請、審查程序、核 (換) 發、撤銷、廢止、停業、復業、查核、評鑑程序及其他應遵行事項之管理辦法，由中央主管機關定之。

本法各項檢驗測定方法，由中央主管機關定之。

<u>第 45 條</u> 各種污染源之改善，由各目的事業主管機關輔導之。

第四章　罰則

<u>第 46 條</u> 違反第三十二條第一項未立即採取緊急應變措施或不遵行主管機
關依第三十二條第二項所為之命令，因而致人於死者，處無期徒刑
或七年以上有期徒刑，得併科新臺幣五百萬元以下罰金；致重傷
者，處三年以上十年以下有期徒刑，得併科新臺幣三百萬元以下罰
金；致危害人體健康導致疾病者，處五年以下有期徒刑，得併科新
臺幣二百萬元以下罰金。

<u>第 47 條</u> 依本法規定有申報義務，明知為不實之事項而申報不實或於業務上
作成之文書為虛偽記載者，處三年以下有期徒刑、拘役或科或併科
新臺幣二十萬元以上一百萬元以下罰金。

<u>第 48 條</u> 無空氣污染防制設備而燃燒易生特殊有害健康之物質者，處三年以
下有期徒刑、拘役或科或併科新臺幣二十萬元以上一百萬元以下罰
金。

前項易生特殊有害健康之物質及其空氣污染防制設備，由中央主管
機關公告之。

<u>第 49 條</u> 公私場所不遵行主管機關依本法所為停工或停業之命令者，處負責
人一年以下有期徒刑、拘役或科或併科新臺幣二十萬元以上一百萬
元以下罰金。

不遵行主管機關依第三十二條第二項、第六十條第二項所為停止操
作、或依第六十條第二項所為停止作為之命令者，處一年以下有期
徒刑、拘役或科或併科新臺幣二十萬元以上一百萬元以下罰金。

<u>第 50 條</u> 法人之代表人、法人或自然人之代理人、受僱人或其他從業人員，
因執行業務犯第四十六條、第四十七條、第四十八條第一項或第四
十九條第二項之罪者，除依各該條規定處罰其行為人外，對該法人
或自然人亦科以各該條之罰金。

第 51 條　公私場所未依第八條第三項規定削減污染物排放量或違反依第八
　　　　　條第五項所定污染物削減量差額認可、保留抵換及交易辦法者，處
　　　　　新臺幣二萬元以上二十萬元以下罰鍰；其違反者為工商廠、場，處
　　　　　新臺幣十萬元以上一百萬元以下罰鍰。
　　　　　依前項處罰鍰者，並通知限期補正或改善，屆期仍未補正或完成改
　　　　　善者，按日連續處罰；情節重大者，得命其停工或停業，必要時，
　　　　　並得廢止其操作許可證或令其歇業。

第 52 條　公私場所違反第六條第一項者，處新臺幣二萬元以上二十萬元以下
　　　　　罰鍰；
　　　　　其違反者為工商廠、場，處新臺幣十萬元以上一百萬元以下罰鍰，
　　　　　並命停工。

第 53 條　公私場所違反第十四條第一項或依第二項所定之辦法者，處新臺幣
　　　　　十萬元以上一百萬元以下罰鍰；情節重大者，並得命其停工或停業。
　　　　　交通工具使用人違反第十四條第一項或依第二項所定之辦法者，處
　　　　　使用人或所有人新臺幣一千五百元以上三萬元以下罰鍰。

第 54 條　違反第十五條規定者，處開發單位新臺幣五十萬元以上五百萬元以
　　　　　下罰鍰，並通知限期改善，屆期仍未完成改善者，按日連續處罰。

第 55 條　未依第十六條第二項所定收費辦法，於期限內繳納費用者，每逾一
　　　　　日按滯納之金額加徵百分之〇‧五滯納金，一併繳納；逾期三十日
　　　　　仍未繳納者，處新臺幣一千五百元以上六萬元以下罰鍰；其為工商
　　　　　廠、場者，處新臺幣十萬元以上一百萬元以下罰鍰，並限期繳納，
　　　　　屆期仍未繳納者，依法移送強制執行。
　　　　　前項應繳納費用及滯納金，應自滯納期限屆滿之次日，至繳納之日
　　　　　止，依繳納當日郵政儲金匯業局一年期定期存款固定利率按日加計
　　　　　利息。

第 56 條　公私場所違反第二十條第一項、第二十一條、第二十二條第一項、

第二項或第三項、第二十三條、第二十四條第一項或第二項未依許可證內容設置、變更或操作、第二十五條、第二十七條第二項核准之排放標準或依第二十四條第三項、第二十七條第三項所定管理辦法者，處新臺幣二萬元以上二十萬元以下罰鍰；其違反者為工商廠、場，處新臺幣十萬元以上一百萬元以下罰鍰。

依前項處罰鍰者，並通知限期補正或改善，屆期仍未補正或完成改善者，按日連續處罰；情節重大者，得命其停工或停業，必要時，並得廢止其操作許可證或令其歇業。

第一項情形，於同一公私場所有數固定污染源或同一固定污染源排放數空氣污染物者，應分別處罰。

第 57 條　公私場所未依第二十四條第一項或第二項取得許可證，逕行設置、變更或操作者，處新臺幣二萬元以上二十萬元以下罰鍰；其違反者為工商廠、場，處新臺幣十萬元以上一百萬元以下罰鍰，並命停工及限期申請取得設置或操作許可證。

第 58 條　違反第二十八條第一項規定或依第三項所定管理辦法者，處新臺幣五千元以上十萬元以下罰鍰；其違反者為工商廠、場，處新臺幣十萬元以上一百萬元以下罰鍰。

依前項處罰鍰者，並通知限期補正或申報，屆期仍未遵行者，按日連續處罰；情節重大者，得令其停工或停業，必要時，並得廢止其販賣或使用許可證或勒令歇業。

第 59 條　違反第三十條第二項所定管理辦法者，處新臺幣十萬元以上一百萬元以下罰鍰，並通知限期補正或申報，屆期仍未遵行者，按日連續處罰；情節重大者，得令其停工或停業，必要時，並得廢止其販賣或使用許可證或勒令歇業。

違反第三十條第二項所定管理辦法中輸入或輸出規定者，處六個月以上五年以下有期徒刑，得併科新臺幣三十萬元以上一百五十萬元

以下罰金。

第 60 條 違反第三十一條第一項各款情形之一者，處新臺幣五千元以上十萬元以下罰鍰；其違反者為工商廠、場，處新臺幣十萬元以上一百萬元以下罰鍰。

依前項處罰鍰者，並通知限期改善，屆期仍未完成改善者，按日連續處罰；情節重大者，得命其停止作為或污染源之操作，或命停工或停業，必要時，並得廢止其操作許可證或勒令歇業。

第 61 條 違反第三十二條規定者，處新臺幣十萬元以上一百萬元以下罰鍰；情節重大者，得命其停工或停業，必要時，並得廢止其操作許可證或勒令歇業。

第 62 條 公私場所違反第三十三條第一項或依第三項所定管理辦法者，處新臺幣二十萬元以上一百萬元以下罰鍰，並通知限期補正或改善，屆期仍未補正或完成改善者，按日連續處罰。

空氣污染防制專責人員違反依第三十三條第三項所定管理辦法者，處新臺幣五千元以上十萬元以下罰鍰，必要時，中央主管機關並得廢止其專責人員合格證書。

第 63 條 違反第三十四條第一項或第三十五條規定者，處使用人或所有人新臺幣一千五百元以上六萬元以下罰鍰，並通知限期改善，屆期仍未完成改善者，按次處罰。

前項罰鍰標準，由中央主管機關會同交通部定之。

第 64 條 違反第三十六條第一項、第二項或依第三項所定管理辦法者，處使用人新臺幣五千元以上十萬元以下罰鍰；處製造、販賣或進口者新臺幣十萬元以上一百萬元以下罰鍰，並通知限期改善，屆期未完成改善者，按日連續處罰。

第 65 條 製造者或進口商違反第三十七條規定，未通知召回者，按每輛車處新臺幣十萬元罰鍰。

第 66 條 違反依第三十九條所定之辦法者，處新臺幣五千元以上二十萬元以下罰鍰，並通知限期補正或改善，屆期仍未補正或完成改善者，按次處罰。

第 67 條 未依第四十條規定實施排放空氣污染物定期檢驗者，處汽車所有人新臺幣一千五百元以上一萬五千元以下罰鍰。

經定期檢驗不符合排放標準之車輛，未於一個月內修復並複驗，或於期限屆滿後之複驗不合格者，處新臺幣一千五百元以上三萬元以下罰鍰。

違反第四十條第三項所定管理辦法者，處新臺幣一萬五千元以上六萬元以下罰鍰，並通知限期補正或改善，屆期仍未補正或完成改善者，按次處罰；情節重大者，命其停止檢驗業務，並得廢止其認可證。

第 68 條 不依第四十二條規定檢驗，或經檢驗不符合排放標準者，處汽車使用人或所有人新臺幣一千五百元以上六萬元以下罰鍰。

第 69 條 規避、妨礙或拒絕依第四十三條第一項之檢查、鑑定或命令或未依第四十三條第四項具備設施者，處公私場所新臺幣二十萬元以上一百萬元以下罰鍰；處交通工具使用人或所有人新臺幣五千元以上十萬元以下罰鍰，並得按次處罰及強制執行檢查、鑑定。

第 70 條 違反第四十四條第一項或依第二項所定管理辦法者，處新臺幣二十萬元以上一百萬元以下罰鍰，並通知限期補正或改善，屆期仍未補正或完成改善者，按日連續處罰；情節重大者，得命其停業，必要時，並得廢止其許可證或勒令歇業。

第 71 條 未於依本法通知改善之期限屆滿前，檢具已規劃、設置緩衝地帶及空氣品質監測設施，符合排放標準、燃料成分標準、性能標準或其他規定之證明文件，向主管機關報請查驗者，視為未完成改善。

未於本法規定期限屆滿前完成補正、申報或改善者，其按日連續處

　　　　罰之起算日、暫停日、停止日、改善完成認定查驗方式、法令執行
　　　　方式及其他應遵行之事項,由中央主管機關定之。

第 72 條 依本法通知限期補正、改善或申報者,其補正、改善或申報期間,
　　　　以九十日為限。因天災或其他不可抗力事由致未能於改善期限內完
　　　　成改善者,應於其原因消滅後繼續進行改善,並於十五日內,以書
　　　　面敘明理由,檢具相關資料,向主管機關申請核定改善期限。

　　　　公私場所固定污染源及負責汽車召回改正之製造者或進口商未能
　　　　於前項期限內完成改善者,得於接獲通知之日起三十日內提出具體
　　　　改善計畫向主管機關申請延長,主管機關應依實際狀況核定改善期
　　　　限,最長不得超過一年;未切實依改善計畫執行,經查屬實者,主
　　　　管機關得立即終止其改善期限,並從重處罰。

　　　　固定污染源及交通工具於改善期間,排放之空氣污染物超過原據以
　　　　處罰之排放濃度或排放量者,應按次處罰。

第 73 條 本法所定之處罰,除另有規定外,在中央由行政院環境保護署為
　　　　之;在直轄市、縣 (市) 由直轄市、縣 (市) 政府為之。

第 74 條 依本法所處之罰鍰,經通知限期繳納,屆期仍不繳納者,依法移送
　　　　強制執行。

　　　　汽車所有人或使用人,拒不繳納罰鍰時,得由主管機關移請公路監
　　　　理機關配合停止其辦理車輛異動。

第 75 條 依本法處罰鍰者,其額度應依污染程度、特性及危害程度裁處。
　　　　前項裁罰準則,由中央主管機關定之。

第五章　附則

第 76 條 公私場所具有依第二十四條第一項指定公告之固定污染源,且該固
　　　　定污染源,係於公告前設立者,應自公告之日起二年內,依本法第
　　　　二十四條第二項申請操作許可證。

第 77 條 固定污染源之相關設施故障致違反本法規定時,公私場所立即採取

因應措施，並依下列規定處理者，得免依本法處罰：

一、故障發生後一小時內，向當地主管機關報備。

二、故障發生後二十四小時內修復或停止操作。

三、故障發生後十五日內，向當地主管機關提出書面報告。

第 78 條 公私場所從事下列行為前，已向當地主管機關申請並經審查核可者，免依本法處罰：

一、消防演練。

二、為緊急防止傳染病擴散而燃燒受感染之動植物。

三、其他經中央主管機關公告之行為。

氣象條件不利於污染物擴散、空氣品質有明顯惡化之趨勢或公私場所未依核可內容實施時，主管機關得令暫緩或停止實施前項核可行為。

第 79 條 各級主管機關依本法規定所為之檢驗及核發許可證、證明或受理各項申請之審查、許可，得收取審查費、檢驗費或證書費等規費。

前項收費標準，由中央主管機關會商有關機關定之。

第 80 條 空氣污染物受害人，得向中央或地方主管機關申請鑑定其受害原因；中央或地方主管機關得會同有關機關查明原因後，命排放空氣污染物者立即改善，受害人並得請求適當賠償。

前項賠償經協議成立者，如拒絕履行時，受害人得逕行聲請法院強制執行。

第 81 條 公私場所違反本法或依本法授權訂定之相關命令而主管機關疏於執行時，受害人民或公益團體得敘明疏於執行之具體內容，以書面告知主管機關。

主管機關於書面告知送達之日起六十日內仍未依法執行者，受害人民或公益團體得以該主管機關為被告，對其怠於執行職務之行為，直接向行政法院提起訴訟，請求判令其執行。

行政法院為前項判決時，得依職權判命被告機關支付適當律師費用、偵測鑑定費用或其他訴訟費用予對維護空氣品質有具體貢獻之原告。

第一項之書面告知格式，由中央主管機關會商有關機關公告之。

第 82 條 本法第五十一條、第五十三條、第五十六條、第五十八條至第六十一條所稱之情節重大，係指有下列情形之一者：

一、未經合法登記或許可之污染源，違反本法之規定者。

二、經處分按日連續處罰逾九十日者。

三、經處分後，自報停工改善，經查證非屬實者。

四、一年內經二次限期改善，仍繼續違反本法規定者。

五、大量排放空氣污染物，嚴重影響附近地區空氣品質者。

六、排放之空氣污染物中含有毒物質，有危害公眾健康之虞者。

七、其他嚴重影響附近地區空氣品質之行為。

第 83 條 公私場所經主管機關依本法第五十一條第二項、第五十三條第一項、第五十六條第二項、第五十八條第二項、第五十九條第一項、第六十條第二項或第六十一條命停止污染源之操作、停工（業）或經主管機關命改善而自報停工（業）者，應於恢復污染源操作或復工（業）前，檢具試車計畫，向主管機關申請試車，經主管機關核准後，始得進行試車；並於試車期限屆滿前，檢具符合排放標準之證明文件，報經主管機關評鑑合格後，始得恢復操作或復工（業）；其試車、評鑑及其他應遵行之事項，由中央主管機關定之。

第 84 條 各種污染源，對學校有影響者，應從重處罰。

第 85 條 本法施行細則，由中央主管機關定之。

第 86 條 本法自公布日施行。

本法中華民國九十五年五月五日修正之條文，自中華民國九十五年七月一日施行。

國家圖書館出版品預行編目資料

綠色建材概論／金文森編著.
--初版.—臺北市：五南，2008 [民97]
面；　公分
ISBN 978-957-11-5240-0（平裝）
1.建築材料
441.53　　　　　　　97009766

5E54
綠色建材概論

作　　者 ― 金文森(496)　郭智豪
發 行 人 ― 楊榮川
總 編 輯 ― 王翠華
主　　編 ― 穆文娟
責任編輯 ― 蔡曉雯
封面設計 ― 簡愷立
出 版 者 ― 五南圖書出版股份有限公司
地　　址：106台北市大安區和平東路二段339號4樓
電　　話：(02)2705-5066　傳　　真：(02)2706-6100
網　　址：http://www.wunan.com.tw
電子郵件：wunan@wunan.com.tw
劃撥帳號：01068953
戶　　名：五南圖書出版股份有限公司
台中市駐區辦公室/台中市中區中山路6號
電　　話：(04)2223-0891　傳　　真：(04)2223-3549
高雄市駐區辦公室/高雄市新興區中山一路290號
電　　話：(07)2358-702　傳　　真：(07)2350-236
法律顧問　林勝安律師事務所　林勝安律師
出版日期　2008年 7 月初版一刷
　　　　　2013年10月初版二刷
定　　價　新臺幣450元